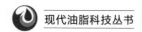

现代油脂科技丛书

U0151520

葵花籽油加工技术

主　编　　郑竟成　　曹博睿
　　　　　何东平　　田　华

中国轻工业出版社

图书在版编目（CIP）数据

葵花籽油加工技术/郑竟成等主编 . —北京：中国
轻工业出版社，2021.1
（现代油脂科技丛书）
ISBN 978-7-5184-3135-9

Ⅰ.①葵… Ⅱ.①郑… Ⅲ.①葵花籽油—油料加工
Ⅳ.①TS225.1

中国版本图书馆 CIP 数据核字（2020）第 149077 号

策划编辑：张　靓
责任编辑：张　靓　王宝瑶　　责任终审：张乃柬　　封面设计：锋尚设计
版式设计：王超男　　　　　　责任校对：方　敏　　责任监印：张　可

出版发行：中国轻工业出版社（北京东长安街 6 号，邮编：100740）
印　　刷：三河市国英印务有限公司
经　　销：各地新华书店
版　　次：2021 年 1 月第 1 版第 1 次印刷
开　　本：720×1000　1/16　印张：17
字　　数：350 千字
书　　号：ISBN 978-7-5184-3135-9　定价：78.00 元
邮购电话：010-65241695
发行电话：010-85119835　传真：85113293
网　　址：http：//www.chlip.com.cn
Email：club@chlip.com.cn
如发现图书残缺请与我社邮购联系调换
200153K1X101ZBW

前　言

葵花籽是向日葵（葵花）的果实，是欧洲国家重要的食用油品种之一，葵花籽油在世界范围内的植物油消费量中排在棕榈油、大豆油和菜籽油之后，居第四位。油用葵花主要分布于俄罗斯、土耳其和阿根廷等国家，食用葵花则主要分布于我国的内蒙古、新疆和甘肃等地区。目前，葵花籽主要用于生产普通葵花籽油、浓香葵花籽油和葵花籽休闲食品。葵花的籽仁中含脂肪 30%～45%，最多的可达 60%。葵花籽油颜色金黄、澄清透明、气味清香，是一种重要的食用油。它含有大量的亚油酸等人体必需的不饱和脂肪酸，可以促进人体细胞的再生和成长，保护皮肤健康，并能减少胆固醇在血液中的淤积，是一种高级营养油。葵花籽饼粕、葵花籽皮壳和葵花籽油精炼的副产物可以生产分离蛋白质、饲料、食用纤维、糠醛、活性炭、绿原酸和维生素 E 等，葵花籽壳广泛应用于食品、医药、饲料和化工等行业。

本书由郑竟成、曹博睿、何东平、田华主编。具体编写分工如下：武汉轻工大学郑竟成（第一章和第四章）、武汉轻工大学雷芬芬（第二章）、武汉博特尔油脂科技有限公司田华（第三章）、佳格（中国）投资有限公司曹博睿（第五章）、佳格（中国）投资有限公司迟华忠（第四章）、佳格（中国）投资有限公司刘昌树（第六章）、武汉轻工大学何东平（第七章）、益海嘉里金龙鱼粮油股份有限公司潘坤（第八章）。

感谢中国粮油学会首席专家、中国粮油学会油脂分会名誉会长王瑞元教授级高工、江南大学王兴国教授、金青哲教授、刘元法教授、河南工业大学刘玉兰教授、谷克仁教授、中国粮油学会油脂分会周丽凤研究员等对本书的支持和帮助。

感谢武汉轻工大学油脂及植物蛋白创新团队的胡传荣教授、雷芬芬博士、张立伟博士，以及赵康宇、魏学鼎、贺瑶、杨晨、孔凡和周张涛等研究生对本书的贡献。

本书得到佳格（中国）投资有限公司出版资助，特表谢意。

由于编者水平有限，书中不妥之处在所难免，敬请读者不吝赐教。

更多信息请登录 http://www.oils.net.cn（中国油脂科技网）查询。

编　者

目录

第一章　葵花籽和葵花籽油

第一节　葵　花　籽

一、葵花

葵花籽是向日葵的果实。向日葵属于菊科向日葵属，为一年生草本植物，别名葵花，我国古籍上又称为西番莲、丈菊、迎阳花等，在欧洲称为太阳花，还有些国家称为太阳草、转日莲、朝阳花等。葵花原产北美西南部，本是野生种，后经栽培观赏，迅速遍及世界各地，16 世纪初传入欧洲。葵花如图 1-1 所示。

葵花适宜生长在温和的气候条件下（温带及亚热带），最佳生长温度在 27 ~ 28℃。葵花喜温，耐旱。生长在炎热地区的葵花含油量较少。葵花对温度波动（昼

图 1-1　葵花

夜温差 8 ~ 34℃）的耐受能力强。油用葵花主要分布于俄罗斯、土耳其、阿根廷等国家。食用葵花主要分布于我国的内蒙古、新疆、甘肃等地区。

二、葵花籽的类型

葵花籽根据用途可分为三种类型：食用型、油用型和中间型。

（1）食用型　食用型葵花籽籽粒大，皮壳厚，出仁率低（约占 50%），仁含油量一般在 40% ~ 50%。果皮多为黑底白纹。宜于炒食或作饲料。

（2）油用型　油用型葵花籽籽粒小，籽仁饱满充实，皮壳薄，出仁率高（约占 65% ~ 75%），仁含油量一般达到 45% ~ 60%。果皮多为黑色或灰条纹，宜于榨油。

（3）中间型　中间型的生育性状和经济性状介于食用型和油用型之间。

三、葵花籽的组成

葵花籽为瘦果，瘦果腔内具有离生的一粒种子（籽仁），种子上有一层薄薄

图 1-2　葵花籽

的种皮。果实的颜色有白色、浅灰色、黑色、褐色、紫色并有宽条纹、窄条纹、无条纹等。葵花籽如图 1-2 所示。

葵花籽是由果皮（壳）和种子（仁）组成的，种子由种皮、两片子叶和胚组成。葵花籽果皮分三层，外果皮膜质，上有短毛；中果皮革质，硬而厚；内果皮绒毛状。种皮内为两片肥大的子叶，以及胚根、胚茎、胚芽，没有胚乳。胚根、胚茎、胚芽位于种子的尖端。种皮由外表皮及内表皮两层组成，呈白色薄膜。葵花籽的组成及含油率见表 1-1，葵花籽仁的成分见表 1-2。

表 1-1　　　　　　　　　葵花籽的组成及含油率　　　　　　　　单位：%

组成	葵花籽仁	葵花籽壳	含油率		
			葵花籽	葵花籽仁	葵花籽壳
葵花籽	45~60	40~55	22~36	45~60	1~2

表 1-2　　　　　　　　　葵花籽仁的成分

成　分	含量/%	成　分	含量/%
水分	6.20	钾	0.56
蛋白质	21~30.4	镁	0.26
脂肪	40~67.8	维生素 E	0.03
糖类	2~6.5	粗纤维	2.03~6
钙	0.07	灰分	3.2~5.4
磷	0.24		

葵花籽外壳主要是由纤维状物质组成，葵花籽壳的成分见表 1-3。

表 1-3　　　　　　　　　葵花籽壳的主要成分

成　分	含量/%	成　分	含量/%
多缩戊糖	26~28	木质素	27~29
纤维素	30~40	灰分	1.8~2.0

四、葵花籽的营养价值与功效

葵花籽的脂肪含量可达 50% 左右，其中主要为不饱和脂肪，而且不含胆固醇；亚油酸含量可达70%，有助于降低人体的血液胆固醇水平，有益于保护心血管健康。丰富的铁、锌、钾、镁等微量元素使葵花籽具有预防贫血的作用，它也是维生素 B_1 和维生素 E 的良好来源。

（一）葵花籽的营养价值

（1）葵花籽中所含的维生素尤为丰富，如 B 族维生素等。

（2）葵花籽中所含的蛋白量高达30%，可与大豆、瘦肉、鸡蛋、牛乳媲美。

（3）葵花籽含的脂肪营养价值很高，质量优于动物脂肪和其他植物类油脂。

（4）葵花籽营养丰富，含有人体必需的营养元素，如脂肪、蛋白质、糖类、多种维生素和矿物质等。

（5）每100g葵花籽（包括西葵花籽，去皮）所含热量大于2386kJ，比同等重量的米饭、猪肉、羊肉、鸡鸭肉所含热量高。

（二）葵花籽的功效与作用

（1）葵花籽富含不饱和脂肪酸，蛋白质和钾、磷、铁、钙、镁元素；维生素 A，维生素 B_1，维生素 B_2，维生素 E，维生素 P 的含量也很高。

（2）葵花籽富含的维生素 B_1、维生素 E，可安定情绪，防止细胞衰老，预防成人疾病，治疗失眠，增强记忆力，对癌症、高血压和神经衰弱有一定的预防功效。

（3）葵花籽还有调节脑细胞代谢，改善其抑制机能的作用，故可用于催眠。

（4）葵花籽富含铁、锌、锰等元素使葵花籽具有预防贫血的作用。

（5）葵花籽富含不饱和脂肪酸，可降低胆固醇，有助于防治动脉硬化、高血压和冠心病。

采用低温榨油先进技术，将葵花籽加工成蛋白粉，可供食用。这种蛋白粉色泽白、口感好、营养高、易吸收，可制成营养面包、人造肉、香肠、罐头等保健食品。葵花籽富含锌，人体缺锌会导致皮肤迅速生皱纹。因此，每天嚼食几粒葵花籽，可使皮肤光洁，延缓皱纹的形成。同时维生素 E 能够防止细胞遭受自由基的损伤，具有柔嫩美白肌肤的作用。

五、葵花籽的经济价值

（一）葵花籽的加工利用

葵花籽是向日葵的果实，是世界上仅次于大豆的重要传统油料。目前葵花籽主要用于生产普通葵花籽油和浓香葵花籽油以及葵花籽休闲食品。利用葵花籽饼粕、葵花籽皮壳和葵花籽油精炼的副产物可以开发生产分离蛋白、饲料、食用纤维、糠醛、活性炭、绿原酸和维生素 E 等，葵花籽皮壳还广泛应用于食品、医药、饲料和化工等多种行业。

（二）葵花籽加工利用情况

我国生产的葵花籽除少部分作为休闲食品食用之外，大部分作为油料用于制取食用油脂。葵花籽是一项重要的食品资源。近年来国内外营养、食品、化学工作者对它进行了大量研究，取得许多可贵的成果，为葵花籽资源的充分、合理利用开辟了广泛的途径。

葵花籽粕是葵花籽油的副产物，其营养物质丰富，尤其富含绿原酸和蛋白质。葵花籽粕中含绿原酸 1.0%~4.5%。绿原酸是一种天然的抗氧化剂，具有消炎、抗菌、清除人体自由基、防止人体衰老的作用；葵花籽粕中还含有 29%~43% 的优质植物蛋白，尤其蛋氨酸极其丰富，葵花籽粕中的蛋白质具有很好的蛋白质特性，氨基酸组成均衡，且可制备多肽抗氧化剂和 ACE 抑制剂，同时也是一种良好的肉类制品添加剂。但目前，大量的葵花籽粕被用于饲料，其经济价值未被充分利用，对于葵花籽粕的精深加工还需要进一步的重视。

六、葵花籽生产和消费情况

（一）世界葵花籽生产和消费情况

葵花籽被全球称为油料作物是在 1898 年，与其他油料作物种植历史相比较短，是一个新兴的油料作物，其发展过程与其他油料作物一样，遇到过许多困难和曲折。由于葵花籽在种植过程中，遇到了菌核病等，全球葵花籽产量曾一度下滑。后来，随着杂交品种和油用型葵花籽的发展，使全球葵花籽产量迅猛增长，成为全球新兴油料作物中发展最快的品种之一。据有关资料介绍，2019 年度全球葵花籽产量超过 5000 万 t，在全球主要油料产量中仅次于大豆、油菜籽，排名第三；在全球主要植物油产量中，葵花籽油仅次于棕榈油、大豆油和菜籽油，排名第四。

2019 年度全球葵花籽产量达到 5149 万 t，全球葵花籽产量见表 1-4。

表 1-4　　　　　　　　全球葵花籽产量　　　　　单位：万 t

年份	2013—2014	2014—2015	2015—2016	2016—2017	2017—2018	2018—2019
葵花籽	3919	4054	4801	4740	5047	5149

在全球葵花籽生产中，2019 年度全球不同地区葵花籽产量比例图如图 1-3 所示，欧洲、美洲和亚洲是全球葵花籽生产的主要地区，其中欧洲占据主导地位，2019 年度占全球总产量的 60.70%。

在葵花籽生产中，如图 1-4 所示，在 1994—2019 年，全球葵花籽产量位居前 10 位的国家分别为俄罗斯、乌克兰、阿根廷、中国、法国、美国、罗马尼亚、土耳其、匈牙利和保加利亚。

俄罗斯是葵花籽的主要生产国，平均每年生产葵花籽 596.47 万 t；乌克兰是第二生产国，平均每年生产葵花籽 580.65 万 t；中国是第四大生产国，平均每年生产葵花籽 189.74 万 t。

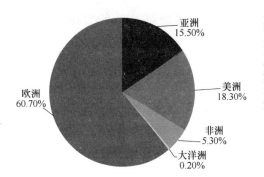

图 1-3　2019 年度全球不同地区葵花籽产量比例图

（二）中国葵花籽的生产和消费情况

葵花籽是我国的八大油料作物之一。近些年来，我国葵花籽的产量一直呈快速增长的趋势。根据国家粮油信息中心提供的数据，2014—2019 年，我国葵花籽的产量由 249.2 万 t 增长到 326.7 万 t，五年间增长了 31.1%，高于全球 28.8% 的增长速度，2014—2019 年中国葵花籽产量见表 1-5。葵花籽在我国八大油料中仅次于花生、油菜籽、大豆和棉籽，排名第五位。

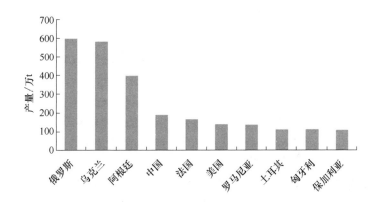

图 1-4　1994—2019 年葵花籽产量位居全球前 10 位的国家

表 1-5		2014—2019 年中国葵花籽产量			单位：万 t	
品种	2014 年	2015 年	2016 年	2017 年	2018 年	2019 年
葵花籽	249	269.8	299.0	319.7	326.7	367.8

中国生产的葵花籽大体分为两种：一种是专供榨油用的葵花籽，通常称为油葵；另一种是作为食用和榨油兼用的普通葵花籽。目前以普通葵花籽为多。

由于我国人民喜爱将葵花籽烘炒后作为干果食用，加上部分葵花籽仁直接作为食品工业的原料，两者的消费量逐年上升，约占我国葵花籽产量的一半以上。2019 年国产油料榨油量中，用于榨油的葵花籽只有 100 万 t 左右。

七、葵花籽产业的发展前景

（一）发展葵花籽产业符合国家政策

2019 年度我国食用植物油的食用消费量为 3940.0 万 t，工业及其他消费量为 383 万 t，出口量为 26.6 万 t，合计年度需求总量已达 3849.6 万 t，利用国产油料榨取的食用植物油只有 1192.8 万 t，我国食用油的自给率仅为 31%。为提高我国食用油的自给能力，国家出台了一系列鼓励发展国产油料的政策措施，其中葵花籽是最具优势和最具有发展前景的油料作物。因为葵花具有节水抗旱、抗盐碱和改良土壤的作用，适合在我国西北、内蒙古等干旱、盐碱化和沙化的土壤中种植。发展葵花籽产业，不仅能做到不与粮食争地，增产油料，提高农民收入，还能绿化环境和改善土壤，助力美丽中国建设，是一举多得的好事。

（二）葵花籽是优质的食品资源

葵花籽不仅是优质的油料资源，也是优质的食品资源。葵花籽含油率高，我国葵花籽的平均含油率在 30%~35%，其中油葵全籽含油率达 45%~50%。葵花籽仁可榨油，且出油率高；葵花籽饼粕是优质的蛋白质来源，既能作饲用，又能作食用；葵花籽壳不仅可作燃料，也是制作活性炭的好原料。

葵花籽经烘炒后是我国百姓喜爱的传统干果；葵花籽仁是我国糖果、糕点等食品工业重要原料，产品深受百姓喜爱，市场需求经久不衰。葵花籽全身是宝，用途宽广，产业链条长，综合开发价值高，市场前景好。

（三）葵花籽油是优质食用油

葵花籽油中不饱和脂肪酸的含量高达 95% 以上，葵花籽油的人体消化吸收率高达 96% 以上；葵花籽油中富含维生素 E、胡萝卜素以及镁、磷、钠、钙、铁、钾、锌等营养物质，素有"健康食用油"之称。葵花籽油清淡透亮、烟点高、烹饪时易保留食品的天然风味，与其他食用油相比，在中国消费者心目中葵花籽油属于优质食用油品，其产品深受消费者的青睐，市场需求旺盛。

（四）继续用好两个市场，满足葵花籽油市场的需要

当前，我国葵花籽和葵花籽油市场需求旺盛，为满足市场需求，我们要在积极发展我国葵花籽产业、不断提高葵花籽产量的同时，继续用好国内国际两个市场，充分利用好国际葵花籽和葵花籽油的资源，通过"适度进口"满足市场需求。

第二节　葵花籽油

一、葵花籽油的成分

（一）葵花籽油的脂肪酸成分

葵花籽油的脂肪酸成分见表 1-6。

表 1-6		葵花籽油的脂肪酸成分		
成　分	含量/%		成　分	含量/%
$C_{16:0}$	5~8		$C_{18:2}$	40~74
$C_{18:0}$	2.5~7.0		$C_{18:3}$	≤0.3
$C_{18:1}$	13~40			

葵花籽油中的亚油酸含量较高，油酸次之。其饱和脂肪酸的含量不超过脂肪酸总量的15%，主要是棕榈酸和硬脂酸。从营养学角度讲，葵花籽油有两方面值得特别关注：一方面，它可以提供人体必需脂肪酸，即亚油酸；另一方面，它的棕榈酸含量少，而棕榈酸被公认会增加血液中低密度脂蛋白胆固醇的含量。

（二）葵花籽油中甘油三酯的成分

普通葵花籽油中主要甘油三酯成分如图1-5所示。由于葵花籽油的亚油酸含量较高，其主要甘油三酯是三亚油酸甘油酯（36.3%）和油酸二亚油酸甘油酯（29.1%），三油酸甘油酯几乎不存在（0.6%）。

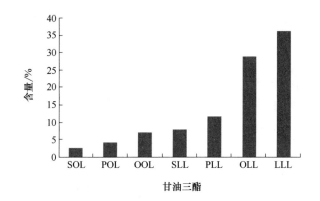

P—棕榈酸　S—硬脂酸　O—油酸　L—亚油酸

图 1-5　普通葵花籽油中主要甘油三酯成分

葵花籽油中含四个或更多双键的甘油三酯的含量超过80%，这使得葵花籽油的凝固点很低，一般为-19~-16℃。在实际应用中，以葵花籽油为基料油脂制成的蛋黄酱在低温冷藏时，不会有破乳现象产生。而利用其他种类的油脂（如花生油）制成的蛋黄酱则不具备这一特性。

油脂中的脂肪酸在甘油分子的3个位置上是随机分布的。油脂中各脂肪酸在Sn-1、Sn-2、Sn-3位的分布是等量的。根据随机分布学说和实验测定得到的葵花籽油甘油三酯组成如图1-6所示。

如图1-6所示为由随机分布数学公式计算得出葵花籽油中各脂肪酸的理论分布情况。同样也显示了葵花籽油经实验测定得到的甘油三酯组成，但未给出总的脂肪酸组成情况。可以看出，二者之间差不大，尤其是在将油脂中脂肪酸组成会

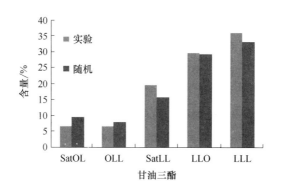

Sat—饱和脂肪酸 O—油酸 L—亚油酸

图 1-6 根据随机分布学说和实验测得到的葵花籽油甘油三酯成分

有所不同这一事实考虑在内的情况下。

（三）葵花籽油中的非甘油三酯组分

和大多数植物油脂一样，葵花籽油主要是由甘油三酯组成。还有少部分的磷脂、生育酚、甾醇和蜡。

1. 磷脂

葵花籽毛油中磷脂含量范围在 0.5%~1.2%。溶剂浸出葵花籽油的磷脂含量比机械压榨葵花籽油的磷脂含量高。葵花籽油中的磷脂大部分是可水化磷脂，可以通过水化脱胶从毛油中去除。

2. 生育酚

生育酚是带有酚羟基和烃基取代侧链的杂环化合物，它们的脂溶性很强。国际食品法典标准限定的葵花籽毛油中生育酚和生育三烯酚含量见表1-7。不同的生育酚异构体的生物价是不同的。以维生素 E 为判据，其生理活性大小依次为：α-生育酚>β-生育酚>γ-生育酚>δ-生育酚。葵花籽油是维生素 E 的良好来源，含丰富的 α-生育酚。活性葵花籽油中生育酚的总量为 700mg/kg，其中 91% 为 α-生育酚。

表 1-7 食品法典标准限定的葵花籽毛油中生育酚和生育三烯酚含量

单位：mg/kg

生育酚	含 量	生育酚	含 量
α-生育酚	403~935	α-生育三烯酚	ND
β-生育酚	ND~45	γ-生育三烯酚	ND
γ-生育酚	ND~34	δ-生育三烯酚	ND
δ-生育酚	ND~7	总量	440~1520

注：ND—未检出。

3. 甾醇

甾醇是具有多环醇结构的甾烷类化合物，是油脂不皂化物的主要组成部分。食品法典限定的普通葵花籽毛油中总甾醇含量和各种甾醇的含量见表1-8。

表1-8　　　食品法典限定的普通葵花籽毛油中总甾醇含量和各种甾醇的含量

总甾醇含量 /(mg/kg)	甾醇种类	相对含量/%	总甾醇含量 /(mg/kg)	甾醇种类	相对含量/%
2400~4600	胆固醇	ND~0.7	2400~4600	Δ5-燕麦甾醇	ND~6.9
	菜籽甾醇	ND~0.2		Δ7-豆甾醇	7.0~24.0
	菜油甾醇	7.4~12.9		Δ7-燕麦甾醇	3.1~6.5
	豆甾醇	7.0~11.5		其他	ND~5.3
	β-谷甾醇	56.2~65.0			

注：ND—未检出。

在植物油脂中，葵花籽油的甾醇含量属于中等水平。在普通葵花籽油中，最主要的甾醇是β-谷甾醇，其次是Δ7-豆甾醇。而Δ7-豆甾醇又可以作为葵花籽油掺假的特征性标志物，因为在大多数油脂中，Δ7-豆甾醇的含量很低，不超过7%。

4. 其他不皂化物成分

普通葵花籽油中不皂化物含量为0.5%~1.5%，即低于15g/kg。除了生育酚、甾醇以外，葵花籽油中还含有少量的其他不皂化物。脂肪族化合物等天然存在于植物油脂中。类胡萝卜素和叶绿素是植物油脂中主要的脂溶性色素。普通葵花籽毛油中，类胡萝卜素和叶绿素的含量不高。这使得葵花籽毛油的色泽呈淡琥珀色，在脱色后呈淡黄色。

二、葵花籽油的理化性质

葵花籽油的理化常数见表1-9。

表1-9　　　　　　　　　　　　葵花籽油的理化常数

项目	指标	项目	指标
凝固点/℃	−20~−16	熔点/℃	−18~−16
皂化值(以KOH计)/(mg/g)	188~194	碘值(I_2)/(g/100g)	125~136
黏度(20℃)/(mPa·s)	63.3	折射率 n	1.474~1.476
相对密度(d_4^{20})	0.9160~0.9230	比容热/[J/(kg·℃)]	2.197

全精炼葵花籽油的烟点为209℃，闪点为316℃，燃点为341℃。普通葵花籽毛油在室温下为液态，精炼葵花籽油在冷冻温度下也不会出现混浊，这些特性使得它适合做色拉油。

三、葵花籽油的营养价值

葵花籽油颜色金黄，澄清透明，气味清香，是一种重要的食用油。它含有大量的亚油酸等人体必需的不饱和脂肪酸，可以促进人体细胞的再生和成长，保护皮肤健康，并能减少胆固醇在血液中的淤积，是一种高级营养油。

葵花籽油中90%是不饱和脂肪酸，其中亚油酸占66%左右，还含有维生素E，植物甾醇、磷脂、胡萝卜素等营养成分。

（1）葵花籽油中含有较多的维生素E，每百克中约含100~120mg。具有良好的延迟人体细胞衰老、保持青春的功能。经常食用，可以起到强身壮体、延年益寿的作用。

（2）葵花籽油含有较多的维生素B_3，对治疗神经衰弱和抑郁症等精神病疗效明显。

（3）葵花籽油含有的一定量的蛋白质及钾、磷、铁、镁等无机物，对糖尿病、缺铁性贫血病的治疗都很有效，对促进青少年骨骼和牙齿的健康成长具有重要意义。

（4）葵花籽油含有的亚油酸，是人体必需的脂肪酸，有助于人体发育和生理调节，对于防止皮肤干燥及鳞屑肥大也有积极作用。

（5）葵花籽油含有的亚油酸是人体必需的脂肪酸，它构成各种细胞的基本成分，具有调节新陈代谢、维持血压平衡、降低血液中胆固醇的作用。

（6）葵花籽油含有微量的植物醇和磷脂，这两种物质能防止血清胆固醇升高。因此，它能降低血清胆固醇的浓度，防止动脉硬化和血管疾病的发生，非常适合高血压患者和中老年人食用。

（7）葵花籽油还含有葡萄糖、蔗糖等营养物质，热量高于大豆油、花生油、麻油、玉米油等，可产生热量为39.76J/g，胡萝卜素含量比花生油、麻油和大豆油都多，熔点较低，易于被人体吸收，吸收率可达98%以上，是除了芝麻油外味道最好的食用油。

由于葵花籽油富含营养，对人体具有多种保健功能，因此被誉为"高级营养油"，最近几年在国际市场上畅销不衰，大受青睐。

第三节　高油酸葵花籽油

随着人们健康意识的不断增强，葵花籽油、玉米油等中端营养油渐渐取代转基因的大豆油成为市场消费的主体食用油。近几年，专家又培育出一种高油酸的葵花籽，主要分布于美洲，中国新疆也有种植。油酸为单不饱和脂肪酸，因分子结构中不饱和的烯键数目少于亚油酸，在氧化稳定性上比亚油酸、亚麻酸等多不饱和脂肪酸高，因而对氧气、高温等环境因子更加稳定，不易酸败，故高油酸油料种子的耐储性好、其制品的货架寿命长、制油的高温稳定性强。油酸具有降低高脂血症患者血脂水平以及预防心血管疾病的作用，可降低血清总胆固醇、低密度脂蛋白胆固醇，并保持高密度脂蛋白胆固醇不降低。因此，高油酸的植物油被认为是健康的、稳定的高品质食用油。

一、高油酸葵花籽油的理化性质

常温下高油酸葵花籽油呈淡黄色、澄清透明，其基本理化性质见表1-10。

表 1-10　　　　　　　　　　高油酸葵花籽油理化性质

项　目	指　标	项　目	指　标
酸值（KOH）/（mg/g）	0.05	密度（20℃）/（g/cm^3）	0.915
过氧化值/（mmol/kg）	3.0	皂化值（以 KOH 计）/（mg/g）	192
碘值（I$_2$）/（g/100g）	89	不皂化物/%	8
折射率 n^{20}	1.469	氧化诱导期（110℃）/h	13.6

高油酸葵花籽油碘值只有 89（g/100g），不到 100（g/100g），属于不干性油，而普通葵花籽油的碘值为 125~136（g/100g），属于干性油脂，存在明显差异，主要是因为高油酸葵花籽油中油酸含量较高。油酸只有一个不饱和键，相对吸收碘的能力较低，而普通葵花籽油中亚油酸含量较高，相对吸收碘的能力较强，因此碘值相对较高。碘值的高低在一定范围内反映了油脂的不饱和程度，而油脂的不饱和度越低其相对稳定性越好。由此也可以说明高油酸葵花籽油的相对稳定性明显优于普通葵花籽油。

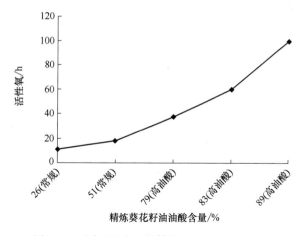

图 1-7　不同油酸含量的精炼葵花籽油的活氧性

不同油酸含量的精炼葵花籽油的活氧性如图1-7所示，随着油酸含量的增加，这些油脂的氧化稳定性显著增强。

高油酸葵花籽油和普通油酸葵花籽油的氧化诱导期见表1-11。

表 1-11　　　　　　　　　　葵花籽油的氧化诱导期

样品	氧化诱导期/h
普通油酸葵花籽油	3.99
高油酸葵花籽油	13.57

高油酸葵花籽油的氧化诱导期高于普通油酸葵花籽油。产生这一变化的原因

是脂肪酸含量的变化。由于油酸含量的增加和亚油酸含量的减少，高油酸葵花籽油的氧化稳定性得到显著提高。与普通油酸葵花籽油相比，高油酸葵花籽油是一种营养价值更高、货架期更长、市场潜力和竞争力更强的优质食用油。

二、高油酸葵花籽油与普通油酸葵花籽油的比较

(一) 两种葵花籽油中的脂肪酸成分的比较

高油酸葵花籽油产自新疆，独特的气候和地理条件创造了高油酸葵花籽油的优质原料；基因工程已成为作物育种的重要手段，通过转基因技术可以改良植物的性状及其产品的营养价值。现在人们已能够利用基因工程的方法改变植物油中脂肪酸的组成，并在多种油料作物中获得成功，使其满足人们对不同脂肪酸的需求。高油酸葵花籽油中利于人体健康的单不饱和脂肪酸含量显著提高，而不利于人体健康的饱和脂肪酸含量减少。高油酸葵花籽油和普通油酸葵花籽油脂肪酸成分及含量见表1-12。

表 1-12　　　　　　　　　　葵花籽油脂肪酸成分及含量　　　　　　　　单位：%

脂肪酸成分	普通油酸葵花籽油	高油酸葵花籽油
棕榈酸	6.42	3.83
硬脂酸	3.82	2.83
油酸	24.94	81.23
亚油酸	63.42	11.06
亚麻酸	0.06	0.15
花生酸	0.23	0.17
花生一烯酸	0.21	0.20
山嵛酸	0.65	0.35
油酸与亚油酸比值	0.40	9.0
饱和脂肪酸与不饱和脂肪酸比值	0.12	0.10

高油酸葵花籽油和传统葵花籽油的甘油三酯成分见表1-13。

表 1-13　　　　　　高油酸葵花籽油和传统葵花籽油的甘油三酯成分　　　　　单位：%

甘油三酯成分	传统葵花籽油	高油酸葵花籽油
Sn-1+Sn-3		
$C_{16:0}$	9.2	5.1
$C_{18:0}$	6.1	5.8
$C_{18:1}$	34.0	87.4
$C_{18:2}$	50.7	1.6
Sn-2		
$C_{16:0}$	0.5	0.3
$C_{18:0}$	0.4	—
$C_{18:1}$	34.7	98.6
$C_{18:2}$	64.2	1.1

如表 1-13 和表 1-14 所示为高油酸葵花籽油和普通葵花籽油的脂肪酸和甘油三酯组成。可以看出，两种油的饱和脂肪酸的含量变化很小，主要区别在于油酸和亚油酸的比值。而且，两种油的饱和脂肪酸主要集中在 Sn-1、Sn-3 位上，Sn-2 位上几乎不含有饱和脂肪酸。

（二）两种葵花籽油中的维生素 E 含量的比较

两种葵花籽油中维生素 E 组成一致，但单个维生素 E 的含量则存在差别。高油酸葵花籽油中 α-维生素 E 含量明显低于普通油酸葵花籽油，β-维生素 E、γ-维生素 E 和 δ-维生素 E 含量，二者差别不大。高油酸葵花籽油和普通油酸葵花籽油中维生素 E 含量见表 1-14。

表 1-14　　　　　　　　　　葵花籽油中维生素 E 含量　　　　　　　　单位：mg/100g

样品	α-维生素 E	δ-维生素 E	$(\beta+\gamma)$-维生素 E
普通油酸花生油	91.7	5.63	2.99
高油酸花生油	74.8	4.84	2.51

三、高油酸葵花籽油与橄榄油成分的比较

将高油酸葵花籽油和橄榄油进行对比，可以发现它们的单不饱和脂肪酸的含量相似，但是甘油三酯的成分却不相同。高油酸葵花籽油和橄榄油中主要的甘油三酯成分见表 1-15。在这两种油脂中，甘油三酯 OOO 是主要的类型，但高油酸葵花籽油中的 OOO 比橄榄油稍高一些，相反，橄榄油中甘油三酯 POO 的含量较高。

表 1-15　　　　　高油酸葵花籽油和橄榄油中主要的甘油三酯成分　　　　　单位:%

主要甘油三酯成分	橄榄油	高油酸葵花籽油
POO	30.5	12.1
OOO	49.9	65.1
OLL	0.3	3.1

注：P—棕榈酸；O—油酸；L—亚油酸。

高油酸葵花籽油和橄榄油在脂肪酸组成成分上是相似的，通过传统的分析方法很难检测出橄榄油中是否存在高油酸葵花籽油，但可以通过二者的甾醇组成成分来区分。高油酸葵花籽油和橄榄油的甾醇组成成分见表 1-16。在两种油的甾醇组成成分上，高油酸葵花籽油中 β-谷甾醇的含量最高，达 42%~70%；其次是 Δ7-豆甾醇为 6.5%~24%；菜油甾醇为 5%~13%；豆甾醇为 4.5%~13%。

尽管这两种油脂的甾醇存在差别，但这种差别较小，不能运用简单的分析方法加以区分。

甾醇成分	高油酸葵花籽油	橄榄油
菜油甾醇/%	5.0~13.0	≤4.0
豆甾醇/%	4.5~13.0	<4.0
β-谷甾醇/%	42.0~70.0	≥75.0
Δ5-燕麦甾醇/%	1.5~6.9	4~14
Δ7-豆甾醇/%	6.5~24.0	≤0.5
Δ7-燕麦甾醇/%	ND~9.0	
总甾醇/(mg/kg)	1700~5200	

表 1-16　　　　　　　　　　高油酸葵花籽油和橄榄油的甾醇成分

注：ND—未检出。

四、高油酸葵花籽油的用途

高油酸葵花籽油因其特殊的脂肪酸组成和清淡的风味，已经广泛用作色拉油和烹调油。高含量的油酸可以使其在煎炸过程中保持较好的氧化稳定性。它无须通过部分氢化处理来增加货架期，这就使其营养价值有所提升。

高油酸葵花籽油可以涂抹在谷类食品、咸饼干以及曲奇饼干上，以保持其新鲜度和脆性。它也可以用于非乳奶精、点心及冷冻甜点的制作。油酸的特殊性质使得高油酸葵花籽油可以作为化妆品的配方组分。高油酸葵花籽油对皮肤不刺激，可以用于生产防晒用品和天然油脂含量较高的化妆品，如浴油、按摩油、唇膏和化妆品乳霜的基质油脂等。

第二章 葵花籽的预处理

葵花籽在加工制备葵花籽油时需进行清理杂质、调节水分、剥壳等一系列的处理，使得葵花籽达到最佳的提取油脂的工艺要求，以便提高出油率和产品质量。预处理的工艺过程如图 2-1 所示。

葵花籽 → 清理 → 干燥 → 储存 → 剥壳 → 仁壳分离 → 轧坯 → 调质

图 2-1 预处理工艺过程图

第一节 葵花籽的清理

葵花籽在收获、运输和储藏过程中会混入一些杂质，如灰尘、塑料、金属杂质等，另外葵花籽原料中也会含有少量的不完善粒、霉变粒和不成熟粒，不能满足油脂生产的要求，因此油料进入生产车间后需要进行清理，将其杂质含量降到工艺要求的范围之内，以减少油脂损失、提高出油率、提高油脂、饼粕及副产物的质量；减轻设备的磨损、延长设备的使用寿命、避免生产事故、保证生产的安全、提高设备对油料的有效处理量；减少和消除车间尘土的飞扬，改善操作环境等。葵花籽的清理是控制压榨葵花籽油质量安全的至关重要的环节。

对油料清理的方法主要是根据油料与杂质在粒度、密度、形状、表面状态、硬度、磁性、气体动力学等物理性质上的差异，采用筛选、磁选、风选、密度分选等方法和相应设备，将油料中的杂质去除。对油料清理的要求是尽量除净杂质，清理后的油料越纯净越好，且力求清理流程简短，设备简单，除杂效率高。各种油料经过清选后，不得含有石块、金属、麻绳、蒿草等大型杂质。葵花籽经过清理后杂质含量≤2%，气味、色泽正常，质量符合 GB 19641—2015 的规定。

一、筛选

(一) 筛选的原理

筛选是利用葵花籽与杂质在颗粒大小上的差别，借助油料与筛面的相对运动，通过筛孔将大于或小于油料的杂质清除掉，葵花籽筛选过程中主要去除无机类杂质。

通过筛选可以清除掉葵花籽油料中混入的塑料杂质，此环节是控制压榨葵花籽油中塑化剂含量的主要工段，应在此环节尽量脱除掉塑料杂质。否则这些塑料类杂质中的塑化剂组分就很有可能在制油过程中迁移进入油脂中，造成油脂的邻苯二甲酸酯（PAEs）污染。

（二）影响筛选效果的因素

影响筛选效果的因素主要有油料的性质、筛选设备的形式、筛选操作等方面。

1. 油料的性质

油料的性质包括油料的杂质含量、水分含量、油料的粒度组成、油料与杂质在形状和大小上的差别等。油料的含杂率越高，水分含量越大，油料与所含杂质的形状及大小越接近，筛选效果越低。

2. 筛面的选择

筛面的选择包括筛面上筛孔的形状和大小、筛面的长度和宽度、筛面的运动形式、筛面的斜度、筛面的振幅和转速、筛面的表面状态等。筛孔的形状和大小必须根据油料与杂质在形状和大小上的差异合理进行选择，筛孔的排列形式，在满足筛面强度要求的前提下，应尽量先采用交错排列。

筛面宽度应依据生产量进行选择，但筛面过宽将造成筛宽方向物料流量的不均匀，影响筛选效率，同时将导致筛体庞大和操作不便。筛面长度应保证油料有足够的筛理路程来进行自动分级，并使小于筛孔的物料有较多的机会穿过筛孔，通常筛长 L 与筛宽 B 的关系为 $B:L=$（1:2）~（1:3）。

筛面的运动形式决定了油料在筛面上的运动轨迹，筛面的运动形式应使油料在筛面上能走更多的路程，以增加穿孔机会。据此平面回转筛较往复振动筛要好。筛面斜度影响到筛选设备的处理量和筛选效率。筛面斜度增大，物料在筛面上的流速加快，筛选处理量加大，但由于物料在筛面上停留时间缩短，减少了物料与筛孔接触的机会，筛理效果将受到影响，同时当筛面斜度太大时，筛孔的水平投影形状改变，使得在平筛面上可以穿过筛孔的物料此时可能无法穿过筛孔，因而亦将使筛选效率降低。筛面斜度减小，筛面上的料层增厚，情况则相反。所以筛面的斜度必须适当，振动筛常为 $8° \sim 14°$，平面回转筛为 $8°$。

为了提高筛选效率，在筛选过程中要求油料在筛面上作向下向上的往复运动，同时又要避免油料在筛面上跳动。欲达到这一要求，就需要使振动筛振动机构的偏心半径与其转速配合恰当。振动筛偏心轴的转速通常取 $200 \sim 300r/min$，而转速 n 及偏心半径 r 的关系通常取 $nr=2.6 \sim 3.5$，即偏心半径一般为 $6 \sim 12mm$。关于旋转筛的工作转速：若转速过低，则油料在筛筒内流速减慢，增加料层厚度，且翻动作用小，降低筛选效率；若转速太快，则油料流速太快，翻动剧烈，使油料不易穿过筛孔，同样会影响筛选效果，同时过高的转速会产生太大的离心力，易使筛孔堵塞。旋转轴的转速一般为 $18 \sim 28r/min$。筛筒的长度与直径之比为 $2.5 \sim 4.0$。

筛选机械在工作过程中，筛面应很好地张紧在筛框上，且筛面不应有凹凸不平现象，必须经常注意清理机构的实际效果，并及时辅以人工清刷，使筛面上的筛孔保持80%以上无堵塞。

3. 筛选设备的操作

为保证好的筛选效果，必须保证筛选设备的单位负荷量及均匀性。单位负荷量以每小时单位筛宽上物料的流量 [kg/（h·cm）] 表示。筛面单位负荷量过大，将使筛面上的料层加厚，造成自动分级困难，同时会导致筛体振幅或回转半径减小等，影响筛选效率。若流量过小，则筛面料层过薄，筛体的振幅或回转半径将增大，易使物料在筛面上发生跳动，使筛选效果降低，同时亦会降低筛选设备的产量，使设备利用率降低，通常料层厚度控制在10~15mm为宜。

此外，要注意筛选设备进出料口的通畅，防止杂草、麻绳等大型杂质造成的堵塞。注意检查筛面、筛面清理机构、振动机构的情况，定期检查设备的运行状况和筛选效果，及时保养设备等。

（三）筛选设备

常用的筛选设备有振动筛、平面回转筛等。所有的筛选设备都具有一个重要的工作构件，即筛面。筛选是利用油料和杂质在颗粒大小上的差别，借助含杂油料和筛面的相对运动，通过筛孔将大于或小于油料的杂质清除掉。

振动筛又称平筛，是指筛面在工作时作往复运动的筛选设备。振动筛清理效率高，工作可靠，因而是油脂加工厂应用最广泛的一种筛选设备。振动筛的结构一般由进料机构、筛体、筛面、筛面清理机构、振动机构、传动机构、吸风除尘机构等部件组成。进料机构的作用是保证整个筛面上料流的均匀和稳定。

二、磁选

磁选是利用磁铁清理葵花籽油料中的金属杂质。虽然金属杂质在油料中含量不高，但它们危害很大，容易造成设备，特别是一些高速运转设备的损坏，甚至可能导致严重的设备事故和安全事故。磁选设备根据磁性获得方法不同，可分为永久磁铁装置和电磁除铁装置两种。

注意事项：下料要均匀，厚度适宜，且设备需定期检查磁力，避免因吸力不足对物料中金属杂质清除不净。

三、风选

根据葵花籽与杂质在密度和气体动力学性质上的差别，利用风力分离葵花籽中的杂质。风选可去除葵花籽仁中的轻杂质及灰尘。此环节通过去除筛选未除净的少量塑料杂质，进一步降低原料中杂质对油脂的PAEs污染。

风选设备大多与筛选设备联合使用，如吸风平筛、振动清理筛等都配有吸风除尘装置。也有专用的风选除杂和风选壳仁分离设备。

为了保证风选效果，首先要根据葵花籽和杂质的相对密度差别选择合理的风速；其次葵花籽经过风选设备时料层要薄、受风均匀。此外，设备和管道要进行密封，防止由于气流短路引起风量减少而降低风选效果。

四、相对密度去石

"比重去石机"是利用葵花籽与矿物质的密度及悬浮速度的不同，并借助机械风力以及以一定轨迹作往复运动的筛面将矿物质从颗粒物料中分离出来，主要去除葵花籽中的石块类杂质。目前油脂加工厂常用吸风式相对密度去石机。

进入去石机的油料不应再含有大型杂质和小型杂质。大型杂质易于堵塞进出料口和出石口。小型杂质会堵塞筛孔，使气流不能均匀穿过整个筛板而降低去石效果。去石机的流量大小应符合设备额定产量的要求且流量稳定均匀。流量过大，筛板上的物料层过厚，风力不能使油料形成悬浮状态，也不能使石子与油料形成充分的自动分级，造成油料与石子分离不清的后果。流量过小，筛板上料层过薄，料层易被气流吹穿，造成气流在筛板上分布不均，甚至石子也被气流吹起，降低去石效率。为保证去石机工作时必需的风量及风量稳定，设备的进出料口、出石口及其观察孔等都要进行闭风，防止由于气流短路造成通过筛面风量的减少而降低去石效果。

注意事项：下料均匀，厚度适宜，需视杂质大小及清理效果调节倾斜度和风量。

第二节　葵花籽的干燥

一、干燥原理

葵花籽的干燥是指高水分油料脱水至适宜水分的过程。葵花籽有时水分含量高，为了安全储藏，使之有适宜水分，十分必要进行干燥。葵花籽储存安全水分含量为9%~10%。为了防止不利的气候条件引起水分损失，葵花籽收货时的水分含量通常比较高，高于储存的安全水分。

当葵花籽水分含量高于安全水分时，葵花籽就可能因为微生物的生长繁殖产生大面积的腐败现象。随着生物的呼吸作用引起局部的温度升高，真菌会大量生长并覆盖种子表面。这样的温度为嗜热微生物提供了理想的生长环境，它们的新陈代谢可能会导致温度的进一步提高。酶和霉菌的活动降低了油脂的质量和得率。

利用干燥设备加热葵花籽，可使其中部分水分汽化，同时葵花籽周围空气中的湿度，必须小于葵花籽在该温度下的表面湿度，这样形成湿度差，葵花籽中的水分才能不断地汽化而逸入大气，并且在单位时间内，通过葵花籽表面的空气量越多，则葵花籽的脱水速度越快，干燥设备强制通入热风进行干燥，就是利用这个原理。常用的干燥设备有回转式干燥机、振动流化床干燥机和平板干燥机。

二、干燥设备

葵花籽干燥设备多采用平板干燥机。平板干燥机如图 2-2 所示，由加热板、刮板链条、链轮、链轮张紧装置、无级调速电机、减速器、机架及壳体组成。在长方体的干燥室内，装有多层带有夹层的加热板和回转的刮板链条输送器。当油料落在上层加热板上后，在刮板链条的拖动下向前移动，移动到平板的末端时，便落至下一层加热板上，继续被刮板链条带着运动，直至最下层。油料在各层加热板上移动的过程中，被加热至一定温度，其中部分水分汽化与油料分离，水蒸气靠自然排气或由风机强制抽出。刮板链条在加热板上移动的速度较慢，而且料层又薄，因此干燥过程中不会造成油料的粉碎且干燥效率较高。

图 2-2 平板干燥机

第三节 葵花籽的储藏

油料储藏的主要任务在于保证油料在储藏过程中重量不发生损耗，品质不发生劣变，为生产提供品质均匀和足量的油料，保证生产能连续稳定地运行，提高油脂生产的工艺效果以及产品的数量和质量。

一、葵花籽的储藏特性

（一）含油量高，易酸败

葵花籽油含油量为40%~60%，仅次于芝麻居于第二位，所含油脂中的不饱和脂肪酸含量很高（达90%以上），极易受光、热、氧气的影响，发生水解和氧化，导致酸败。

（二）吸湿性好，易霉变

葵花籽籽粒较大，成堆后孔隙度较大，易于吸收水分而霉变。

（三）含杂量高，易发热

由于葵花籽在脱粒的过程中，常常是通过石碾碾压或人工敲打，致使被打碎了的茎秆、花盘、花萼等混入料堆，不易清除干净，成堆后杂质的聚集区局部发热引起整堆物料温度上升。

二、葵花籽储运环节对储藏效果的影响

（1）在储存环节，物料与输送设备之间、物料与物料之间相互摩擦，易于产生脱皮和破损现象，对入仓的安全储藏产生不利影响。

（2）输送环节易于被其他杂质或其他物料混入造成二次污染，对仓后的安全储藏带来难度。

（3）在储藏过程中，葵花籽极易受外界影响而导致品质劣变，特别是夏季，仓内物料受外界温度、湿度的变化而氧化、酸败，甚至霉变，对整个储藏品质带来灾难性的危害。

三、葵花籽的储藏要求

（一）严格控制入仓水分

新收获的葵花籽一般水分较大，一般在15%~19%，如不及时干燥，易于引起发热霉变，食用葵花籽入仓水分不宜超过10%~12%，应严格加以控制。

（二）严格控制入仓杂质

新收获的葵花籽一般杂质含量较高，为1.5%，甚至达到2%以上，而长期储藏的葵花籽杂质含量应控制在1.5%以下。对入仓保管的葵花籽要进行严格的清理和筛选，确保杂质不超标。

（三）采用低温储藏技术

低温储藏是指通过控制料堆生物体所处的环境温度，限制有害生物的生长、繁育，延缓物料的品质陈化，达到对物料安全储藏的目的。具体措施为：每年11月至来年3月外界气温较低的季节中，可以通过通风措施使仓内葵花籽温度降到5℃以下；4月，随着气温的回升，根据测温系统反馈的信息，利用温差大的特点对温度升高的仓采取降温等措施，使仓内保持低温；7 月、8 月温度最高时采用谷冷系统将仓内物料温度控制在 15℃以下。

(四) 采用气调储藏技术

在密封粮堆或气密库中，采用生物降氧或人工气调改变正常大气中的 N_2、CO_2 和 O_2 的比例，在仓库或葵花籽堆中产生一种对害虫致死的气体，并抑制霉菌繁殖，且降低葵花籽呼吸作用及基本的生理代谢。实验证明，氮气储藏能显著抑制葵花籽的水解酸败和氧化酸败，尤其是氧化酸败。大量研究证明：当密闭环境中氧气浓度降到 2%，或者 CO_2 浓度增加到 40%以上，或者 N_2 浓度达到 97%以上时，霉菌受到抑制，害虫也很快死亡，并能较好的保持物料品质。

四、葵花籽储藏设备

(一) 储藏仓型

葵花籽要想储藏好，选对仓型是关键，只有选对仓型，与仓储系统配套的储粮措施才能发挥的最大功效，从而为葵花籽的安全储藏提供保障。

油料的储藏仓型有平房仓和筒仓，葵花籽的储藏仓型一般是用筒仓。与平房仓相比，筒仓占地面积较小，且机械化程度高，使得工人的劳动强度低，工作效率高。

筒仓按筒体材料可分为钢板筒仓和钢筋混凝土筒仓。

钢板筒仓的优点是造价较低，施工工期短；钢筋混凝土筒仓的优点是保温气密的性能好，使用寿命长，后期维护费用低。钢板筒仓与钢筋混凝土筒仓性能比较见表 2-1。

表 2-1 　　　　　　　　　钢板筒仓与钢筋混凝土筒仓性能比较

项目	钢板筒仓	钢筋混凝土筒仓
气密性	气密性无法保证,不能满足气调储藏的要求	气密性好,能够满足气调储藏的要求
保温性	壁厚 2~4.75mm,热导率为 582W/(m·K),保温性差	壁厚 200~4300mm,热导率为 1.74W/(m·K),保温性好
防雨、防漏性	与基础脱开,仓与仓之间独立,不宜设置仓顶建筑物	与基础相连设置,形成筒仓群,可以设置仓顶罩棚,从而彻底消除进入仓内的隐患
使用年限	一般只有 20 年左右,后期费用逐年增加	50 年以上,后期几乎没有维修和维护费用

(二) 进出仓设备

1. 水平输送设备

目前，水平输送的主要设备为刮板机和皮带机。皮带机的密封性能不如刮板机，但在能耗和物料的破损方面优于刮板机。水平输送的设备建议使用皮带机，且皮带机线速度不应超过 3.15m/s。

2. 竖式输送设备

目前，竖式提升机方面主要有斗提机和波纹挡边皮带机。斗提机畚斗线速度较高时，会对物料产生较大的破损，而低线速度的斗提机则影响畚斗的卸料效果。波纹挡边皮带机对物料几乎没有破损。因此，建议竖式提升用波纹挡边皮带机。

3. 减破碎设备的选择

在葵花籽进入仓内的初始阶段，由于垂直高度落差较大，在与地面撞击的过程中容易导致瓜子的破损。因此，建议在仓内设置扶壁式降碎溜槽，此举不但可以有效降低葵花籽入仓时的破碎率，而且能够大大缓解入仓过程中葵花籽自动分级的现象。从而为葵花籽的安全储藏提供良好的保障。

五、出仓方式

在葵花籽的出仓方式有三种：人工式、机械式和自溜式。人工式是平底筒仓的常见出仓方式，优点是仓的造价低，缺点是机械化程度低，劳动强度大，且进仓作业会增加非安全生产的风险。机械式是采用清仓机的方式出仓，也是平底筒仓常见的出仓方式，该方式的优点是机械化程度高，缺点是国产清仓机故障率高、技术不成熟，进口设备工作稳定但造价高，投资大。自流式是指依靠物料自身散落性流动出仓的方式，是非平底仓常见的出仓方式，该方式的优点是机械化程度高，无须人工清仓，缺点是造价略高。

第四节　葵花籽的软化、剥壳、壳仁分离与轧坯

葵花籽应先经软化，软化是通过对油料进行水分和温度的调节，改善油料的弹塑性，可以降低壳仁之间的附着力，利于剥壳，也可减少轧坯时粉末度和粘辊现象，以保障坯片的质量；软化还可以减少轧坯时轧辊的磨损和机器的振动，以利于轧坯操作的正常进行。软化后的葵花籽更利于剥壳，经剥壳机剥壳以及壳仁分离机分离后，得到含有一定比例葵壳的葵花籽仁，利于后续葵饼成型。将葵花籽仁进行轧坯，轧坯的目的是使油料厚度减薄，利于蒸炒。轧坯能破坏油料的细胞组织，给料坯在蒸炒过程中进一步破坏细胞组织创造良好条件。

一、软化

在软化的过程中，应根据油料种类和所含水分的不同制定软化温度，确定软化是进行加热去水操作还是加热湿润操作。当油料含水量高时，软化温度要低一些；反之，软化温度可高一些。使用带有蒸汽夹套和搅拌装置的圆柱形层式软化

设备进行软化。

（一）软化指标要求

葵花籽软化指标要求见表 2-2。

表 2-2 葵花籽软化指标

名称	适用的软化设备类型	调节油料温度	调节油料水分	软化后含水率
葵花籽仁	2HT200	65~70℃	10%~11%	7%~9%

（二）使用注意事项

（1）开机前要预热。

（2）下料量由少逐渐增加。

（3）蒸汽压力、转速视下料情况而定。

（三）软化设备的操作要求

（1）开机前应先检查各料摆、铜套润滑情况、检查减速机油位情况。

（2）将软化锅显示屏空开闭合，然后开启软化锅空运转 10~15min 注意观察软化锅运行情况及空载电流情况，待设备无异常情况下，预热、进料。

（3）预热。先将各直通阀门打开、疏水阀门关闭，通知热力车间供气，缓慢开启进气主阀门，缓慢供气预热，使气压保持 0.2MPa 左右，10min 后气压升至 0.4~0.6MPa，15min 升至 0.8MPa。将各疏水器阀门打开，各直通阀门关闭，将锅炉房疏水回收阀门打开，将地下直排阀门关闭，即预热完毕，可进料。

（4）设备正常工作时，应注意巡查各层料摆活动情况，软化锅下料情况及软化锅电流变化情况。

（5）正常工作时软化锅物料出口温度控制在 70~85℃，软化锅电流一般小于 200A。

（6）若原料水分过大应开启除潮风机排湿，风门根据水分温度随时调节；原料水分偏小时应加入直接汽或水，加入量根据软化效果调节。

（7）软化锅电流逐渐升高可能有以下原因

① 产量突然增大；

② 原料含细土、细杂质量增加；

③ 气压下降；

④ 其他原因。

（8）软化锅电流突然升高，应先停止进料

① 某层料摆盒掉落，该层料摆停止摆动，须迅速将料摆挂起下料；

② 某一层料摆丝杆滑丝，应调整丝杆或将丝杆焊死，待检修时更换；

③ 可能因其他原因引起故障时，应退料后查明原因方可开机，严禁故障未排除继续进料开机。

（9）若软化锅故障或因停电等原因引起紧急停车，首先关闭总蒸汽阀门，开启风机，打开风门，使其自然冷却，然后人工扒料，严禁带负荷启动或强行启动。

（10）对扒出的原料应摊开降温，以防引起物料焦煳。

二、剥壳

（一）目的及要求

采用离心剥壳机剥去外壳的目的在于提高出油率、提高毛油和饼粕的质量、减轻对设备的磨损、增加设备的有效生产量、利于轧坯等后续工序的进行及皮壳的综合利用。油料的皮壳主要是由纤维素和半纤维素组成，含油量极少。油料含壳及含油率见表1-1，葵花籽带皮壳量在20%以上，而且皮壳中色素、胶质及蜡质含量较高。如果带壳制油，皮壳不仅不出油，反而会吸附油脂并残留在饼粕中，降低出油率。皮壳中的色素等诸多成分在制油过程中会转移到毛油中，使毛油的色泽加深、质量降低。带壳制油所得饼粕中皮壳含量很高，蛋白质含量低，使饼粕的利用价值降低。油料带壳制油，还会造成轧坯效果及料胚质量的降低、设备的有效生产能力降低、动力消耗的增加和机件的磨损等。油料剥壳脱皮后再进行制油，不仅可以提高油脂生产的工艺效果，还利于皮壳的综合利用。

油料剥壳的一般要求是剥壳率高，漏籽少，粉末度小，利于剥壳后的壳仁分离。

（二）影响剥壳效果的因素

1. 油料种子的性质

影响剥壳效果的主要油料性质是油料外壳的机械性质及壳仁之间的附着情况。油料种类、成熟程度及含水量不同，油料外壳的机械性质及壳仁之间的附着情况也不同，剥壳的难易程度也就不同。料粒的成熟程度好，料粒饱实，千粒重大，就容易剥壳，反之，不易剥壳。油料水分含量对外壳的强度、弹性和塑性以及仁的粉碎度都有直接影响。一般情况下，油料含水量越低，其外壳越脆，剥壳时易破壳，剥壳后混合物的粉末度增加。反之，外壳的韧性好，剥壳时的破壳率低，剥壳后的整仁率提高。在油料剥壳时应保持油料最适当的水分含量，使外壳和仁具有最大弹性变形和塑性变形的差异，这样一方面使外壳含水量低到使其具有最大的脆性更易破碎剥壳，另一方面又不至于使仁在机械外力作用下粉末度太大。因此，控制油料剥壳时的最佳水分含量，对提高剥壳效率和减少粉末度都十分重要。当剥壳油料的含水量不适宜时，可以在剥壳前对油料水分进行调节。此外，油料外壳强度与温度也有一定关系，对油料加热时，其外壳强度有所降低，油料仁与壳之间的空隙大，仁壳结合松懈，易剥壳分离，否则难以剥壳分离。油料粒度组成对剥壳效果也产生影响。油料粒度不均匀，剥壳设备最佳操作条件难以确定，使剥壳效率和粉末度无法达到最佳的平衡，剥壳效果下降。为提高剥壳效果，可采取循环剥壳和二次剥壳的工艺，当粒度相差太大时，最好采取分级剥壳，才能达到更好的工艺效果。

2. 剥壳方法和设备的选择

不同油料的皮壳性质、仁壳之间附着情况、油料形状和大小均不相同，应根据其特点尤其是外壳的机械性质——强度、弹性和塑性——选用不同的方法和设备进行剥壳。剥壳方法和设备的选用不同，剥壳效果会有很大的差别。油料经剥壳后的粉碎度很小时，仁粒较为完整，有利于仁壳较完善的分离，但易发生油料的漏剥现象，剥壳率较低，剥壳混合物必须进行料壳分离，将漏料重剥。

3. 剥壳设备的工作条件

剥壳设备的工作条件，如剥壳设备转速的选用、油料流量的均匀、剥壳工作面的磨损情况等，均会对剥壳效果产生影响，应根据不同的油料和剥壳要求进行合理选用。

（三）常用的剥壳机

（1）圆盘剥壳机　借由对磨盘表面齿纹的搓撕作用，使油籽外壳破碎的机械。

（2）刀板剥壳机　主要由转鼓及刀板座组成，借转鼓上的刀板及包板座上刀板的剪切作用，使油料外壳拨开的机械。

（3）离心剥壳机　借离心力的作用使油料与冲击圈撞击，将油料外壳破碎的机械。

其中葵花籽剥壳主要采用离心剥壳机进行剥壳。

（四）使用注意事项

（1）根据油用葵花籽油料皮壳的不同特性、油料的形状和大小、壳仁之间的附着情况等选取离心剥壳机。

（2）油用葵花籽剥壳机可选择立式离心剥壳机。

（3）立式离心剥壳机的水平转盘上装有打板，硬橡胶挡板固定在转盘周围的机壳内壁上，使得油料进入转盘首先受到旋转着的打板的冲击作用力，使油籽产生动力压缩变形而引起外壳破裂；之后又在离心力的作用下，被高速甩出撞击在挡板上，使之进一步破裂，以达到充分剥壳的目的。

（4）对于预榨—浸出工艺和压榨工艺来说，需保留部分葵花籽壳在葵花籽仁中，以利于饼的成型及后续溶剂浸出过滤操作的进行。

（5）下料门可控制进料量，应根据离心力和进料含水率控制进料量。

（6）应控制葵花籽入料含水率为 7% ~ 9%，转速控制在 1300 ~ 1500r/min，喂入量为 200~400kg/h。

三、仁壳分离

（一）仁壳分离的目的和要求

葵花籽经剥壳后成为含有整仁、壳、碎仁、碎壳及未剥壳整料的混合物。必须将这些混合物有效地分成仁、壳及整料三部分。仁和仁屑进入制油工序，壳和壳屑送入壳库打包，整料则返回剥壳设备重新剥壳。

对仁、壳分离的要求是通过仁壳分离程度的最佳平衡而达到最高的出油率。若强调过低的仁中含壳率，势必造成壳中含仁增加而导致油的损失。而仁中含壳太多，同样会由于壳的吸油而造成较高的油损失。通常要求壳中含仁率（手拣，如有整料，剥壳后计入）不高于0.5%，同时通过剥壳及壳仁分离后，控制净仁率在60%~80%。生产上常根据仁、壳、料等组分的线性大小以及气体动力学性质方面的差别，采用筛选和风选的方法将其分离。大多数剥壳设备本身就带有筛选和风选系统组成联合设备，以简化工艺，同时完成剥壳和仁壳分离过程。

（二）影响仁壳分离效果的因素

1. 剥壳混合物的性质

在剥壳过程中，油料外壳受外力作用而破裂，但仁从壳中脱落分离的难易程度则随油料品种的不同而异。剥壳后混合物的粉碎度对分离效果有很大影响。剥壳后混合物的粉碎度越大，仁壳分离就越困难。因为仁屑和壳屑的分离要比整仁和壳的分离困难得多。当剥壳混合物的粉碎度很大时，即使增加很多分离设备也很能难达到理想的分离效果。

2. 剥壳与仁壳分离工艺

剥壳与仁壳分离工艺的选择，对仁壳分离效果影响很大。选择合理的、完善的剥壳及仁壳分离工艺才能取得好的仁壳分离效果。仁壳分离工艺应根据油料品种、剥壳设备型式、剥壳混合物的性质、油厂生产规模、设备投资及动力消耗等多方面因素进行选取。根据油料品种不同，剥壳后混合物的散落性不同及仁壳之间的附着情况不同，分离工艺应各有特点。分离工艺的选择还要考虑剥壳设备的型式，剥壳设备的型式不同，剥壳后混合物的粒度组成和粉碎度就不同，分离工艺也有区别。

3. 设备和工艺参数

仁壳分离设备的结构和工艺参数也是影响分离效果的重要因素。如筛选分离时筛面的选择，风选分离时的风量和风速，物料通过风道时的受风均匀度等均需根据实际情况合理选用。

四、色选分离

色选机作为集光、电、气、机于一体的高科技产品，是保证食品安全与品质的分拣设备。由于我国色选机技术水平发展不均衡，各个企业自主研发能力有限，色选机产品技术及质量还有待于进一步提高。因此，通过分析国内色选机生产现状和存在的问题，探讨解决对策，对于推动色选机行业发展具有重要意义。

（一）色选机的发展

自20世纪80年代始，国内开始使用进口的大米色选机，进入20世纪90年代，我国开始研究色选机的制造技术。1994年核工业理化工程研究院研制出MMS-24A型色选机，该色选机填补了国内色选机研制生产的空白。同期，合肥某公司也开始研制色选机，2000年，该公司研制出数字化双面色选机，一举打破了国外品牌垄断国内市场的局面。在"十二五"规划中，我国相继出台了光电检测与分级专用设备行业的一系列激励政策，由此，国内色选机行业迅猛发展。色选从开始的单面发展为双面，传感器从CMOS提升到CCD等，我国色选机技术不断趋于完善，并开发出市场上需要的各类色选机，如大米色选机、杂粮色选机、茶叶色选机、脱水蔬菜色选机等。近几年，塑料色选机、矿石色选机、玻璃色选机等工业用色选机也研发出了不少新产品，并投入到市场中。现在，我国生产的色选机在国内的市场占有率不断扩大，有多个企业的产品还出口到国外多个国家。

（二）色选机的现状

从光电（模拟）技术、CCD（数字）技术应用到智能色选机云技术和物联网技术研究及应用等，色选机技术及应用一直不断地在更新换代。新型智能色选机或者称为智能云色选机，正在应用云技术和物联网技术，即应用CPS技术、智能分选及光选、智能图像采集处理和光谱分析技术等，使色选机能够自动分析被选物料、自动调整设备工作参数，实时远程操控、监控，实现在线管理等功能，从而实现自动化生产，降低生产企业的成本。

加大CCD色选机信号处理和控制技术的研究，解决CCD色选机的随机性、多通道等难题。应用新的高速超大规模微处理器，嵌入更多识别算法，提高系统的实用性；大力推进色选技术从宏观识别向微观识别发展，研发出食品内在毒素检查、农药残留检测、重金属检测、添加剂检测、成分在线分析等领域的设备，更加全面地保障食品安全。以"互联网+"为工具，大力完善大数据云系统平台建设，配备具有故障诊断和上网通讯功能，在出故障时可以实时地向企业售后服务前台求助，请求予以技术指导。实现色选操作的智能化及远程智能化，通过科学有效的分析为客户带来无限增值的商讯。

（三）色选机的工作原理

色选机是根据物料光学特性的差异，利用光电技术将颗粒物料中的异色颗粒自动分拣出来的设备，如图2-3所示。它通过皮带定量供给原料，在皮带输送过程中由一系列的CCD照相机对次品实行瞬间的扫描，然后用高速喷嘴喷射出的压缩空气除去次品。尤其是采用了两段式的二次选别，可以得到高纯度、高品质的成品。

图 2-3 色选机

采用数码摄像头，可去除小至 0.14mm 的杂质；可以选别各种杂质，包括透明玻璃、塑料等。每 32 个通道采用 2 个 CCD 摄像头进行双面识别，采用 100% 的数码信号新科技是 NANTA 系列的新概念。新式 4mm 小口径空气枪（1500 次/s），喷射准确无误。内有数控仪、波型测定仪、电压表、电流表、温度测定表使用方便操作简单。全新开发的软件大大增强色选效果。采用 U 形滑道，提高色选精度，并可降低带出比。滑道装有加热板，避免葵花籽仁粘在滑道，影响物料正常下流。人性化的真彩色触摸屏，视觉效果清晰，操作简易。

（四）色选机的安装、操作、维护及故障处理

1. 色选机安装注意事项

（1）色选机应整体水平，安装时使用水平仪找平。

（2）色选机不要安装在潮湿、炎热、灰尘多的地方，周围环境温度不要超过 40℃，应尽量用木板或铝合金隔离开来，并装上空调。

（3）色选机安装时要避免阳光或日光灯直射，若光线进入光学室，会影响选别效果，如无法避免，应在有阳光透射的地方加装布帘。

（4）色选机要安装在没有震动的地方，如有震动，会造成物料流动异常，易飞溅，并可能在启动色选机时，造成物料未经分选，影响成品质量。

（5）色选机周围要留有足够的操作空间，便于操作与维护。

（6）色选机要有接地装置，一般色选机都有接地的端子或接线盒，接地要尽量选择短距离接地，防止因漏电损伤色选机的重要配件及触电事故的发生。

（7）空气压缩机应放在离色选机较远的地方，空压机的后面要配有 50μm 的过滤器，以保护后面的干燥机和色选机气源系统。

2. 色选机的操作使用要点

（1）色选机是高科技产品，价格昂贵，科技含量高，应选择文化层次高、有责任心的人员操作，上岗前须进行专业理论和实践培训，操作时须严格按照操作程序进行。

（2）打开色选机前，应先打开空压机和干燥机，同时检查空压机的气压是否正常（空压机气压一般设定为 0.7~0.8MPa，若太低，空压机的重新启动气压不能使色选机正常工作），低压一般为 0.4MPa 左右，高压一般为 1.3MPa 左右。待空压机、干燥机正常后，打开色选机。

（3）检查色选机光学室的玻璃面和滑槽上是否粘着葵花籽仁，若滑槽内有异物，葵花籽仁流下来时会飞溅，选别时不能与喷射器同步；若玻璃面有葵花籽仁，影响光学镜头的灵敏度。故应在开机之前清理光学室的玻璃面和滑槽，清理玻璃面时用潮湿抹布擦拭干净后，再用干抹布擦干水，擦拭时注意避免划伤光学室的玻璃面；去除滑槽内异物时忌用硬工具敲打，防止刮损滑槽表面，造成下料飞溅，影响色选效果。光学室和滑槽要经常清理，通常一周左右清理一次。

（4）色选机工作时要先预热，后进料。夏天一般预热 10min 左右；冬天则需 20~30min。预热可使色选机的滑槽、荧光灯等达到稳定状态。

（5）待色选机上方料斗的物料有一定的存量后，方可打开色选机的选别开关。这样下料均匀，易于调整色选机的流量和感应度。

（6）待料斗的物料约有三分之一时，操作人员应根据经验抓样估计原料的异色粒含量，从而合理的调节色选机一次、二次的流量及感应度。色选机反射板的角度一般不用调整，如异色粒太多时，可对前后反射板的角度进行微调，因一般用户无示波仪，需先上、下微调，保存观察效果好转时的设定，记住反射板的出厂设定，以便物料改变时恢复出厂状态。操作人员应对每次加工时所调的流量与感应度的数值做详细记录，同时养成目测习惯，提高目测水平。

（7）合理调整流量与感应度，直接影响分选效果。新操作人员往往进入这样的误区：为了增大带出比（即经过色选后，废料中异色颗粒与正常粒的重量之比），把一次感应度调高，二次感应度调低。这在一开始效果确实不错，但经过十几分钟后，就进入了恶性循环，二次选别回流籽仁增大了，一次选别原料的异色籽仁含量增大，又得调整一次的流量和感应度，以此往复，色选机始终不能处于稳定的工作状态，最终影响了色选机的色选精度（即含有异色颗粒的物料经过色选后，其正常粒的重量含量）。一次、二次流量及感应度的调整，原理相同，即流量固定时，感应度越高，色选精度越高，但带出比越小；反之感应度越低，带出比越大，色选精度降低。所以合理配置很重要，操作人员应根据加工物料的要求做出合理的调整，如实在达不到要求，可以增大感应度，使带出比小一些，过后再单独分选。具体操作时，开始流量与感应度尽量放大，再慢慢减小流量与感应度，直至达到稳定状态。

（8）色选机正常工作过程中，操作人员要经常检查色选机的工作情况，根据色选效果对流量与感应度进行微调。同时检查滑槽、光学室防护玻璃有无异物，如有应暂时停机，及时清理。

3. 维护与保养

（1）色选机的维护与保养

①每班维护保养内容：用气枪清理滑槽内的物料、灰尘；用软布轻擦荧光灯防尘玻璃外表面的物料、灰尘；检查送料器出料口处是否有异物，如有，用软的工具轻轻剔除；用气枪清理色选机周围残留在各角落的物料和灰尘。

② 每月维护、保养内容：用气枪仔细清理各 PCB 板上吸附的尘杂，防止尘杂受潮变霉，引发 PCB 板电路故障；检查清理刷工作效果，如效果不佳，更换刷板；用药棉轻擦传感器表面；打开电源，空载的情况下，检查各喷射阀的工作情况，如有漏气，应拆下来，用气枪反向清理移动片及阀座内灰尘；如遇到特殊情况，如停电、前序出现故障等，应立即关闭料门开关，同时切断色选机电源。

（2）空气压缩系统的维护、保养

① 每班维护、保养内容：空压机、储气罐每班一放水；每班检查空压机的油位（无油空压机无此内容）；每班检查干燥机运行是否良好，冷媒高低压是否正常；冬季时，每班检查空气过滤器、油雾分离器、干燥机排污口是否冻住，如冻住则采取手动放水。

② 每月清洁空气过滤器的滤芯，定期卸下自动排水器进行清洗，每周打开排污阀排除杂物。

4. 色选机常见故障及处理

（1）色选机不能选别的原因及处理方法

① 没有开动压缩空气：启动压缩机，打开阀门。

② 送料器电源连接不好：检查各送料器的插头。

③ 前、后面的感应度较低：调高感应度。

④ 荧光灯没按模式点亮：查看程序，重新选择模式。

⑤ 色选机气源系统电磁阀堵塞：进入灰尘，用清洁剂清洗。

⑥ 空气压力太高或太低：检查空气压力，设定为约 0.3MPa。

（2）选别能力下降的原因及处理方法

① 荧光灯一般使用 2000h 后，选别能力下降，应更换。

② 光学室里面进入灰尘，影响了光学室的透明度：用药棉、清洁剂清洗光学室的防护玻璃。

③ 光学镜头里面生虫子或有灰尘：用药棉、清洁剂清洗。

（3）某些通道不能选别的原因及处理方法

① 首先判断喷射 PCB 板的保险是否烧断，若烧断换保险。

② 因进入灰尘造成 PCB 板接触不良，用气枪清理。

③ 与这些通道相关 PCB 板有一个或多个损坏，用新的 PCB 板分别换上，逐一排查。

④ 喷射阀损坏：正常时喷射阀两端电阻为 20~26Ω，如不在这个范围内，说明喷射阀报废，换喷射阀。

⑤ 喷射阀漏气：里面进入灰尘，用气枪反向吹干净。

⑥ 光学室清理刷动作不灵活：灰尘太多，取下清理刷，剔除杂物，用气枪吹净。

⑦ 送料器振动不均匀：调整送料器的振幅。

色选机毕竟是很复杂的产品，也可能出现意想不到的情况。作者在韩国学习时，曾遇到一台色选机有个别通道不能选别，经验丰富的售后服务工程师把连接这些通道的所有 PCB 板都换过了，并检查了 Cable 线的插头，仍不能选别，拆开机器后才发现有一条长的 Cable 线在中间断了，似被老鼠咬断，而那位置密封很好，根本进不去老鼠。我们推断可能是以前维修时有老鼠被封在里面了。所以操作人员要细心总结，按照其工作原理仔细检查，故障就一定能排除。

五、轧坯

（一）轧坯目的

轧坯也称为"压片""轧片"，是利用机械作用将油料由粒状压成片状的过程。葵花籽仁轧坯目的在于破坏葵花籽仁的细胞组织，为蒸炒创造有利的条件，以便于在榨油时使葵花籽油能顺利的分离出来。葵花籽的导热率小而且热容量低，如果不把葵花籽轧成薄片，就很难使其表面吸收的热量传递到中心去，很难达到均匀加热的目的。

轧坯是利用机械外力的作用破坏油料的细胞组织，油料油粒状变成薄片状，减小了厚度，增大了表面积，有利于加热，也缩短了油脂的流出路程，提高了油脂提取的效果。油料被轧制成薄的坯片后，在蒸炒过程中有利于水分和温度的均匀作用，提高蒸炒效果。

（二）葵花籽仁轧坯要求

（1）在轧坯过程中，油料受轧辊外力作用而发生变形，油料抵抗外力作用的能力（或弹塑性）随油料水分而变化。干燥油料有很显著的脆性，轧制成的坯片上有很多裂痕，稍加压力极易粉碎。（潮湿油料具有很大的可塑性，受压时易成片状，但是油料水分含量较高时，在轧辊的作用下会分离出部分油脂使坯片黏结起来，形成很薄的带状；当油料水分含量很高时，在轧辊的作用下会形成出油，使油料与轧辊之间的摩擦力减小，甚至会使轧坯操作停止，葵花籽仁轧坯的最佳含水率为8%左右。）

（2）油料抵抗外力作用的能力也随温度而变化。温度越低，油料弹性越大，可塑性越小；随着温度的升高，油料可塑性增加，且所含油脂的黏度降低，在轧坯时容易出油。葵花籽仁的最佳轧坯温度为18~25℃。

（3）对轧坯的要求是料坯薄而均匀，粉末度小，不漏油。通常料坯越薄出油率越高，但要求料坯薄而不碎，尽量减少料坯粉末度，以避免料坯粉末对后续的蒸炒、压榨所带来的不利影响。对于不同油料和不同制油工艺，要求料坯的适宜厚度有所不同。高油分油料的料坯应厚些，低油分油料的料坯厚度应薄些，直接浸出工艺的料坯应薄些，预榨浸出的料坯可厚些。葵花籽仁要求轧坯厚度为0.3~0.4mm。料坯粉末度控制在20目的筛下物不超过3%。在轧坯时，还需防止高油分油料的受轧出油，避免由于辊面带油而造成轧辊的吃料困难和料坯黏辊现象。当高油分油料的水分含量较高时，轧坯时更容易出现漏油和黏辊现象。

（三）影响轧坯效果的因素

1. 油料的性质

对轧坯效果影响较大的油料性质主要有含油量、含水量、含杂量、粒度、温度及可塑性等。进入轧坯机的油料必须经过严格的除杂，不得含有硬杂，否则将造成轧辊表面损伤，甚至造成轧辊掉边的严重事故。未经严格清选除杂的油料不得直接送入轧坯机。油料粒度尽可能符合轧坯的要求并保证轧辊对其有足够小的啮入角。同时要求油料粒度尽可能均匀一致，以保证轧坯后的料坯基本均匀。要将油料轧成薄而坚韧的坯片，油料必须有适宜的弹塑性。油料温度、含油量、含水量、含壳量直接影响其弹塑性。

油料含油量对轧坯质量产生很大影响。轧坯时油料受到轧辊压力的作用，油脂被挤压出来，并附着在新生的坯片表面。当油料含油量很高，且坯片又轧制得很薄时，被挤压出的大量油脂润滑辊面，使轧坯机产量降低，甚至无法工作。葵花籽属含油的油料，所以在轧坯时需多加注意，不能掉以轻心。油料中若含过多的坚硬外壳，在轧坯时会因外壳有较高的抵抗外力作用的能力而使辊间缝隙增大，造成轧坯质量的降低或质量的不稳定。

2. 轧坯设备

轧坯设备的形式、结构、机械性能及轧辊质量等对轧坯效果影响很大。如直列式轧坯机和平列式轧坯机对油料碾轧的次数不同，轧坯效果就不同。轧辊的辊面形式、轧辊速比等对油料的作用形式不同，因此所轧制的坯片质量就各异。轧辊的紧辊方式不同，辊面压力就不同，轧坯效果也就不同。轧辊的辊径、圆度、辊面硬度、辊面平整度等不仅对轧坯质量产生影响，而且与轧坯机的运行、使用寿命及动力消耗等直接相关。轧辊的转速和轧辊直径影响到轧坯的时间和轧坯机的动力消耗，轧辊转速一般根据轧坯时所需的辊面线速度来决定。

（四）常用 DLZY 系列轧坯机

常用 DLZY 系列轧坯机主要技术参数见表 2-3。

表 2-3　　　　　　　　　常用 DLZY 系列轧坯机主要技术参数

型号	处理量/(t/24h)	坯片厚度/mm	配备功率/kW
DLZY3×80×150	200	0.3~0.35	37,22

对于葵花籽仁轧坯的要求是坯的厚度为 0.3~0.35mm，各点的厚度差小于 0.06mm。

（五）轧坯注意事项

（1）要求轧辊辊径椭圆度不超过 0.4mm。

（2）两轧辊应有（1∶1.05）~（1∶1.30）的线速差，使油料在轧坯过程受到挤压与碾磨两种力的作用，破坏部分细壁，对蒸炒更为有利。

（3）葵花籽仁经轧坯后坯的厚度在 0.4mm 以下，要求坯厚均匀，坯片结实，少成粉，不漏油，手握发松，松手发散。

（六）轧坯操作要点

（1）轧辊须圆整，在运转中不得有径向跳动或轴向蹿动等现象产生。

（2）刮板要平直与轧辊表面接触应良好。

（3）未经筛选、磁选的油料不得入机。

（4）轧坯时物料必须均匀地分布在辊面上，流量要保持一致。存料斗内要经常保持有一定的储存量。

（5）经常检查轧后料坯的质量，要厚薄均匀一致，符合要求。检查时，应从轧辊的左、中、右三段取样，加以比较，如发现厚薄不均情况，应调节轧距。

（6）轧辊发生堵塞时，应即停止下料，松开轧辊或停机清理。清理出的油料应回机重轧。

（7）轧辊未松开前，不得空转，如受结构条件限制不能松开，空转时间应尽能短些。

（8）轧辊两端面不得与机架摩擦，但也不应有过大间隙，以免籽粒下漏。

（9）如发生突然停车，应即关闭下料闸门，并放出油料。

（10）严禁在轧坯机运转时触及轧辊，或登上轧坯机进行修理。如遇有杂物落入轧辊中，应停车取出，不得用手或其他工具去取。

（11）轧坯机的运转部分必须装有防护罩，在运转时切不可将防护罩除去。

（12）经常检查轴承的润滑情况。所有油杯、油孔和油环必须经常保持充分润滑，每月检查一次轴承内的储油情况，若发现有混浊现象，须立即更换。

（13）在正常情况下，每隔 6～12 个月应检修辊轴轴承。若轴承磨损过多，应予更换；如果轴承磨损程度较小，可将其表面重新磨光后再继续使用。

（14）轧辊经长期使用后，对其和辊轴的配合情况应进行检查。若发现有隙缝或松动现象，则须进行修理或更换辊轴，以防因断裂而发生重大事故。

第五节　葵花籽的蒸炒

葵花籽坯的蒸炒是指生坯经过湿润、加热、蒸炒等处理，使之发生一定的物理化学变化，并使其内部的结构变化，转变成熟坯的过程。蒸炒是葵花籽压榨制油工艺过程中重要的工序之一。蒸炒可以借助水分和温度的作用，使油料内部的结构发生很大的变化，例如细胞受到进一步的破坏、蛋白质变性等，这些变化不但有利于油脂从油料中分离出来，而且有利于毛油质量的提高。所以蒸炒效果的好坏，对整个浓香葵花籽油生产过程的顺利进行、出油率的高低以及油品、饼粕的质量都有着直接的影响。

一、蒸炒目的

蒸炒目的在于通过温度和水分的作用，使料坯在生物化学组成以及物理状态等方面发生变化，以提高压榨出油率及改善油脂和饼粕的质量。蒸炒使油料细胞受到彻底破坏；使蛋白质发生变性，油脂聚集；油脂黏度和表面张力降低；料坯的弹性和塑性得到调整；所含的酶类被钝化，有利于制油工艺的顺利进行。湿润蒸炒是油脂工厂普遍采用的一种蒸炒方法。正确的蒸炒方法不但能提高压榨出油率和产品质量，而且能降低榨机负荷，减少榨机磨损及降低动力消耗。

湿润蒸炒是指蒸炒开始时利用添加水分或喷入直接蒸汽的方法使生坯达到最优的蒸炒初水分，再将湿润的料坯进行蒸炒，使蒸炒后熟坯的水分、温度及结果性能适宜压榨取油的要求。

二、影响蒸炒效果的因素

（一）生坯的结构和性质

生坯的结构包括外部结构和内部结构。生坯的外部结构指其外形、大小、粒度、粒子间的空隙度以及是否有粒子聚集体存在等。生坯的内部结构是指各个料粒细胞结构的破坏情况。生坯的结构取决于油籽本身的特性及轧坯的程度，例如含油量低的生坯互相结合的能力很小，接近于散粒物体；含油量高的生坯由于油脂分离出来的较多，所以易黏结成团块。经过轧坯，油料细胞组织已受到初步的破坏，油料生坯中有已经破裂的细胞、从破裂细胞中散落出的原生质碎片以及尚未破坏的完整细胞。料坯轧制得越薄，细胞破坏程度就越深。随着轧坯过程细胞组织的破坏，生坯中油脂的位置与完整油籽相比已发生了重大的变化，一部分油脂随着细胞的破裂、原生质凝胶结构的破坏从细胞凝胶结构中分离出来，在生坯表面分子力场的作用下结合在生坯粒子的内外表面，还有一部分油脂仍存在于完整细胞的内部。

经轧坯过程，虽然油料形态发生改变及部分细胞结构遭受破坏，但油料中的亲水凝胶部分和疏水油脂部分，除少量蛋白质发生变性外，基本上仍保持原来的性质存在于生坯中。由于生坯是凝胶和油脂两部分组成的整体，所以它的性质应是这两部分性质的复杂配合，例如含油量低的生坯在蒸炒时表现出好的吸水性能；含油量高的生坯吸水能力弱，在蒸炒过程中易出油等。

(二) 蒸炒时的湿润作用

按照湿润蒸炒的工艺要求，生坯在投入蒸炒前或在蒸炒中应首先进行湿润，使生坯达到最优初始水分，其目的是为蒸炒达到最佳效果提供有利条件。生坯润湿时，其凝胶部分进行水的吸收和膨胀是生坯润湿时进行的主要过程。生坯吸收水分的速度在很多情况下取决于润湿条件，特别是取决于加水的方法及润湿时的搅拌强度。同时吸收水分的速度也取决于被润湿物料的性质，即取决于生坯中亲水凝胶部分和疏水含油部分的数量关系。生坯的含油率越高，水分吸收进行得就越慢。生坯凝胶部分对水分的吸收最终导致凝胶部分的体积膨胀，因而造成细胞组织的破坏和油脂的聚集，并促使油脂向表面析出。蒸炒时的湿润作用主要有以下几个方面。

1. 破坏料坯的细胞组织

在轧坯过程中，油料细胞组织受到初步破坏，生坯中仍然存在有相当数量的完整细胞。油脂在生坯中的分布仍然是以超显微状态为主，与蛋白质形成乳状液包裹状态，不利于油脂的提取。为了提高油脂提取的速度和深度，还必须设法彻底破坏油料的细胞结构，而细胞结构中的细胞膜在一定程度上维持着油脂在原生质中的显微分散状态。在油料细胞中凝胶部分蛋白质等成分的表面具有极强的亲水基，当对生坯进行湿润时，水分便渗透进入完整细胞的内部被凝胶部分吸收并引起凝胶部分的膨胀，在加热和机械搅拌的双重配合作用下使细胞膜破裂。细胞膜破裂后，油体原生质散落出来，从而有利于细胞组织被进一步破坏和油脂的聚集和分离。

2. 促使蛋白质变性

对于一般的榨油工艺都要求料坯在蒸炒过程中最大限度地发生蛋白质变性，以破坏细胞凝胶部分的结构，破坏油脂与蛋白质的乳状液形态，并使得显微分散状的微小油滴聚成大油滴。

在湿润操作时通常伴随着加热，因而湿润对蛋白质的作用主要有三：其一，在湿润时由于大量水分子吸附于蛋白质分子的极性基上形成水膜，从而使蛋白质产生膨胀作用，这一作用会使油体原生质中分散的油脂产生聚集，并促使完整的细胞膜破裂。其二，由于湿润时的加热，会使料坯中的蛋白质产生热变性作用。但由于湿润的温度不太高，因此在一般情况下，湿润阶段以第一种作用为主。其三，湿润有利于加速蒸炒过程中蛋白质的变性。因为在蒸炒过程中蛋白质受热变性的程度随所含水分的多少而异。在蒸炒条件基本一致的情况下，湿润水分越高，蛋白质变性程度越深，反之变性程度越低。

3. 促使油滴由分散到集聚

湿润时，料坯中油脂原来的显微分散状态被破坏，油脂由细小的油滴聚集成较大的油滴，并由于料坯表面分子力场的作用和分子内聚力作用存在于料坯颗粒的表面。

生坯湿润时油脂分散状态的变化主要源于三方面的作用。其一是生坯湿润时，水分子在料坯分子力场的作用下与料坯结合，同时将原来处于分子力场上相应部分的油脂分子游离出来，使油滴局限在凝胶结构中的非极性基部分。湿润水分越多，被水占据的分子力场部分越大，油脂占据的部分越小，由此发生油脂的聚集并使得生坯对油脂的结合性减弱。其二是湿润时，由于生坯凝胶部分吸水膨胀，充满油脂的各种显微通道被压缩，而将通道中的油脂挤压出来并产生聚集。其三是湿润时，由于生坯粒子的黏结作用而使料坯的自由表面缩小，这种结合也会使油脂从这一部分表面被排挤出来。

4. 使磷脂凝聚

生坯中的磷脂分为游离磷脂和结合磷脂两种。湿润时游离磷脂首先吸水膨胀发生凝聚，同时随着湿润过程中蛋白质结构的破坏，部分与蛋白质结合的磷脂从结合态释放出来。如果湿润水分较高，释出的磷脂也会吸水膨胀发生凝聚，磷脂凝聚后在油中的溶解度降低。

5. 生坯会发生黏结

湿润前的生坯大部分呈片状，湿润后料坯会发生黏结和结团现象，其原因主要是湿润时凝胶部分的吸水膨胀。当两个凝胶粒子接触时，粒子表面的水层便连接起来形成统一的薄层，其中的水分子同时被两个粒子的分子力场所吸引，成为连接两个粒子的中间层而产生料坯间的黏结现象，这种黏结力很强。此外湿润时由于聚集于料坯外表面的油脂增多，也会造成料坯间的黏结，但这种结合力较弱。湿润时的机械搅拌作用也会促使料坯产生结团现象。料坯黏结和结团的程度取决于湿润时的加水量及坯中含油量。结团对蒸炒操作极为不利，应尽量避免。

6. 增强生坯的生物化学活性

由于湿润之初料坯含水高，加之温度逐渐升高，会使料坯中酶类的活性及微生物的活动能力增强，使压榨毛油的酸价和非水化磷脂含量升高。一般酶的最适宜活动温度为 $30\sim40\,^\circ\!\mathrm{C}$，当温度升高到 $80\,^\circ\!\mathrm{C}$ 以上时可使酶的生物活性丧失。

(三) 蒸炒时的加热作用

湿润主要是为蒸炒提供有利条件，而加热才是蒸炒的主要手段。蒸炒过程中料坯内部发生的变化主要都产生于加热，而这些变化的程度，又取决于加热的方法、时间、均匀性、生坯含水量以及水分蒸发的速度等诸多因素。蒸炒时的加热作用主要有以下几个方面。

1. 加热对蛋白质的作用

加热对蛋白质的作用，主要是使蛋白质发生变性，使蛋白质与料坯中其他成分发生结合反应。

蛋白质变性是指在蒸炒工艺条件下，由于料坯中的蛋白质结构遭到破坏而导致一系列性质发生变化的现象。变性后的蛋白质凝结成固态，其溶解度降低；塑性下降；弹性上升等。蛋白质的变性对提高出油率是非常有利的，因为在蛋白质变性前油滴实际上是与蛋白质呈乳状液形态，蛋白质的变性凝固使得乳状结构被破坏。蒸炒的加热作用使油料蛋白质变性凝固，体积收缩，蛋白质对油脂的亲和力降低，油滴集聚和流出的通道加大。

天然蛋白质中的肽链，通过氢键、盐键等弱键互相联系，形成紧密而有规则的空间螺旋体结构。在变性条件下，这些弱键被破坏，从而使紧密折叠的肽链伸展开来。蛋白质结构遭到破坏后，其分子从刚性环状结构的有规则排列形式变成柔性展开的不规则排列形式，使原来卷曲在分子内部的疏水基释放出来，与疏水基结合的油脂亦露出表面。

在料坯的蒸炒过程中，蛋白质的变性主要以加热变性为主。蛋白质受热变性，一般认为是分子间互相碰撞的结果，当蛋白质分子的动能达到凝固温度的临界值时，其互相撞击的力量足以折断氢键、盐键等弱键，并破坏分子内的一定排列方式。但是只有当水分进入肽链之间的空隙后，肽链才能展开而引起蛋白质的变性。因此生坯蒸炒前的湿润作用对蛋白质变性具有重要作用。干燥作用也能引起蛋白质变性，天然蛋白质肽链间的孔隙含有水分子，它们使蛋白质的结构稳定，当失去这些水分时，蛋白质的结构会发生变化。在蒸炒过程中，水分蒸发的快慢对蛋白质变性程度的影响也很大，料坯中水分的蒸发导致变性速度逐渐降低。给予高压也能引起蛋白质变性，在高压下蛋白质结构会发生紊乱而导致变性。

料坯加热温度越高，蛋白质的变性程度越深，但当温度超过130℃时，蛋白质变性增加的幅度大为降低。可见过高的蒸炒温度对提高蛋白质变性程度的作用不大，反而容易造成料坯焦化，形成不正常的深色毛油和油饼，降低油饼的营养价值。因此一般蒸炒的最高温度不宜超过130℃。

当其他条件相同时，料坯蛋白质热变性的程度随生坯含水量的增加而加深。在蒸炒温度及料坯水分相对稳定的条件下，料坯蒸炒的时间越长，蛋白质的变性程度越深。

在蒸炒过程中，蛋白质能与脂肪、磷脂以及糖类等成分产生结合反应。在一定蒸炒条件下蛋白质与油脂等类脂物产生的结合反应，是压榨饼中残油不能降得很低的原因之一。

2. 加热对油脂的作用

(1) 油脂黏度和油脂结合性的变化　蒸炒过程的加热作用，使料坯温度提高，引起油脂分子热运动的增强及分子间内聚力的削弱，导致生坯中油脂黏度及表面张力均降低，油脂与生坯凝胶部分的结合性减弱，油脂的流动性增强，为油脂摆脱蛋白质疏水基的吸附力、克服流动时的摩擦阻力创造了条件。这一变化使得压榨取油时油脂更容易与熟坯的凝胶部分分离。

(2) 油脂的化学变化　在蒸炒过程常用的温度范围内，不可能使油脂产生深刻的化学变化。但由于油脂呈薄膜状处于料坯广阔的表面上，尤其在加热时与空气中氧的接触，会使油脂产生氧化作用，造成油脂的过氧化值有所升高。在蒸炒过程中也可能使油脂水解而产生游离脂肪酸（FFA），使油脂的酸价有所增加。

(3) 油脂和其他物质的结合　蒸炒过程中的加热作用，会使脂肪及类脂物与蛋白质或糖类物质结合，生成多种不溶于乙醚的结合物。随着加热温度的提高，这类结合产物也增多。例如在温度为100~105℃加热2h，生成的结合物为总量的0.75%；而在120~124℃下加热生成的结合物则上升为1.03%。由于加工过程中存在着这种结合反应，往往使饼粕残油率的检验结果低于实际含量，而在物料平衡中使原料含油率（乙醚萃取物）大于出油率与饼中残油率之和。

3. 加热对磷脂的作用

(1) 磷脂溶解度的变化　料坯中的磷脂由于润湿凝聚作用而降低了它在油中的溶解度。但在对料坯加热时，因加热使料坯含水量大幅度降低，被磷脂吸收的水分也逐渐减少，使磷脂在油中的溶解度又逐步回升。

(2) 磷脂结合物的分解　料坯中原有的结合磷脂以及蒸炒过程中磷脂与蛋白质等其他成分新形成的结合磷脂，会随着蒸炒过程中蛋白质变性作用的加深而逐渐分解，尤其在蒸炒过程的最后阶段，温度越高，磷脂结合物的分解也越剧烈，其结果使毛油中的磷脂含量上升。

(3) 磷脂的氧化　磷脂在受热时容易被氧化，生成褐色甚至黑色的氧化物。这些氧化产物在压榨取油时能溶于油中使毛油颜色加深。

4. 加热对糖类的作用

料坯中的糖类在湿润阶段主要与水产生糊化作用，在蒸炒阶段的高温作用下糖类能与氨基酸在固相中反应生成类黑素化合物。类黑素化合物的生成会使原料损耗增加，并直接影响油饼及油的色泽。这种反应在105℃以下进行得很慢，但在较高温度下反应速度大为增加。

5. 加热对酶及微生物的作用

料坯内部的酶和料坯外部的微生物，在蒸炒的高温作用下均能被钝化和杀死，从而为提高油饼质量及安全储藏提供了有利条件。大多数酶在40℃以上活性降低，80℃时被完全钝化并失去活性。但油籽中的特种酶（如解脂酶）对热的稳定性较大，即使温度高达100℃，也不会完全丧失其活性。

6. 加热对料坯可塑性的作用

料坯经湿润后，含水量增加，可塑性提高。再经加热蒸炒后，由于含水量降低及蛋白质变性等，可塑性下降。经蒸炒后的入榨料坯，其塑性和弹性对压榨取油效果产生重要影响。而入榨料坯的塑性和弹性除与料坯的含油量、含壳量有关外，还直接取决于湿润蒸炒后熟坯的水分、温度及蛋白质变性的程度。水分是调整料坯塑性的最主要的因素，料坯的塑性在一定范围内随水分的增减而升降。温度对料坯塑性的调整作用，只有在料坯适宜的水分范围内才会显著，温度升高塑性增加，温度降低塑性减小。蛋白质的变性程度对榨料塑性和弹性的调整也具有重要意义，但蛋白质变性程度对榨料塑性和弹性的调整同样受到水分含量的影响。只有当榨料具有适宜的水分和温度时，蛋白质变性后的弹性增加才会充分表现出来。

（四）湿润蒸炒的特殊作用

在湿润蒸炒中，料坯的湿润水分控制在15%～17%。采用湿润蒸炒，由于对料坯湿润水分大，磷脂充分吸水凝聚，降低了在油脂中的溶解度，可以避免由于湿润时的高温作用造成的蛋白质变性。

三、蒸炒工艺参数

葵花籽油的蒸炒采用湿润蒸炒。湿润蒸炒是指在蒸炒开始时利用添加水分或喷入直接蒸汽的方法使生坯达到最优的蒸炒初始水分，再将湿润过的料坯进行蒸炒，使蒸炒后熟坯中的水分、温度及结构性能适宜压榨取油的要求。湿润蒸炒是油脂工厂普遍采用的一种蒸炒方法。正确的蒸炒方法不仅能提高压榨出油率和产品质量，还能降低榨机负荷，减少榨机磨损及降低动力消耗。

（一）湿润阶段

尽量使水分在料坯内部和料坯之间分布均匀，湿润的方法有加热水、喷直接蒸汽、水和直接蒸汽混合喷入等。料坯的湿润水分一般为13%～15%，在设备条件允许的情况下可适当加大，葵花籽仁的最高湿润水分为15%～17%。

（二）蒸坯

生坯经湿润后，应在密闭的条件下继续加热，使料坯表面吸收的水分渗透到内部，并通过一定时间的加热，使蛋白质等物质加大变化。蒸坯时，蒸炒锅要进行密闭，以保持料坯以上的空间有最大湿度，这样才能使料坯蒸透蒸匀。蒸坯阶段的锅内装料要满一些，一般为锅层容积的80%。经过蒸坯后，料坯温度应提高到95~100℃，蒸炒时间一般为40~50min。

（三）炒坯

炒坯的主要作用是加热除水，使料坯达到最适宜压榨的低水分含量。炒坯时要求尽快排汽，以尽快排除料坯中的水分。炒锅层中存料少，装料量一般控制在40%左右。经过炒坯，出料温度应达到105~110℃，水分含量控制在5%~8%。

（四）均匀蒸炒

蒸炒对熟坯性质的基本要求是必须具有合适的塑性和弹性，同时要求熟坯要有很好的一致性。

采用现行的连续蒸炒工艺和设备时，由于生坯本身质量的不一致、料坯通过蒸炒锅的时间不一致、部分料坯湿润时的结团以及部分料坯受传热面的过热作用形成硬皮等，必将导致料坯蒸炒过程的不一致性。为了减少蒸炒过程的不一致性，生产上必须采取以下措施以保证料坯的均匀蒸炒。

（1）保证进入蒸炒锅的生坯质量（水分、坯厚及粉末度等）合格和稳定。

（2）均匀进料。

（3）对料坯的湿润应均匀一致，防止结团。

（4）蒸坯时充分利用料层的自蒸作用，防止硬皮的产生。

（5）蒸炒锅各层存料高度要合理，料门控制机构灵活可靠。

（6）加热应充分均匀，保证加热蒸汽质量及流量的稳定。

（7）夹套中空气和冷凝水的排除要及时。

（8）保证各层蒸锅的合理排汽。

（9）保证足够的蒸炒时间。

（10）回榨油渣的掺入应均匀等。

四、蒸炒设备

目前葵花籽常用的蒸炒设备是 YZCL 蒸炒锅，其主要技术参数见表2-4。

表2-4   YZCL 蒸炒锅主要技术参数

型号	处理量/(t/d)	配备动力/kW
YZCL300×6	150	75

其使用注意事项如下。

（1）开车前检查立式蒸炒锅各层蒸锅，清除杂物。将料门调节到要求位置，一般一层、二层装料不少于80%，以达到蒸坯的目的，其余逐层减少，约为40%~50%，以便在炒料过程中水汽的排出。

（2）开启电动机进行空车运转，检查运转是否正常。

（3）投料前，先开启各冷凝水阀门，再慢慢开启进汽阀门，排尽冷凝水至锅体发热，同时，固定各层料门在关闭位置，然后开始投料，并喷直接蒸汽。当第一层蒸锅的料层到预定的高度后，即开启该层的下料门，把料坯慢慢放到第二层；逐层放至第五层为止。此时各层料门即正常工作。当第五层料层达到预定高度时，即开始出料同时检查出料的水分和温度，并按工艺要求及进间调节。

（4）在操作立式蒸炒锅过程中，注意调节直接汽和间接汽的压力和排汽阀门的大小，以控制锅内料坯的温度及水分，使其达到工艺要求。

（5）停车时，先停止进料，将各层料放尽，同时关闭进水阀门及各层进汽阀门，最后关闭电动机停车。如因故发生紧急停车时，则立即关闭电动机，停止立式蒸炒锅进料，并关闭进水阀门和进汽阀门，然后将立式蒸炒锅锅内料坯全部从检修孔清出，检修就绪后，再按开车程序，重新开车投料。

五、炒籽工艺

（一）炒籽的目的

压榨前的蒸炒工艺有油籽炒制（又称干蒸炒）和生坯湿润蒸炒两种。炒籽工艺常常被用来生产香型油脂，如浓香花生油、小磨芝麻香油、浓香葵花籽油、浓香菜籽油、浓香亚麻籽油等，因为焙炒过程中游离氨基酸与还原糖发生美拉德反应会产生某些油溶性风味物质，使制取的油脂具有很好的香味。

生坯湿润蒸炒通常用于一般油料的预榨浸出工艺，生坯通过湿润蒸炒转变成熟坯，可提高压榨取油效果并提高榨油机处理量，但油脂的香味较淡。炒香型油脂香味浓郁，即可作为一般的烹饪油又可作为调味油，备受消费者的青睐。但炒籽过程若控制不当或过度炒籽就会形成PAHs，尤其是油籽局部过热、被烤焦或炭化、炒籽过程脱落的皮屑不能被及时吸风除去等，都极易因有机物的热解和不完全燃烧使其中PAHs的含量明显增加。

（二）炒籽的工艺要求

浓香葵花籽油生产工艺中，炒籽工艺要求炒籽均匀、不焦不煳、不夹生。炒籽后要迅速冷却。炒籽温度为130~160℃，时间为15~50min，水分为3%~5%。为防止油料煳化和自燃，烘炒后应立即散热降温。

炒籽工艺中应注意炒籽温度和时间，研究发现随着炒籽温度的提高及炒籽时间的延长，多环芳烃的含量会明显上升，此工段是多环芳烃容易超标的主要工段，每批炒籽料都应进行多环芳烃含量监测，如果超标应立即调整炒籽工艺。若兼顾浓香葵花籽油的风味，炒籽温度和时间可根据实际油脂中多环芳烃的含量调整，但制得的浓香葵花籽油中苯并［a］芘含量不得超过10μg/kg。对于葵花籽炒籽精准的控温控时，可将浓香葵花籽油中PAHs降低94%。建议葵花籽仁的烘炒温度为不超过160℃、烘炒时间不超过30min。

（三）炒籽设备

热风炒籽机主要用于机榨浓香葵花籽油时葵花籽仁的均匀烘炒。经该设备烘炒的葵花籽仁色泽均匀、质地疏松、水分低、出油率高。由于该设备实现了运行连续化、全封闭生产，从而优化了生产条件。

1. 设备结构

热风炒籽机筒体采用夹层结构，内层烘炒葵花籽，夹层通以高温烟道气（800℃左右）。葵花籽仁从进料口进入筒体内层后，由于筒体的倾斜（3°）及不断地旋转，不断地向前运行。由于炒板的作用，葵花籽仁在向前运行的同时还不断地翻动，使之受热均匀，也不易炒焦。经过烘炒，出锅时熟葵花籽仁的温度为200～220℃。热风炒籽机的传动采用一台无级调速电动机和一级减速器变速。筒体转速可在3～12r/min内变动。由于采用齿轮传动，所以筒体运转平稳。筒体与机座采用迷宫式间隙密封，其间距为5～10mm，由于引风机在炒籽机后面（吸式），故烟道气不会外泄。该设备的原料与烟道气的走向，根据葵花籽仁要快速干燥、不爆裂或焦化等要求，采用并流方式（走向一致）。

2. 炒籽设备使用注意事项

（1）开机前应在齿轮上加机油并保持该处清洁以减少摩擦，延长使用寿命；各处轴承应每年拆下清洗再另注新的高速黄油；如长时间不用，应卸下挡火罩，清除圆筒里外及烟筒等处杂物，涂上一层油，防止生锈。

（2）点火升温应启动电机，使圆筒转动，避免圆筒局部受热。

（3）炒籽设备圆筒预热到50℃左右即可进料炒籽，物料炒料时间不宜过长，可根据葵花籽原料的多环芳烃含量适当调整炒籽时间和温度。

（4）葵花籽仁温度过高，甚至发生焦化现象时，适当地加快筒体转速，以加速葵花籽仁的翻动、推进速度。反之则适当减慢筒体转速，尤其出锅葵花籽仁生熟不均时，更要注意调节筒体转速。

（5）该设备设有手动装置，如果在生产过程中突然发生停电现象，必须将炒籽机中的葵花籽仁及时清出，否则机内葵花籽会焦化甚至燃烧。

（6）热源关闭后，机器还需要运转5～8min再关机。

第三章　葵花籽油的制取技术

葵花籽含油率在 45% ~ 60%，含油率高使得葵花籽油的生产方式一般有两种：压榨法和浸出法。压榨法是用物理压榨方式从葵花籽中获取葵花籽油的方法，保留了葵花籽油的天然香味。而浸出法是利用溶剂与油脂相溶的原理从葵花籽饼中萃取出油脂的生产方式。浸出后，葵花籽饼中的残油率低于 1%，提升了葵花籽油的生产量。

第一节　压榨制油

葵花籽经预处理炒籽后进入压榨工序可生产浓香葵花籽油，如不经过炒籽可生产清香葵花籽油。

一、压榨的目的

压榨取油的目的就是借助机械外力的作用，将油脂从榨料中挤压出来。压榨过程中发生的主要是物理变化，如料胚的变形、油脂的分离、摩擦生热及水分蒸发等。同时也发生一些生物化学变化，如蛋白质变性、酶的钝化及破坏、某些物质的相互结合。

二、压榨制油的工艺条件

(一) 榨料通道中油脂的液压越大越好

压榨时传导于油脂的压力越大，油脂的液压也就越大。由前所述，施于榨料上的压力只有一部分传给油脂，其余部分则用来克服粒子中的变形阻力。要使克服凝胶骨架阻力的压力降低，必须改善榨料的结构——机械性质。但是提高榨料上的压力而超过某种限度，就会使流油通道封闭和收缩，反而会影响出油效率。

(二) 榨料中流油毛细管的直径越大越好、数量越多越好

在压榨过程中，压力必须逐步地提高，突然提高压力会使榨料过快地压紧，使油脂的流出条件变坏。并且在压榨的第一阶段中，由于迅速提高压力而使油脂急速分离，榨料中的细小粒子被急速的油流带走，增加了压榨毛油的含渣量。榨料的多孔性是直接影响排油速度的重要因素。要求榨料的多孔性在压榨过程中，随着变形保持到终了，以保证油脂顺利流出，且饼中残油达到最小值。

（三）流油毛细管的长度越短越好

流油毛细管长度越短，即榨料层厚度越薄，流油的暴露表面越大，则排油速度越快。

（四）压榨时间在一定限度内要尽量长

压榨过程应有足够的时间，以保证榨料内油脂的充分排出，但是时间太长，会因流油通道变狭甚至闭塞而收效甚微。

（五）受压油脂的黏度越低越好

黏度越低，油脂在榨料内运动的阻力越小，越有利于出油。生产中是通过蒸炒来提高榨料的温度，使油脂黏度降低。

三、影响压榨效果的因素

压榨取油效果决定于许多因素，主要包括榨料结构和压榨条件两大方面。另外榨油设备也举足轻重。

（一）榨料结构的影响

榨料结构指榨料的机械结构和内外结构两方面。榨料的结构性质主要取决于预处理（主要是蒸炒）的好坏以及油料本身的成分。

1. 对榨料结构的一般要求

榨料颗粒大小应适当并一致，榨料内外结构的一致性好；榨料中完整细胞的数量越少越好；榨料容重在不影响内外结构的前提下越大越好；榨料中油脂黏度与表面张力要尽量低；榨料粒子要具有足够的可塑性。

2. 影响榨料结构性质的因素

在诸多的榨料结构性质中，榨料的机械性质特别是可塑性对压榨取油效果的影响最大。榨料在含油、含壳及其他条件大致相同的情况下，其可塑性主要受水分、温度以及蛋白质变性程度的影响。

随着榨料水分含量的增加，其可塑性也逐渐增加。当水分达到某一值时，压榨出油情况最佳，这时的水分含量称之为"最优水分"或临界水分。对于某一种榨料，在一定条件下，都有一个较狭窄的最优水分范围。当然最优水分范围与其他因素，例如温度、蛋白质变性程度等，也密切相关。

一般而论，榨料加热可塑性提高，榨料冷却则可塑性降低。榨料温度不仅影响其可塑性和出油效果的好坏，还影响油和饼的质量。因此温度也存在"最优值"。

蛋白质过度变性会使榨料塑性降低，从而提高榨机的必需工作压力。如蒸炒过度会使料坯朝着变硬的方向发展，压榨时对榨膛压力和出油及成饼都产生不良影响。然而蛋白质变性是压榨法取油所必需的，因为榨料中蛋白质变性充分与否，衡量着油料内胶体结构破坏的程度，也影响到压榨出油的效果。压榨时由于温度和压力的联合作用，会使蛋白质继续变性，如压榨前蛋白质变性程度为 74%～77%，经过压榨可达到92%~93%。总之蛋白质变性程度适当才能保证有好的压榨取油效果。

实际上，榨料性质是由水分、温度、含油率、蛋白质变性等因素的相互配合体现出来的。然而在通常的生产中，往往仅注意水分和温度的影响。榨料水分与温度的配合是水分越低则所需温度越高。在要求残油率较低的情况下，榨料的合理低水分和高温是必需的。但榨料温度超过130℃是不允许的。此外不同的预处理过程可能得到相同的入榨水分和温度，但蛋白质变性程度则大不一样。

（二）压榨条件的影响

除榨料本身结构条件以外，压榨条件如压力、时间、温度、料层厚度、排油阻力等是提高出油效果的决定因素。

1. 压榨过程的压力

压榨法取油的本质在于对榨料施加压力取出油脂。然而压力大小、榨料受压状态、施压速度以及变化规律等对压榨效果产生不同影响。

（1）压力大小与榨料压缩的关系　压榨过程中榨料的压缩，主要是由于榨料受压后固体内外表面的挤紧和油脂被榨出造成的。同时水分的蒸发、排出液体中带走饼屑、凝胶体受压后凝结以及某些化学转化使密度改变等因素也造成榨料体积收缩。压榨时所施压力越高，粒子塑性变形的程度就越大，油脂榨出也越完全。然而在某一定压力条件下，某种榨料的压缩总有一个限度，此时即使压力增加至极大值而其压缩亦微乎其微，因此被称为不可压缩体。此不可压缩开始点的压力，称为"极限压力（或临界压力）"。

对榨料施加的总压力通过榨机工作机构传递给榨料，其中一部分压力用以克服油脂在榨料内的通道中运动的阻力，并使之具有一定的流动速度，而另一部分压力则用以克服粒子中凝胶骨架的变形阻力。总压力的值及总压力对于这两部分压力的分配比例在压榨过程中是经常改变的。

（2）榨料受压状态的影响　榨料受压状态一般分为静态压榨和动态压榨。所谓静态压榨，即榨料受压时颗粒间位置相对固定，无剧烈位移交错，因而在高压下粒子因塑性变形易结成硬饼。静态压榨易产生油路过早闭塞、排油分布不均的现象。动态压榨时，榨料在全过程中呈运动变形状态，粒子间在不断运动中压榨成形，油路不断被打开，有利于油脂在短时间内从孔道中被挤压出来。因此同样的出油率要求动态压榨所需最大压力将比静态压榨时低，压榨时间也短。所以在实际应用中，多采用"动态瞬间高压"进行压榨。对于摩擦发热，动态压榨比静态压榨显著。

（3）施压速度及压力变化规律　对压榨过程中压力变化规律最基本的要求是：压力变化必须满足排油速度的一致性，即所谓"流油不断"。对榨料施加突然高压将导致油路迅速闭塞。研究认为，压力在压榨过程中的变化一般呈指数或幂函数关系。

2. 足够的时间

压榨时间与出油率之间存在着一定关系。通常认为，压榨时间长流油较尽，出油率高。这对静态压榨比较明显。对于动态压榨也适用，但仅是相对时间大为缩短而已。然而压榨时间也不宜过长，否则出油率提高不大，还影响设备的处理量。

3. 压榨过程的温度

压榨时适当的高温有利于保持榨料必要的可塑性和油脂黏度，有利于榨料中酶的破坏和抑制，有利于油饼的安全储存和利用。然而压榨时的高温也产生副作用，如水分的急剧蒸发破坏榨料在压榨中的正常塑性；油饼色泽加深甚至焦化；油脂、磷脂的氧化；色素、蜡等类脂物在油中溶解度增加使毛油颜色加深等。

不同的压榨方式及不同的油料，有不同的温度要求。对于静态压榨，由于其本身产生的热量小，压榨时间长，需采用加热保温措施。对于动态压榨，其本身产生的热量高于需要量，故以采取冷却保温为主。

合适的压榨温度范围，通常是指榨料入榨温度（110~130℃）。因为压榨过程温度范围的控制实际上很难做到。例如动态压榨中，如控制不当温度将升得很高。

（三）榨油设备的影响

榨油设备的类型和结构在一定程度上影响到工艺条件的确定。要求压榨设备在结构设计上尽可能满足多方面的要求，诸如生产能力大、出油效率高、操作维护方便及动力消耗小等。具体包括：施与榨料有足够的压力，压力按排油规律变化且能适当调节；进料均匀一致，压榨连续可靠，饼薄而油路通畅；减少排油阻力，能以调节排油面积来适应不同油料；压榨温度调节装置满足最佳流油状态；生产过程连续化，设备运转可靠，结构和操作简单，维修方便；节约能源。

四、压榨设备

葵花籽压榨常采用螺旋榨油机、液压榨油机。螺旋榨油机的型式虽然很多，但所有螺旋榨油机都有类似的结构和工作原理，其区别仅在于主要组成部件的大小和型式不同而已。螺旋榨油机的主要工作部件是螺旋轴、榨笼、喂料装置、调饼装置及传动、变速装置等。目前常用 YZYY 型单螺杆榨油机。YZYY 型单螺杆榨油机主要技术参数见表 3-1。

表 3-1   **YZYY 型单螺杆榨油机主要技术参数**

装机功率/kW		75
饼中残油率/（干基%）	高温	12~15
	低温	16~17

压榨过程中会产生高温高压环境，温度过高、压力过大会引起蛋白质变性、产生多环芳烃化合物。另外，加工设备清洁不彻底容易引入微生物污染浓香葵花籽油，残留在设备中的葵花籽渣可导致加工的浓香葵花籽油酸价和过氧化值超标。在压榨过程中应控制温度，定期清理榨膛，保持榨机清洁。此外还要避免设备液体石蜡带入到油脂油料中，防止塑化剂超标。

螺旋榨油机操作注意事项如下。

1. 开机前检查

（1）确认电源开关。

（2）确认蒸汽压力是否正常。

（3）检查辅助炒锅各部件是否完好。

（4）检查喂料轴各部件是否完好。

（5）检查减速机油位是否正常，轴承润滑油是否良好。

（6）检查蒸汽管和设备连接处是否密闭良好。

（7）检查蒸汽压力表、温度计是否正常。

（8）检查出渣绞龙内有无异物。

（9）用手转动大皮带轮，仔细倾听榨膛内有无异声。

（10）调整好校饼机构（螺纹套伸出 3~40mm）。

2. 开机时的注意事项

打开蒸汽旁通阀，再缓慢开启进气阀，排尽夹层内冷凝水，关闭蒸汽旁通阀，对炒锅预热，预热压力为 0.3MPa，温度为 105~110℃，时间为 30min 左右。依次开启榨机电机、辅助炒锅电机、喂料轴电机。开启进料料门，向辅助炒锅进料，待两层料后开启榨机料门，开车阶段饼含油高且饼不成形，应再次蒸炒回榨。定时检查出饼情况及饼的成形度。

3. 运行中的注意事项

（1）根据出饼出油情况，适当调整直接蒸汽量。

（2）根据饼残油，调整饼的厚度。

（3）不定时查看电机电流，电流超过规定范围时迅速关小榨机料门。

（4）预榨机的进料不能中断停机，如果中断时间太长停留在榨膛内料就会很硬，不能从出饼口挤出，如果再次进料必将发生榨膛损坏，应拆开榨膛排出积料，重新开机。

五、毛油除渣

压榨所得的毛油中，含有许多粗的或者细的饼渣（或称"油渣"），压榨毛油中饼渣的含量随入榨料坯的性质、压榨条件、榨机结构的不同而变化，可以为 2%~15%。一般要求压榨过程的排渣量控制在 10% 以下，而实际上有时可高达

15%以上。油渣分离常在压榨车间的压榨操作之后立即进行，并将分离出来的含油杂质（主要是饼末，即滤饼）用螺旋输送机送回榨机炒锅随料坯一起进行复榨。

油—渣压榨毛油中含渣量大，渣粒大小不一致，且由于其他胶体杂质的存在在使其黏度增加，因此油渣分离较一般液体中固体的分离困难。对油渣分离的要求是分离后的毛油含渣量尽量低，分离出的饼渣中残油量尽量少。油渣分离后毛油含渣量和饼渣含油量随分离工艺和所用设备的不同而有所区别。一般经分离后的毛油含渣量为0.5%~1.5%，若仅利用澄油池进行重力沉降，可将分离后的毛油含渣量由10%~15%降至1%左右，而采用重力沉降与过滤机结合的方法，可使分离后毛油含渣量降至0.1%~0.3%。采用通常的分离设备与工艺，分离出的饼渣含油率一般为20%~50%。

对于含渣量高的压榨毛油，最好采用沉降和过滤两步分离的方法。第一步在澄油箱内将大而重的固体饼渣分离，第二步用板框压滤机或叶片式过滤机分离细小的饼屑。

第二节　浓香葵花籽油的加工技术

全精炼葵花籽油已经失去其浓香风味，消费者不能通过感官直观判断购买的是否是纯正的葵花籽油，直接导致消费量的下降和市场流失，油脂的过度精炼不但造成资源和能源浪费，加剧环境污染，增加油脂损失，而且损失了油脂中的天然有益微量营养素，并不可避免地产生新的有害物。

一、浓香葵花籽油的加工原理

（一）葵花籽油的风味来源

风味是浓香葵花籽油感官品质测定的重要指标之一。葵花籽油的风味是由多种化合物协同作用形成的，主要包括醛类、酮类、杂环类、烯类、醇类、烷烃类、酯类、酸类等。油脂主要挥发性风味化合物成分图如图3-1所示，食用植物油包括葵花籽油的主要挥发性风味化合物主要来源于油脂氧化反应产生的醛酮类化合物以及美拉德反应生成的吡嗪类化合物。

（二）浓香葵花籽油的风味形成途径

炒籽是生产浓香葵花籽油的关键工序，葵花籽在焙烤预处理过程中，本身所含的蛋白质、糖类、油脂等在高温有氧的条件下会发生一系列化学反应，反应所生成的挥发性产物和非挥发性产物对油料及其油脂的风味和品质有着重要的影响。炒籽过程中生成的挥发性产物通常具有特征香气，这些特征香气赋予油料及其油脂独特的风味。美拉德反应和油脂氧化反应是形成这些特征香气成分的两个重要途径。

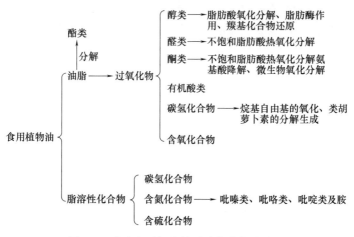

图 3-1　油脂主要挥发性风味化合物成分图

1. 美拉德反应是形成食用油风味和色泽的最重要反应

浓香葵花籽油在高温炒籽过程中发生的美拉德反应，其生成的挥发性产物——吡嗪类化合物是葵花籽油区别于其他食用油的特征性香气物质，具有强烈的烤香和坚果味香气。吡嗪类化合物的生成是因为在一定的温度范围内，随着温度升高，氨基酸、蛋白质、胺、肽等含氮杂环化合物与羰基化合物发生美拉德反应，产生了吡嗪类等含氮杂环化合物。

2. 油脂氧化反应也是油脂风味的主要来源

油脂中的风味化合物大都由甘油三酯和极性脂质中的不饱和脂肪酸与氧反应生成。葵花籽油营养丰富，不饱和脂肪酸含量高达 90%以上，主要由油酸和亚油酸组成，两者的比例受气候条件因素影响变化较大。高温长时的炒籽过程为脂肪酸的氧化降解创造了充分的条件。脂肪酸氧化反应是自由基链反应，生成的不饱和脂肪酸的氢过氧化物会进一步分解形成非挥发性产物和挥发性产物。炒籽过程中形成的脂肪族醛、醇、酮等主要由油脂自动氧化产生，并且风味成分中部分酸、酯、呋喃也可通过油脂氧化反应形成。葵花籽油富含亚油酸、油酸，油料加工过程中容易发生氧化反应，对风味产生影响。

（三）影响浓香葵花籽油的风味和色泽变化的主要因素

1. 油脂氧化反应和美拉德反应的相互影响

油脂氧化反应和美拉德反应是食品加工和储藏过程中最重要的两种化学反应，是食品加工过程中风味变化和色泽变化的重要影响因素，然而，这两者并非是相互独立的，美拉德反应和油脂氧化反应在食物中是同时进行的，两类反应之间相互影响。脂质和蛋白质能发生作用早在 1958 年已有报道。从化学角度看，美拉德反应是由糖的活性羰基基团和亲核的氨基酸氨基基团反应，而活性羰基不仅可以来自糖类，也会来自油脂氧化反应的产物。氨基酸会加速油脂氧化反应产生的醛类进一步发生羟醛缩合反应，对热加工食物的风味有重要贡献。氨基酸也会与甘油三酯反应，氮取代的氨基化合物是其主要产物。

2. 葵花籽油香味的产生与炒籽温度和时间有直接关系

合适的炒籽温度和时间是形成吡嗪等美拉德反应产物的关键，但同时美拉德反应会产生褐变，因此要严格控制好炒籽的温度和时间。如果炒籽温度过高或时间过长，使得美拉德反应加剧，将会破坏油脂香味并使得油色变深，油料易焦煳且会产生有害物质，生育酚、甾醇等营养成分发生复杂的氧化反应，导致葵花籽油的氧化变质；如果炒籽温度或时间不够，则油色清浅、香味较淡。

二、浓香葵花籽油的加工工艺

葵花籽油可通过浸出制油工艺或压榨制油工艺获得，浓香葵花籽油的生产则采用大小路的生产工艺。浓香葵花籽油在原料的入榨预处理上，采用烘烤过的葵花籽仁破碎后加入蒸炒葵花籽坯中的方法，利用烘烤葵花籽仁的特征香味来改善成品油的风味质量。大路料的处理过程与其他工艺原料处理无异；小路料则需进行焙炒以获得浓香葵花籽风味。同时，为了保持葵花籽油的香味不受损失，采用低温冷滤物理精炼的方法，使成品油达到理想的品质。

（一）浓香葵花籽油制备

1. 工艺流程

浓香葵花籽油是以优质的、精心挑选的葵花籽为原料，浓香葵花籽油独特的生产工艺能够使榨取的葵花籽油产生浓郁的葵花籽油香味，并在精炼过程中尽量不损失，浓香葵花籽油制备工艺流程图如图3-2所示。

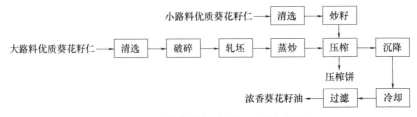

图3-2 浓香葵花籽油制备工艺流程图

2. 工艺要求

（1）原料 应对葵花籽原料进行取样和品质检验，生产浓香葵花籽油的原料，应选择新鲜、籽粒饱满、无破损、无霉变、无虫蚀、品质优良的当年葵花籽，并符合GB/T 11764—2008《葵花籽》中三等以上的标准要求。葵花籽仁要有好的储藏条件，最好是低温储藏，品质差的葵花籽仁无法加工出好的浓香葵花籽油产品。

（2）大小路料比例　大路料与小路料的比例一般按 3∶1。小路料比例太小，葵花籽油香味较淡；比例太大，榨油难以成形，出油率低，毛油混浊，给后道工序的处理增加困难。

（3）浓香葵花籽油生产的关键工序是炒籽　炒籽工序一般采用滚筒炒籽机，直接火作热源，炒籽时间为 20~40min，炒籽温度不超过 180℃，要求炒籽均匀，不焦不煳，不夹生，炒籽后要迅速冷却。冷却过滤工序一般采用冷却油罐，将其在搅拌下缓慢冷却至 20℃左右，然后将油脂泵入板框滤油机进行粗过滤。

3. 操作要点

将 10%的小路生葵花籽，用炒籽锅进行炒籽，采取干热方式，设定炒籽温度分别为 130，150，170℃，炒籽时间分别为 30min 和 40min。90%的大路葵花籽经清选，蒸炒（蒸炒温度控制在 110~115℃，出料水分控制在 3%~5%）后，将大小路葵花籽进行混合放入螺旋榨油机中压榨，将得到的葵花籽油进行离心分离，放入 4℃冰箱冷藏备用，探究不同炒籽温度和炒籽时间对浓香葵花籽油挥发性风味物质组分和酸价、过氧化值、氧化稳定性的影响。

（二）原料主要组分分析

水分含量测定方法依据 GB 5009.3—2016《食品安全国家标准　食品中水分的测定》。

粗脂肪含量测定方法依据 GB 5009.6—2016《食品安全国家标准　食品中脂肪的测定》。

粗蛋白含量测定方法依据 GB 5009.5—2016《食品安全国家标准　食品中蛋白质的测定》。

（三）挥发性风味组分测定

采用顶空固相微萃取-气质联用分离鉴定挥发性风味成分。

1. 萃取头的老化

萃取头首次使用先在气相色谱 250℃下老化 2h，以后每次使用前老化 20min。

2. 顶空固相微萃取

分别称取 3g 葵花籽油样品放入 15mL 顶空瓶中，置于磁力搅拌器中心，把老化好的萃取头插入顶空瓶上空，在 50℃下平衡 30min，然后进气相色谱（GC）-质谱（MS）联用仪解吸 5min 进行分析。

3. 气相色谱-质谱（GC-MS）条件

GC 条件：TR-35MS 毛细管柱（30m×0.25mm×0.25μm）；柱温起始温度 40℃，保持 4min，以 6℃/min 升温至 230℃，保持 15min；载气为 He，流速 1.0mL/min；不分流进样。

MS 条件：电子轰击离子源（EI），电子能量 70eV，离子源温度 230℃，传输线温度 250℃，全谱扫描，扫描范围 30~500m/z。

（四）葵花籽油的理化指标检测

（1）葵花籽油的酸价的测定详见 GB 5009.229—2016《食品安全国家标准 食品中酸价的测定》。

（2）葵花籽油的过氧化值的测定详见 GB 5009.227—2016《食品安全国家标准 食品中过氧化值的测定》。

（3）葵花籽油氧化稳定性测定 采用油脂氧化稳定性测定测试仪测定葵花籽油的氧化稳定性，用氧化诱导时间来表示，即油样在测定温度下电导率的二级导数的最大值所对应的反应时间。葵花籽油用量 5.0g，测定温度 120℃，空气流量 20L/h。

（五）葵花籽饼粗蛋白的提取及性质的测定

1. 葵花籽饼粗蛋白提取工艺

葵花籽饼粗蛋白含量测定：凯氏定氮法。

以压榨后的葵花籽饼为原料，首先利用正己烷-乙醇混合溶液（3∶2，$V∶V$）加热回流 2h，对原料中的绿原酸和油脂进行脱除，挥发溶剂后干燥，然后采用碱溶酸沉法制备葵花籽饼粗蛋白。具体操作参数为：将葵花籽饼与碱液（NaOH）按料液比 1∶25（$m∶V$）混合，40℃水浴浸提 30min，碱液 pH12.0；用离心机以 3500r/min 的转速离心 20min，取上清液，将不溶于碱液的杂质分离；用 0.1mol/L 的 HCl 调节上清液的 pH 至等电点 4.2，使蛋白质析出；用离心机以 3500r/min 的转速离心 20min，取沉淀，将析出的蛋白质分离，并用蒸馏水洗至中性，真空冷冻干燥，保存备用。

2. 葵花籽饼粗蛋白功能性质分析

分别对葵花籽饼粗蛋白溶解性、起泡性与泡沫稳定性、乳化性与乳化稳定性、持水性、持油性进行分析。

（1）葵花籽饼粗蛋白溶解性 蛋白质溶解性（PDI）的测定见式（3-1）。

$$蛋白质溶解性(\%)=\frac{水中溶解蛋白质含量}{样品中总蛋白质含量}×100 \tag{3-1}$$

蛋白质含量的测定参照 GB 5009.5—2016《食品安全国家标准 食品中蛋白质的测定》。

（2）葵花籽饼蛋白持水性 称取 1g 左右的葵花籽饼粗蛋白样品（记为 m_1）于离心管（离心管质量记为 m）中，加入 10mL 蒸馏水，调节 pH 至中性，用涡旋仪使蛋白质和水充分混合，离心后称量沉淀和离心管质量记为 m_0，持水性计算见式（3-2）。

$$持水性=\frac{m_0-m_1}{m_1-m} \tag{3-2}$$

（3）葵花籽饼蛋白持油性 称取 1g 左右的葵花籽饼粗蛋白样品（记为 m_2）

于离心管（离心管质量记为 m_3）中，加入 10mL 一级葵花籽油，用涡旋仪使蛋白质和油充分混合，离心后称量沉淀和离心管质量记为 m_4，持油性计算见式（3-3）。

$$持油性 = \frac{m_4 - m_3}{m_3 - m_2} \tag{3-3}$$

（4）葵花籽饼粗蛋白的乳化性及乳化稳定性　准确称量 0.2g 左右葵花籽饼粗蛋白样品溶解于 20mL 0.01mol/L pH7.0 磷酸氢二钠-磷酸二氢钠缓冲液中，用高速分散均质机均质，加入 50mL 葵花籽油后再均质，记乳化层高度为 H_1 和溶液及乳化层的总高度为 H。将上述样品静置 30min 后，记此时乳化层的高度为 H_2，乳化性计算见式（3-4）。

$$乳化性(\%) = \frac{H_1}{H} \times 100 \tag{3-4}$$

乳化稳定性计算见式（3-5）。

$$乳化稳定性(\%) = \frac{H_2}{H_1} \times 100 \tag{3-5}$$

（5）葵花籽饼粗蛋白的起泡性及泡沫稳定性　准确称量 0.2g 左右葵花籽饼粗蛋白样品溶解于 50mL 0.01mol/L pH7.0 磷酸氢二钠-磷酸二氢钠缓冲液中，用均质机均质，记均质前溶液的体积为 V，均质后的总体积为 V_1；将上述样品静置 30min，记此时的总体积为 V_2，起泡性计算见式（3-6）。

$$起泡性(mL) = (V_1 - V) \times 100 \tag{3-6}$$

泡沫稳定性计算见式（3-7）。

$$泡沫稳定性(\%) = \frac{V_2 - V}{V_1 - V} \times 100 \tag{3-7}$$

（六）结果

1. 原料葵花籽的组分分析

原料葵花籽的组分分析见表 3-2。

表 3-2　　　　　　　　　　原料葵花籽的组分分析　　　　　　　　　单位：%

名称	水分	粗脂肪	粗蛋白
葵花籽	4.75	50.2	16.3

2. 不同炒籽温度和炒籽时间对浓香葵花籽油挥发性风味物质组成的影响

不同炒籽条件下浓香葵花籽油挥发性风味物质组成见表 3-3。

表 3-3　　　　　不同炒籽条件下浓香葵花籽油挥发性风味物质组成　　　　单位：%

化合物种类及名称	不同炒籽条件下风味物质组成					
	130℃/20min	130℃/30min	150℃/20min	150℃/30min	170℃/20min	170℃/30min
烯类						
辛烯	0.13	0.17	0.00	0.00	0.22	0.00

续表

化合物种类及名称	不同炒籽条件下风味物质组成					
	130℃/20min	130℃/30min	150℃/20min	150℃/30min	170℃/20min	170℃/30min
1R-α-蒎烯	1.51	12.65	10.78	13.31	22.14	11.44
莰烯	1.65	0.57	0.59	0.53	0.00	0.50
双环[3.1.0]己-2-烯-4-亚甲基-1-(1-甲基乙基)	0.00	0.57	0.41	0.32	0.50	0.49
侧柏烯4(10)	3.58	3.94	2.87	3.05	4.65	3.26
α-蒎烯	0.39	1.30	1.23	1.36	2.37	1.35
柠檬烯	0.09	0.17	0.16	0.16	0.45	0.00
水芹烯	0.41	0.00	0.00	0.00	0.00	0.00
酮类						
1-羟基-2-丙酮	0.27	0.19	0.00	0.00	0.00	0.00
己酮	0.26	0.05	3.44	0.49	0.53	0.57
2-辛酮	0.00	0.18	0.24	0.17	0.00	0.21
2(10)-松树-3-酮	0.16	0.09	0.13	0.00	0.17	0.16
马鞭草烯酮	0.31	0.12	0.13	0.14	0.17	0.16
烷烃类						
三氯甲烷	0.79	0.16	0.20	0.36	0.64	0.00
2-甲基己烷	0.00	0.00	0.12	0.36	0.00	0.00
3-甲基己烷	0.00	0.00	0.08	0.27	0.00	0.00
庚烷	0.89	0.38	0.34	1.10	0.00	0.00
甲基苯	0.64	0.38	0.00	0.00	0.00	0.00
甲苯	0.00	0.00	0.41	0.51	0.76	0.31
辛烷	0.64	0.96	0.58	0.95	0.67	0.65
4-甲基辛烷	0.74	0.00	0.23	0.00	0.11	0.00
2,2,7,7-四甲基辛烷	0.43	0.13	0.22	0.19	0.20	0.20
2,3,6,7-四甲基辛烷	0.13	0.18	0.30	0.40	0.51	0.33
1-甲基-2-(1-甲基)对伞花烃苯	0.44	0.77	0.77	0.68	0.63	0.90
3,7-二甲基十一烷	0.09	0.00	0.09	0.00	0.00	0.00
3,6-二甲基辛烷	0.39	0.44	0.69	0.66	0.73	0.75
3-甲基辛烷	0.07	0.18	0.19	0.00	0.00	0.00
1-甲基-4-1-甲基乙基苯	0.00	0.28	0.27	0.19	0.19	0.35
4-乙基-1,2-二甲基苯	0.42	0.00	0.00	0.00	0.00	0.00
酯类						
1,2-乙二醇二醋酸酯	0.00	0.39	0.45	0.37	0.00	0.57
醛类						
3-甲基丁醛	1.34	0.41	0.32	0.36	1.06	0.46
2-甲基丁醛	4.98	3.59	2.34	2.15	5.20	2.74
2-甲基-2-丁烯醛	0.42	0.11	0.08	0.46	0.63	0.00
己醛	11.69	7.51	7.08	10.39	11.12	7.86

化合物种类及名称	不同炒籽条件下风味物质组成					
	130℃/20min	130℃/30min	150℃/20min	150℃/30min	170℃/20min	170℃/30min
己烯醛	1.34	2.19	2.28	2.16	1.11	2.15
庚醛	2.15	0.56	0.52	0.71	0.38	0.63
庚烯醛	6.51	2.68	2.02	3.58	1.58	2.83
5-乙基环戊烷-1-烯甲醛	0.55	0.36	0.36	0.58	0.35	0.46
壬醛	0.09	0.76	0.79	1.02	0.50	1.13
壬烯醛	0.00	0.08	0.07	0.12	0.00	0.00
2-癸烯醛	0.00	0.18	0.18	0.26	0.00	0.26
2,4-癸二烯醛	1.05	1.32	1.19	1.73	0.97	1.61
十一烯醛	0.00	0.09	0.00	0.00	0.00	0.12
醇类						
戊醇	1.78	1.38	0.95	1.61	0.00	1.17
正戊醇	1.45	0.70	0.74	1.03	0.86	0.73
2,4-二甲基庚醇	0.37	0.10	0.13	0.00	0.20	0.00
己醇	0.44	0.48	0.51	0.63	0.92	0.55
1-辛烯-3-醇	1.10	1.25	1.28	1.72	0.45	1.37
2,4,4-三甲基戊烯醇	0.09	0.52	0.11	0.00	0.00	0.00
辛烯醇	0.23	0.75	0.45	1.15	0.50	0.91
辛醇	0.06	0.11	0.08	0.07	0.00	0.00
马鞭草烯醇	0.14	0.00	0.00	0.00	0.00	0.00
2-松树-10-醇	0.20	0.09	0.00	0.00	0.00	0.00
杂环类						
吡嗪	0.00	0.06	0.09	0.00	0.00	0.00
甲基吡嗪	1.13	12.44	11.36	8.94	8.58	11.76
2,5-二甲基吡嗪	33.08	12.50	13.74	11.09	13.47	13.14
乙基吡嗪	0.00	0.60	0.77	0.51	0.00	0.64
2,3-二甲基吡嗪	0.00	0.50	0.53	0.31	0.00	0.33
2-戊基呋喃	0.13	2.60	1.91	2.99	1.36	2.82
2-糠醇	0.00	0.28	0.25	0.00	0.00	0.00
2-乙基-6-甲基吡嗪	0.65	1.58	1.60	1.23	1.28	1.75
三甲基吡嗪	1.06	1.43	2.58	1.29	1.35	1.70
2-乙基-5-甲基吡嗪	0.52	0.54	1.85	0.47	0.97	0.32
吡嗪酰胺	0.00	0.10	0.00	0.00	0.00	0.17
4-乙酰吡嗪	0.00	0.15	0.14	0.17	0.00	0.00
3-乙基-2,5-二甲基吡嗪	0.01	2.84	2.91	2.33	3.10	2.95
3-乙基-3,5-二甲基吡嗪	0.00	0.20	0.27	0.19	0.24	0.24
2-甲基-6-(2-丙烯基)吡嗪	0.00	0.26	0.23	0.16	0.35	0.00

续表

化合物种类及名称	不同炒籽条件下风味物质组成					
	130℃ /20min	130℃ /30min	150℃ /20min	150℃ /30min	170℃ /20min	170℃ /30min
1-甲基乙基吡嗪	0.25	0.10	0.07	0.07	0.00	0.00
1-(6-甲基-2-吡嗪基)-1-乙酰基	0.00	0.14	0.16	0.09	0.00	0.00
3,5-二乙基-2-甲基吡嗪	0.00	0.26	0.28	0.20	0.29	0.30
2-戊基吡嗪	0.00	0.14	0.12	0.17	0.00	0.24
乙烯呋喃	0.00	0.38	0.33	0.25	0.31	0.52
1-甲基-1H 吡咯	0.00	0.32	0.21	0.37	0.41	0.41
吡咯	0.00	0.61	0.46	0.55	0.35	0.33
吡啶	0.00	0.00	0.24	0.12	0.00	0.02
3-乙基-1H 吡咯	0.00	0.16	0.18	0.08	0.14	0.17
二氢-2-甲基-3(2H)-呋喃酮	0.00	0.15	0.16	0.18	0.00	0.00
3-甲基吡啶	0.00	0.00	0.05	0.15	0.00	0.00
糠醛	0.70	11.59	12.58	12.38	4.34	14.51

不同炒籽条件下浓香葵花籽油中挥发物种类如图 3-3 所示。

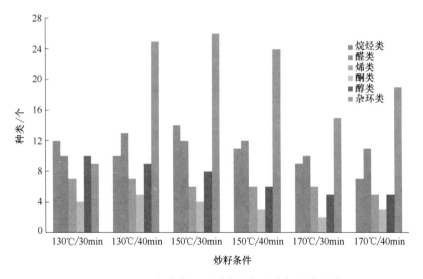

图 3-3 不同炒籽条件下浓香葵花籽油中挥发物种类

如图 3-3 所示，不同炒籽条件下浓香葵花籽油中挥发物种类较多的是杂环类，烷烃类和醛类，除了 130℃/30min 只检出 9 种外，另外 5 种条件下检测出含氮杂环化合物（吡嗪类化合物）的种类最多，其中 150℃/30min 条件下最多。研究表明，吡嗪类风味化合物是浓香葵花籽油在热加工过程中生成的主要风味物质。浓香葵花籽油在高温焙炒过程中发生美拉德反应，其生成的挥发性产物——吡嗪类化合物是葵花籽油区别于其他食用油的特征性香气物质，具有强烈的烤香和坚果味香气。吡嗪类化合物的生成是因为在一定的温度范围内，随着温度升高，氨基酸、蛋白质、胺、肽等含氧杂环化合物与羰基化合物发生美拉德反应，产生了吡嗪类等含氮杂环化合物。

采用顶空-固相微萃取-气质联用（HS-SPME-GC-MS）对浓香葵花籽油中的挥发性风味物质进行检测，各种炒籽条件下浓香葵花籽油中挥发性风味物质共有80种，但在不同条件下检出种类不同，对葵花籽油特征风味的形成贡献最大的含氮杂环化合物共有23种，包括18种吡嗪类化合物，2种吡啶化合物，3种吡咯化合物。含氧杂环化合物19种，包括8种呋喃化合物，11种醛类化合物，7种烯烃化合物，其中甲基吡嗪、2,5-二甲基吡嗪和糠醛是主要的杂环类物质。

如图3-4所示，除了杂环化合物含量最多外，醛酮类化合物种类也较多。醛酮类化合物通常是油脂氧化反应的产物，葵花籽油含有大量油酸和亚油酸，容易氧化生成过氧化物，而过氧化物极其不稳定，容易裂解生成醛、酮等小分子物质。其中含量较高的正己醛和2，4-癸二烯醛为亚油酸一级氧化产物，是亚油酸自动氧化生成的C_{13}-亚油酸氢过氧化物裂解产生，壬醛和2-十一烷醛是油酸氧化产物，咖啡中也发现了具有木头味的壬醛。葵花籽油氧化生成的氢过氧化物分解后生成的挥发性物质除醛酮类化合物之外，还有烃、醇、酸、酯和呋喃等化合物，其对葵花籽油独特风味的形成也有一定贡献作用。

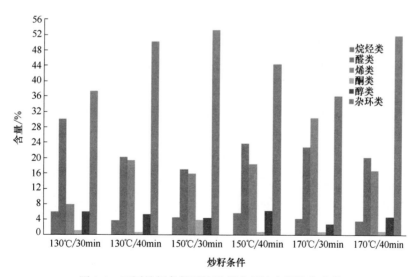

图3-4　不同炒籽条件下浓香葵花籽油中挥发物含量

3. 不同炒籽条件下浓香葵花籽油的基本指标检测

（1）不同炒籽条件对浓香葵花籽油酸价的影响　酸价代表着油中的游离脂

肪酸含量，酸价越高即油中的游离脂肪酸含量越高，油脂的质量越差。不同炒籽条件下葵花籽榨出的油的酸价变化如图 3-5 所示。

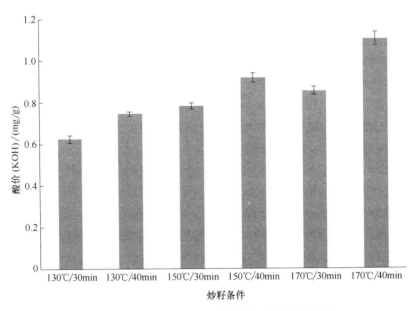

图 3-5　不同炒籽条件对浓香葵花籽油酸价的影响

如图 3-5 所示，经过炒籽后的葵花籽油酸价（KOH）在 0.6~1.2mg/g，达到了国家标准 GB/T 10464—2017《葵花籽油》中压榨葵花籽油一级油［酸价（KOH）≤ 1.5mg/g］的标准。随着炒籽温度的升高和炒籽时间的延长，葵花籽油的酸价逐渐升高，一方面是由于油脂在微生物、受热或解酯酶的作用下缓慢水解，产生了游离脂肪酸；另一方面是由于油脂在高温下容易发生酸败，甘油三酯分解生成脂肪酸，故酸价整体呈上升趋势。

（2）不同炒籽条件对浓香葵花籽油过氧化值的影响　过氧化值代表了油脂、脂肪酸等被氧化的程度，过氧化值越高，油脂被氧化的程度就越高，酸败变质越厉害。油脂氧化酸败会产生一些对人体不利的小分子物质。

不同炒籽条件榨出的葵花籽油的过氧化值变化如图 3-6 所示。炒籽后得到的葵花籽油过氧化值在 1.0~7.0mmol/kg，符合国标规定的压榨葵花籽油一级油（过氧化值≤7.5mmol/kg）标准。随着炒籽温度增加和炒籽时间的延长，葵花籽油的过氧化值逐渐升高。葵花籽油中不饱和脂肪酸含量较多，在一定范围内，随着温度的升高和时间的延长促进了油脂中的不饱和脂肪酸等物质在热作用或酶的作用下分解，进而与空气接触发生氧化反应，而且在高温有氧条件下油脂极易发生酸败，导致油的过氧化值随温度和时间的增加而升高。

（3）不同炒籽条件对浓香葵花籽油氧化稳定性的影响　油脂的氧化稳定性

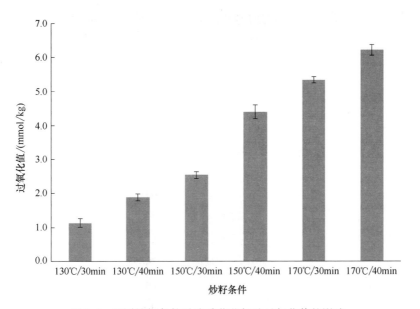

图 3-6 不同炒籽条件对浓香葵花籽油过氧化值的影响

代表着油脂自动氧化变质的灵敏度，是食用油保质期的直接决定因素，反映着食用油的耐储性。氧化稳定性越高，发生氧化变质的时间就越长，耐储性越好。不同炒籽条件榨出的葵花籽油的氧化稳定性变化如图 3-7 所示。

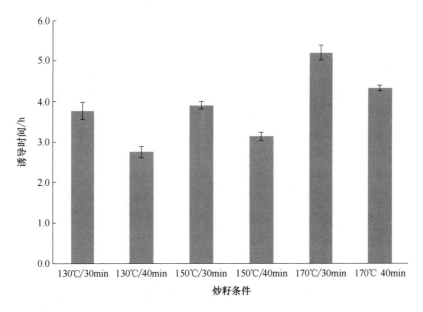

图 3-7 不同炒籽条件对浓香葵花籽油氧化稳定性的影响

图 3-7 中诱导时间随着温度的升高和时间的延长呈现逐渐升高的趋势，作为

反映葵花籽油氧化稳定性的指标，诱导时间越长则说明油的氧化稳定性越好，这是由于葵花籽油中本身就含有维生素 E 和花色苷类等抗氧化成分，并且随着温度的上升，美拉德反应的产物也具有一定的抗氧化作用，所以诱导时间升高。

由葵花籽油的风味物质组成分析可知，不同炒籽条件对葵花籽油风味影响显著，其中 150℃/30min 时葵花籽油风味物质组成丰富，特征风味物质吡嗪类化合物含量较高。随着炒籽温度的升高和炒籽时间的延长，葵花籽油的酸价逐渐升高，过氧化值逐渐升高，氧化诱导时间逐渐升高，但酸价和过氧化值都在国标规定范围之内。因此，综合考虑，最佳炒籽条件为炒籽温度为 150℃，时间为 30min。

4. 葵花籽饼中蛋白质含量及功能性质分析

葵花籽饼中蛋白质的功能性质分析见表 3-4。

表 3-4　　　　　　　　　葵花籽饼中蛋白质的功能性质分析

性质种类	数据	性质种类	数据
溶解性/（g/L）	6.10±0.02	乳化稳定性/%	83±0.89
持水性/（g/g）	3.3±0.05	起泡性/mL	94±1.15
持油性/（g/g）	4.3±0.03	泡沫稳定性/%	92±2.23
乳化性/%	23±0.99		

先用凯氏定氮法对小路炒籽工艺为 150℃/30min 压榨得到的葵花籽饼中的蛋白质含量进行测定，测得葵花籽饼蛋白质含量为 34.53%，葵花籽饼粕中粗蛋白含量一般为 29%~43%，所以通过该工艺制得的葵花籽饼蛋白质保存率较高。如表 3-4 所示，测定的葵花籽饼蛋白质的溶解性为（6.10±0.02）g/L，持水性为（3.3±0.05）g/g，持油性为（4.3±0.03）g/g，乳化性为（23±0.99）%，乳化稳定性为（83±0.89）%，起泡性为（94±1.15）mL，泡沫稳定性为（92±2.23）%。这表明，不仅该工艺制得的浓香葵花籽油品质优良，副产品葵花籽饼蛋白质也具有较高的应用价值。鉴于葵花籽饼蛋白质有较好的水溶性，其成分非常接近联合国粮食及农业组织（FAO）推荐值，可用于研制高质量的葵花籽饼蛋白质饮料以及功能性多肽。葵花籽饼蛋白质具有良好的乳化稳定性，可以作为天然的乳化剂应用于饮品加工中；又由于其良好的起泡性和泡沫稳定性，葵花籽粕蛋白质可以很好地应用在面包和蛋糕加工业中。蛋白质的持油性是蛋糕、肉制品、面包、冰激凌等食品加工过程重要的特性和质量控制指标，对于风味食品来说，蛋白质持油性可以提高食品对脂肪的吸收与持留能力，改善食品的适口性及风味，因此葵花籽饼蛋白质有望作为很好的风味保持剂用于风味食品的研制。

在浓香葵花籽油的生产过程中，本实验以葵花籽为原料，采用大小路的生产工艺，大路选择传统压榨葵花籽油的生产方法，小路采用干热炒籽方式，通过控制炒籽温度和炒籽时间，研究不同的炒籽工艺对浓香葵花籽油挥发性风味物质组成和基本指标的影响。经顶空固相微萃取-气质联用分离鉴定共测得挥发性风味物质有80种，其中小路葵花籽炒籽条件为150℃/30min时，与大路葵花籽混合后压榨得到的浓香葵花籽油中对葵花籽油特征风味的形成贡献最大的含氮杂环化合物种类和含量较多，且对葵花籽油的酸价、过氧化值和氧化稳定性进行测定后，综合考虑，小路葵花籽的最佳炒籽温度为150℃，炒籽时间为30min。

对小路炒籽工艺为150℃/30min压榨后得到的葵花籽饼中的蛋白质含量进行测定，并提取出葵花籽饼蛋白质进行功能性性质分析。测得葵花籽饼蛋白质含量为34.53%，所以通过该工艺制得的葵花籽饼蛋白质保存率较高。测定葵花籽饼蛋白质的溶解性为（6.10±0.02）g/L，持水性为（3.3±0.05）g/g，持油性为（4.3±0.03）g/g，乳化性为（23±0.99）%，乳化稳定性为（83±0.89）%，起泡性为（94±1.15）mL，泡沫稳定性为（92±2.23）%。因此，不仅该工艺制得的浓香葵花籽油品质优良，副产品葵花籽饼蛋白质也具有较高的应用价值。

第三节　美拉德反应制备浓香葵花籽油技术

比较烘烤前后脱脂葵花籽粕中氨基酸的变化，并借助氨基酸与葡萄糖的美拉德反应风味模拟模型，探明浓香葵花籽油风味物质的主要前体物质，为明确浓香葵花籽油特征风味物质来源提供基础数据和参考。

一、脱脂葵花籽粕的制备和烘烤

（1）制备脱脂葵花籽粕　取一定量粉碎后的葵花籽仁分别置于ST310索氏脂肪浸提器的各个滤纸筒，各加50mL石油醚于浸提筒，在90℃的条件下沸腾浸泡10min，回流淋洗浸提2h，粕自然挥干溶剂后混合均匀，备用。

（2）烘烤脱脂葵花籽粕　取一定量的脱脂葵花籽粕均匀平铺于洁净的表面皿内，在140，150，160℃的条件下分别烘烤20，30min，转移至干燥器内冷却至室温，备用。

二、不同烘烤条件下脱脂葵花籽粕中氨基酸的含量及风味

美拉德反应是浓香葵花籽油特征风味形成的重要途径之一，热处理过程中葵花籽仁氨基酸含量的变化与美拉德反应密切相关，我们前期研究了不同烘烤条件对葵花籽油风味和品质的影响，得到了诸多有益启发。不同烘烤条件下脱脂葵花籽粕中氨基酸组成及残留率结果见表3-5。

氨基酸组成	不同炒籽条件下氨基酸的残留率					
	140℃/20min	140℃/30min	150℃/20min	50℃/30min	160℃/20min	160℃/30min
谷氨酸（Glu）	99	90	77	69	60	54
丝氨酸（Ser）	100	89	77	62	59	42
组氨酸（His）	99	75	73	58	53	30
甘氨酸（Gly）	98	90	78	69	61	53
苏氨酸（Thr）	98	90	78	64	60	47
精氨酸（Arg）	99	62	50	42	30	24
丙氨酸（Ala）	98	91	79	70	62	54
酪氨酸（Tyr）	108	98	82	75	64	57
半胱氨酸（Cys）	105	92	79	54	58	33
缬氨酸（Val）	96	89	79	69	60	52
甲硫氨酸（Met）	101	91	74	70	59	64
苯丙氨酸（Phe）	98	91	79	70	62	53
异亮氨酸（Ile）	97	89	79	70	60	53
亮氨酸（Leu）	98	92	81	72	63	56
赖氨酸（Lys）	73	92	30	25	24	23
脯氨酸（Pro）	81	65	57	52	44	43

表 3-5 　　　　不同烘烤条件下脱脂葵花籽粕中氨基酸组成及残留率　　　　单位：%

　　从表 3-5 可以看出，在烘烤过程中，氨基酸都有不同程度的损耗，且随着烘烤温度的升高和烘烤时间的延长，各种氨基酸的损耗逐步增大，即残留率逐步减小。最容易损失的氨基酸为赖氨酸，在 140℃烘烤 30min 时残留率仅为 32%，之后残留率逐渐趋于平缓，在 160℃烘烤 30min 时残留率为 23%；其次分别为精氨酸、脯氨酸、组氨酸，在 140℃烘烤 30min 时残留率分别为 62%，65%，75%，在 160℃烘烤 30min 时残留率分别为 24%，43%，30%。

　　同时，从感官上分析，烘烤前后脱脂葵花籽粕的风味亦有较大差异，140℃烘烤 20min 时与烘烤前脱脂葵花籽粕风味差异不明显，但增加了淡淡的清香，氨基酸的损失主要是赖氨酸和脯氨酸，残留率分别为 73%和 81%，其他氨基酸基本无变化，残留率均在 96%以上；在 160℃烘烤 20min 和 30min 条件下，均有明显的焦煳味，很大程度上掩盖了其他风味，带有不良感官感受，各类氨基酸损失较大，损失最小的氨基酸为甲硫氨酸，残留率为 64%；在 150℃烘烤 30min 时脱脂葵花籽粕具有明显的坚果烘炒风味，但也出现了一定的焦煳味；感官感受较好的烘烤条件为 140℃烘烤 30min 和 150℃烘烤 20min，两者条件下脱脂葵花籽粕均具有明显的坚果烘炒的特征风味，与浓香葵花籽油特征风味类似，但总体风味还存在一定的差异，主要是缺少了油脂本身特有"油香味"。据此初步推测，烘烤过程中较为容易损失的赖氨酸、精氨酸、脯氨酸、组氨酸为浓香葵花籽油特征风味形成的主要前体物质。

三、美拉德反应风味模拟模型

取 500mg 不同种类的氨基酸分别与等物质的量的葡萄糖混合，加入去离子水 1.5mL，浸出一级葵花籽油 23g，在 150℃ 的条件下，搅拌、冷凝回流反应 20min，立即停止加热并置于冰水混合浴快速冷却至 4℃，取上层油样进行挥发性风味物质检测。

初步判定浓香葵花籽油总体风味由美拉德反应风味和适度油脂氧化反应风味共同组成，为最大限度地模拟葵花籽仁烘烤过程中的美拉德反应和油脂氧化反应，使模型反应体系形成的挥发性化合物的总体风味与浓香葵花籽油总体风味接近或一致，本书采用浸出一级葵花籽油为"基质"环境，进行各种氨基酸与葡萄糖的美拉德反应风味模拟模型实验。模型体系水分含量与葵花籽仁原料一致。

同时，为降低"基质"环境在模型体系中对美拉德反应形成特征风味化合物的影响，以浸出一级葵花籽油在单独加热时形成的挥发性化合物组成及含量为空白对照，浸出一级葵花籽油单独加热时形成的挥发性化合物组成及含量见表 3-6，分析测定了 12 种氨基酸与葡萄糖在模型反应体系中形成的挥发性化合物组成及含量见表 3-7。

63

表 3-6　浸出一级葵花籽油单独加热时形成的挥发性化合物组成及含量　　单位：%

挥发性化合物组成	含量	挥发性化合物组成	含量
己醛	14.41	十六醇	1.64
庚醛	0.97	十九烷	3.90
庚烯醛	20.30	壬苯	2.02
1-辛烯-3-醇	2.06	十三醛	1.24
2-辛烯醛	1.64	二十二烷	3.35
壬醛	2.59	肉豆蔻酸甲酯	3.61
2,4-癸二烯醛	3.96	棕榈酸甲酯	31.11
2,4-癸二烯醛	7.21		

表 3-7　12 种氨基酸与葡萄糖在模型反应体系中形成的挥发性化合物组成及含量

单位：%

挥发性化合物组成	Lys	Arg	His	Gly	Glu	Tyr	Ser	Ala	Pro	Val	Thr	Phe
己醛	2.77	4.42	1.16	3.10	0.90	0.98	4.92	1.39	1.10	0.89	0.87	0.27
甲基吡嗪	3.46	14.13	—									—
2-甲戊烯醛	—											0.38
4-甲基吡嗪			0.70								0.40	—
糠醛			1.92	5.36	19.38	23.45	12.66	4.66	6.26	7.05	12.46	0.49
2-甲基丁酸				1.04					1.08			—
糠醇	0.67	1.09	7.94	—	0.21	0.38	1.95	4.05	1.37	1.22	1.92	0.16

续表

挥发性化合物组成	Lys	Arg	His	Gly	Glu	Tyr	Ser	Ala	Pro	Val	Thr	Phe
5-甲基-2(5H)呋喃酮	—	—	—	—	0.43	—	0.72	0.12	—	—	0.64	—
2-庚酮	0.96	—	2.65	—	—	—	—	—	—	—	—	—
2-环戊烯-1,4-二酮	—	—	—	3.26	0.47	0.71	1.16	2.23	2.12	1.49	1.75	0.28
庚醛	0.46	0.57	—	0.60	—	—	—	—	—	—	—	—
2,5-二甲基吡嗪	24.16	12.22	7.14	—	—	—	—	—	—	—	—	—
乙酰呋喃	—	—	—	3.90	0.53	0.59	1.77	2.64	2.17	1.08	2.28	0.10
2,6-二甲基吡嗪	2.12	2.04	—	—	—	—	—	—	—	—	—	—
2,3-二甲基吡嗪	—	1.92	1.98	—	—	—	—	—	0.42	0.12	—	—
乙基吡嗪	—	—	—	—	—	—	0.23	—	—	—	—	—
呋喃酮	—	—	—	1.49	0.27	—	—	—	—	—	—	—
2-乙烯基吡嗪	—	1.30	—	—	—	—	—	—	—	—	5.26	—
5-甲基糠醇	2.07	0.97	11.83	1.07	—	0.29	1.31	1.12	—	—	—	—
庚烯醛	1.86	4.96	0.97	1.25	0.02	1.65	3.63	1.19	1.90	1.14	0.87	0.47
5-甲基糠醛	0.41	—	3.74	6.00	35.72	9.17	6.58	7.88	4.19	4.28	18.60	3.71
1-辛烯-3-醇	0.98	0.93	—	—	—	—	—	—	—	—	—	—
1,3-二甲基环己烷	—	—	—	0.42	—	—	—	—	—	—	—	—
2-戊基呋喃	0.67	2.15	0.44	1.79	0.47	0.58	1.42	0.55	0.75	0.55	0.61	0.31
2-乙基-6-甲基吡嗪	0.56	1.07	0.67	—	—	—	—	—	—	—	—	—
辛醛	—	—	—	1.61	—	—	0.29	—	—	—	—	—
三甲基吡嗪	3.22	2.73	—	0.29	—	—	—	—	0.29	—	0.50	—
2-乙基-5-甲基吡嗪	2.41	—	6.07	—	—	—	—	—	—	0.39	—	—
N,N-二甲基-4-吡啶胺	0.23	—	—	—	—	—	—	—	—	—	—	—
2-乙烯基-6-甲基吡嗪	—	1.17	—	—	—	—	—	—	—	—	—	—
2-羟基-3-甲基-2-环戊烯-1-酮	—	—	4.67	—	0.41	—	0.65	—	—	0.39	2.25	—
乙酰吡啶	—	—	—	3.16	—	—	—	1.12	—	—	—	—
苯甲醇	—	—	—	—	—	—	—	—	—	—	—	0.22
苯乙醇	—	—	—	—	—	1.87	0.29	—	0.44	0.39	—	47.50
2,5-二甲基-4-羟基-3(2H)-呋喃酮	—	1.55	7.55	—	0.63	—	—	0.63	0.41	0.25	0.30	—
辛烯醇	0.43	2.60	—	1.48	0.45	—	1.34	0.36	0.75	0.55	—	—
3-乙基-4-甲基吡咯	1.23	—	—	—	—	—	—	—	—	—	—	—
乙酰,1-(1H-吡咯)	—	0.42	3.31	7.31	0.39	—	2.30	15.81	5.89	4.35	1.88	—
3-乙基-2,5-二甲基吡嗪	1.06	0.20	0.49	—	—	—	0.10	—	—	—	0.80	0.50
2-乙基-3,5-二甲基吡嗪	0.44	—	0.80	—	0.13	—	—	—	—	—	0.16	0.06
呋喃甲酸甲酯	—	—	—	—	—	—	—	0.51	—	—	0.38	—
呋喃羟甲基酮	—	0.11	—	—	—	—	—	—	—	—	—	—
1-丙烯基噻吩	—	—	—	—	—	0.33	—	—	—	—	—	—

续表

挥发性化合物组成	Lys	Arg	His	Gly	Glu	Tyr	Ser	Ala	Pro	Val	Thr	Phe
2-壬烯醛	—	0.45	—	—	—	—	0.39	—	0.50	—	—	—
二甲基-2-乙烯基吡嗪	0.29	—	—	—	—	—	—	—	—	—	—	—
壬醛	1.52	2.06	0.61	8.45	0.74	0.56	1.05	—	0.60	0.43	0.66	0.29
1-(6-甲基-2-吡嗪)-乙酮	—	0.76	—	1.02	—	—	—	—	—	—	—	—
1-甲基-1-吡咯甲醇	—	—	—	—	—	—	0.15	6.68	—	—	0.46	—
3-吡啶甲醇	0.62	—	—	—	0.91	11.68	—	—	17.63	12.65	—	0.88
4-吡喃-4-酮	—	0.34	2.71	11.20	—	—	3.61	19.49	—	—	5.52	—
1-哌啶甲醛	0.19	—	—	0.66	—	—	—	—	—	—	0.49	—
3-甲基丁基苯	—	—	—	—	—	—	0.18	—	—	—	0.30	—
2,5-二甲基-3-丙基吡嗪	—	—	—	—	—	—	—	—	—	—	0.49	—
3,4-二甲基-1-氢吡咯	—	—	—	—	2.41	—	—	—	—	—	—	—
2-苯基丙烯醛	—	—	—	—	—	—	—	—	—	—	—	0.50
1-甲基-3-甲酰-2(1H)-吡啶酮	—	—	—	—	0.99	—	0.10	—	—	—	—	—
2-氮己环酮	28.32	—	—	—	—	—	—	—	—	—	—	0.44
1-乙酰-1,2,3,4四氢吡啶	0.28	—	0.71	—	—	—	—	—	—	—	—	—
十二醛	—	—	—	1.37	—	—	—	—	—	—	—	0.06
5,6-二氢吡喃-2-酮	—	—	—	1.77	—	—	—	—	—	—	—	—
3-苯基呋喃	—	—	—	—	—	—	—	—	—	—	—	0.44
5-羟甲基糠醛	—	—	—	—	19.39	17.62	16.14	4.93	7.76	22.23	18.41	0.50
2-癸烯醛	1.28	2.79	2.11	2.75	0.99	1.26	2.00	1.21	2.03	1.96	1.35	0.35
2,4-癸二烯醛	3.86	9.86	7.48	1.26	3.79	6.05	9.53	4.97	6.02	5.63	4.15	0.87
2,4-癸二烯醛	13.62	24.20	21.65	6.75	11.26	16.70	21.60	13.50	20.11	14.85	13.05	2.33
十一烯醛	—	—	1.65	1.23	0.84	1.06	1.92	0.99	1.51	1.36	1.49	0.28
2-丙基苯酚	—	—	—	—	4.10	—	—	—	—	—	—	—
十六烷醇	1.14	2.57	—	0.52	0.12	—	—	—	—	—	—	—
十九烷	—	—	—	—	—	—	—	—	—	14.59	—	—
壬苯	—	—	—	—	—	—	—	—	—	—	—	0.13
二十二烷	—	0.43	—	30.60	—	—	—	—	0.45	0.32	—	—
肉豆蔻酸甲酯	0.87	0.53	—	—	—	—	—	—	—	—	—	—
棕榈酸甲酯	—	6.88	—	—	—	—	1.42	1.64	0.62	—	—	—

浸出一级葵花籽油本身没有浓香风味，油脂单独受热形成的挥发性化合物主要是由油脂氧化反应形成的小分子醛、醇类物质，在适度氧化的范围内可赋予油脂本身特有的"油香味"，但超过一定氧化程度即会产生令人不愉快的"哈喇"味。其中，庚醛是油酸的氧化产物，庚烯醛是亚油酸二级氧化产物分解产生的，亚油酸的自动氧化产生了亚油酸的 C_{13}-氢过氧化物和 C_9-氢过氧化物，C_{13}-氢过氧化物的断裂导致了己醛的形成，而 C_9-氢过氧化物的断裂产生了2,4-癸二烯醛。

1-辛烯-3-醇是以 C_{10}-氢过氧化物为中间产物的亚油酸的氧化产物。

通过感官比较上述 12 种氨基酸与葡萄糖美拉德反应风味模拟模型实验产物风味，总体风味与浓香葵花籽油风味比较接近的模型实验组有赖氨酸、精氨酸、组氨酸 3 个模型实验组，对比其模型体系中形成的挥发性化合物与参考文献中浓香葵花籽油风味化合物，发现共有 18 种相同的化合物，模型产物与浓香葵花籽油风味相同的挥发性化合物见表 3-8，分别占对应检出总挥发性化合物的 62.76%、86.81%、53.49%，其中，吡嗪类化合物在 18 种相同化合物的占比分别 56.26%、37.17%、32.06%，醛类化合物占比分别为 40.42%、56.28%、67.12%。其他 9 种氨基酸模型实验组中，18 种相同化合物占比为 5.94%~58.25%，但均以醛类化合物为主，醛类化合物在 18 种相同化合物中的占比高达 85.35%~98.87%，吡嗪类化合物的占比最大仅为 9.43%，其总体感官风味以油脂氧化反应导致的"哈喇"味为主。在 18 种相同化合物中，己醛、庚醛、庚烯醛、壬醛、1-辛烯-3-醇、2,4-癸二烯醛 6 种化合物在空白对照组——浸出一级葵花籽油单独加热时形成的挥发性化合物（表 3-8）——中也存在，可推测此 6 种化合物非模型反应体系中的美拉德反应形成，主要由油脂氧化反应形成；其余12 种相同化合物，包括 8 种吡嗪类化合物、2 种醛类化合物、1 种醇类化合物、1种呋喃类化合物，应该由模型反应体系中的美拉德反应形成。

表 3-8　　　　　　模型产物与浓香葵花籽油风味相同的挥发性化合物

己醛[1]	2,3-二甲基吡嗪	2-癸烯醛	2-乙基-3,5-二甲基吡嗪
糠醛[1]	2-乙基-6-甲基吡嗪	2,4-癸二烯醛[1][2]	2-戊基呋喃
庚醛[1]	三甲基吡嗪	2,4-癸二烯醛[1][2]	1-辛烯-3-醇[1]
庚烯醛[1]	2-乙基-5-甲基吡嗪	甲基吡嗪	辛烯醇
壬醛[1]	3-乙基-2,5-二甲基吡嗪	2,5-二甲基吡嗪	

注：① 该化合物在空白对照组（浸出一级葵花籽油单独加热）也存在；
　　② 2,4-癸二烯醛的顺反异构体，算一种相同化合物。

有研究表明：吡嗪类化合物尤其是烷基吡嗪类物质普遍带有坚果烘烤香味，并附带有一些泥土气息和炸土豆香味，是美拉德反应的重要产物和坚果烘烤香味的主要贡献物质，氨基酸在此类美拉德反应体系中为烷基吡嗪类物质的形成提供氮源。进一步分析，在模型总体风味与浓香葵花籽油风味比较接近的赖氨酸、精氨酸、组氨酸 3 个模型实验组中，排除浸出一级葵花籽油风味物质的影响，模型反应体系中的美拉德反应形成的 12 种与浓香葵花籽油风味相同的挥发性化合物均以吡嗪类化合物为主，占比分别为 93.69%、81.06%、79.32%，且均为烷基吡嗪类物质，包括甲基吡嗪、2,5-二甲基吡嗪、2,3-二甲基吡嗪、2-乙基-6-甲基吡嗪、三甲基吡嗪、2-乙基-5-甲基吡嗪、3-乙基-2,5-二甲基吡嗪、

2-乙基-3,5-二甲基吡嗪。其中，2,5-二甲基吡嗪含量最高，在 8 种相同吡嗪类化合物中的占比分别为 68.42%，37.87%，41.63%。与 Adams 等在模拟可可豆焙烤美拉德反应的研究结果一致，并有研究证实 2,5-二甲基吡嗪是通过两个 α-氨基酮缩合生成的，且其形成与氨基酸种类相关。由此，我们推断赖氨酸、精氨酸、组氨酸 3 种氨基酸对浓香葵花籽油美拉德反应风味的贡献最大，是浓香葵花籽油原料预处理过程中美拉德反应风味形成的主要前体物质。

醛类相同的化合物有糠醛和 2-癸烯醛。其中，糠醛又称 2-呋喃甲醛，是呋喃2 位上的氢原子被醛基取代的衍生物，具有与苯甲醛类似的气味；2-癸烯醛则主要是油酸氧化的主要挥发性产物。

2-戊基呋喃是呋喃类物质中仅有的一种相同化合物。一般认为，在美拉德反应体系中呋喃类物质由葡萄糖降解产生。但有研究证实，氨基酸对呋喃类物质的生成有影响并参与反应，Adams 等研究发现，氨基酸会催化油脂氧化反应产物生成 2-烷基类呋喃，并具有一定的豆香、果香风味。

通过研究比较脱脂葵花籽粕烘烤前后氨基酸组成及风味变化，建立以浸出一级葵花籽油为基质的氨基酸与葡萄糖美拉德反应风味模拟模型，比较分析了 12 种氨基酸与葡萄糖美拉德反应风味模型体系中形成的挥发性化合物与浓香葵花籽油风味化合物的异同，发现赖氨酸、精氨酸、组氨酸对浓香葵花籽油美拉德反应风味的贡献最大，是浓香葵花籽油原料预处理过程中美拉德反应风味形成的主要前体物质。

第四节　炒籽对压榨葵花籽油品质的影响

葵花籽油是一种优质的食用油，而压榨葵花籽油更是保留了其天然成分。它含有丰富的不饱和脂肪酸（50%以上），其中油酸（33%）和亚油酸（55%左右），能够降低胆固醇和血压。葵花籽油中维生素 B、维生素 C、维生素 E 等维生素含量丰富，易被人体吸收，因此是肠胃病患者、老年人和儿童的保健营养油。高温焙炒能够增加葵花籽油的香味，而过高的温度会产生有害物质以及焦煳味，所以控制好焙炒葵花籽的温度和时间对于生产高品质的葵花籽油有着重要意义。

一、葵花籽油感官品质测定

由 10 名对葵花籽油气味熟悉的感官评价人员对其进行评定，各样品随机排定，以确定葵花籽油的最佳炒籽条件。葵花籽油感官品质测定评分细则见表 3-9。

表 3-9   葵花籽油感官品质测定评分细则

评分	描述
1~3 分	无特征香味或有明显异味
4~6 分	香气平淡但无异味
7~9 分	香气浓郁

二、原料葵花籽的组成成分

原料葵花籽的组成成分见表 3-10。

表 3-10   原料葵花籽的组成成分   单位：%

名称	水分	粗脂肪	粗蛋白
葵花籽	4.40	49.5	15.7

三、炒籽条件对葵花籽油品质的影响

品质是否良好决定着食物是否具有其原有的食用价值和营养价值，良好的品质是保证消费者健康和对产品认可的前提。加工过程对葵花籽油的品质有着很大的影响，本书分别研究了不同的炒籽条件对葵花籽油的各种理化指标和脂肪酸的影响。

（一）不同炒籽条件对葵花籽油出油率的影响

葵花籽在不同的炒籽条件下，出油率是不同的，炒籽条件对葵花籽油出油率影响如图 3-8 所示。

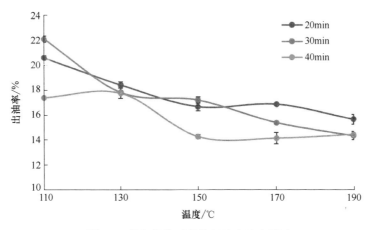

图 3-8   炒籽条件对葵花籽油出油率影响

随着炒籽温度的升高和炒籽时间的延长，葵花籽油的出油率有下降的趋势，这可能是因为出油率与细胞壁的破坏有关，而细胞壁的破坏程度则与酶解有关，随着温度的升高，酶的活性先降低，而高温时破坏了酶的活性导致细胞壁破裂不够彻底，且葵花籽饼粕黏度大，所以残油量多，导致出油率逐渐降低。

（二）不同炒籽条件对葵花籽油色泽的影响

色泽是人们评价葵花籽油最直观的指标，良好的色泽会赢得消费者的喜爱和认可。炒籽条件对葵花籽油色泽影响如图 3-9 所示。

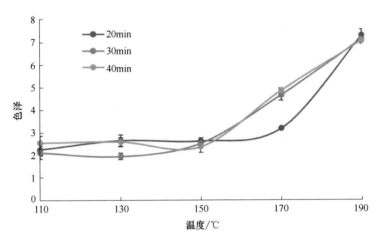

图 3-9　炒籽条件对葵花籽油色泽影响

随着炒籽温度的升高和炒籽时间的延长，葵花籽油的色泽逐渐加深，110，130，150℃下的压榨葵花籽油色泽差别不太明显，而当温度高于 150℃ 时，油的色泽明显加深，变化较大，而时间对葵花籽油的色泽影响不大，这是由于温度的升高促进了美拉德反应的进行，油脂发生褐变；而且高温时美拉德反应会产生类黑精色素等产物，使得油的色泽明显加深。所以，为了使葵花籽油有良好的色泽，应尽量控制葵花籽的焙炒温度不超过 170℃。

（三）不同炒籽条件对葵花籽油酸价的影响

酸价代表着油中的游离脂肪酸含量，酸价越高即油中的游离脂肪酸含量越高，油脂的质量越差。炒籽条件对葵花籽油酸价影响如图 3-10 所示。

经过炒籽后的葵花籽油酸价（KOH）为 $0.3 \sim 0.8 mg/g$，远小于国家标准规定的 $3mg/g$ 的上限。随着炒籽温度的升高和炒籽时间的延长，葵花籽油的酸价逐渐升高。一方面是由于油脂在微生物、受热或解酯酶的作用下缓慢水解，产生了游离脂肪酸；另一方面是由于油脂在高温下容易发生酸败，甘油三酯分解生成脂肪酸，故酸价整体呈上升趋势。

（四）不同炒籽条件对葵花籽油过氧化值的影响

过氧化值代表了油脂、脂肪酸等被氧化的程度，过氧化值越高，油脂被氧化的程度就越高，酸败变质越厉害。油脂氧化酸败会产生一些对人体不利的小分子

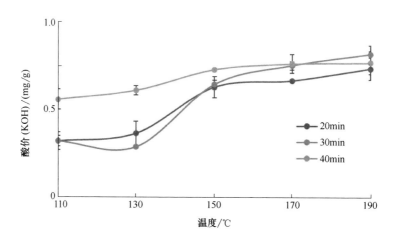

图 3-10　炒籽条件对葵花籽油酸价影响

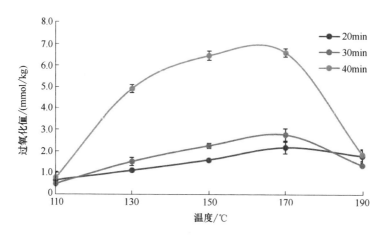

图 3-11　炒籽条件对葵花籽油过氧化值影响

物质，如自由基。炒籽条件对葵花籽油过氧化值影响如图 3-11 所示。

　　炒籽后得到的葵花籽油过氧化值在 0.5~6.7mmol/kg，符合国家标准规定的 ≤7mmol/kg 标准。随着炒籽温度增加，葵花籽油的过氧化值先升高再降低，随着炒籽时间的延长，葵花籽油的过氧化值逐渐升高，其中炒籽时间 40min 时得到的葵花籽油过氧化值明显升高。葵花籽油中不饱和脂肪酸含量较多，在一定范围内，随着温度的升高和时间的延长促进了油脂中的不饱和脂肪酸等物质在热作用或酶的作用下分解，进而与空气接触发生氧化反应，而且在高温有氧条件下油脂极易发生酸败，导致油的过氧化值随温度和时间的增加而升高。但当温度过高（如 190℃），时间过长（如 40min）时，参与氧化反应的氨基酸或蛋白质发生了炭化，只有部分能参与氧化反应，故过氧化值呈现出下降趋势。

（五）不同炒籽条件对葵花籽油氧化稳定性的影响

油脂的氧化稳定性代表着油脂自动氧化变质的灵敏度，是食用油保质期的直接决定因素，反映着食用油的耐储性。氧化稳定性越高，发生氧化变质的时间就越长，耐储性越好。炒籽条件对葵花籽油氧化稳定性影响如图 3-12 所示。

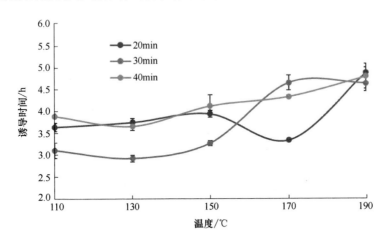

图 3-12　炒籽条件对葵花籽油氧化稳定性影响

诱导时间随着温度的升高呈现逐渐升高的趋势，作为反映葵花籽油氧化稳定性的指标，诱导时间越长则说明油的氧化稳定性越好，这是由于葵花籽油中本身就含有维生素 E 和花色苷类等抗氧化成分，并且随着温度的上升，美拉德反应的产物也具有一定的抗氧化作用，所以诱导时间升高。

（六）炒籽条件对葵花籽油感官品质的影响

对在不同温度和不同时间下炒籽得到的压榨葵花籽油进行感官评价，炒籽条件对葵花籽油感官评分雷达图如图 3-13 所示。

炒籽温度在 110℃和 190℃下感官评分偏低，炒籽温度过低容易产生类似于煎炸油的不愉快气味，而温度过高则会有焦煳味产生。炒籽温度在 130~170℃，炒籽时间在 20~30min 的感官评分较高，均在 6.5 分以上，这说明炒籽温度的升高和时间的延长均有利于葵花籽油特征风味的形成。结果表明，即使想要得到风味较好的葵花籽油，炒籽温度也不要超过 170℃，时间不要超过 40min。

（七）不同炒籽条件对葵花籽油脂肪酸的影响

葵花籽油中的脂肪酸含量较高，脂肪酸的组分及其比例决定了其营养价值，本书测定了经甲酯化处理的样品中脂肪酸的组成，不同炒籽条件下葵花籽油中的不饱和脂肪酸含量见表 3-11、不同炒籽条件下葵花籽油中的多不饱和脂肪酸含量见表 3-12 和不同炒籽条件下葵花籽油中的单不饱和脂肪酸含量见表 3-13。

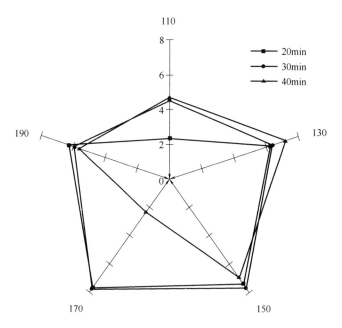

图 3-13 炒籽条件对葵花籽油感官评分雷达图

表 3-11　　　　　不同炒籽条件下葵花籽油中的不饱和脂肪酸含量　　　单位：%

炒籽时间	不饱和脂肪酸				
/min	110℃	130℃	150℃	170℃	190℃
20	90.612	90.608	90.434	90.442	90.542
30	90.745	90.554	90.444	90.490	90.412
40	90.568	90.123	90.517	90.372	90.456

表 3-12　　　　　不同炒籽条件下葵花籽油中的多不饱和脂肪酸含量　　　单位：%

炒籽时间	多不饱和脂肪酸				
/min	110℃	130℃	150℃	170℃	190℃
20	43.054	42.285	42.844	42.877	42.157
30	41.804	43.354	42.269	42.812	42.640
40	42.754	41.995	42.754	42.531	42.653

表 3-13　　　　　不同炒籽条件下葵花籽油中的单不饱和脂肪酸含量　　　单位：%

炒籽时间	单不饱和脂肪酸				
/min	110℃	130℃	150℃	170℃	190℃
20	47.558	48.323	47.59	47.565	48.384
30	48.941	47.200	48.175	47.679	47.772
40	47.814	48.129	47.763	47.842	47.456

由表 3-11 可知，葵花籽油含有的不饱和脂肪酸在 90% 以上，葵花籽油中主要含有棕榈酸（$C_{16:0}$）、亚油酸（$C_{18:2}$）、硬脂酸（$C_{18:0}$）、油酸（$C_{18:1}$）和山榆酸（$C_{22:0}$）5 种脂肪酸；多不饱和脂肪酸主要以亚油酸为主，含量在 40% 以上；单不饱和脂肪酸主要以油酸为主，含量在 45% 以上；多不饱和脂肪酸和单不饱和脂肪酸比例较均衡。采用 SPSS17.0 两因素方差分析，炒籽对葵花籽油不饱和脂肪酸含量的两因素方差分析见表 3-14，可知炒籽温度和时间对葵花籽油中的脂肪酸影响不显著。

表 3-14　　　　炒籽对葵花籽油不饱和脂肪酸含量的两因素方差分析

来源	Ⅲ 型 SS	自由度	均值	F 值	显著性
t	0.051	2	0.026	1.602	0.26
T	0.096	4	0.024	1.497	0.29

随着炒籽温度的升高和炒籽时间的延长，葵花籽油的出油率逐渐降低，色泽逐渐加深，酸价逐渐升高，过氧化值先升高再降低，但酸价和过氧化值都在国标规定范围之内，氧化诱导时间逐渐升高，脂肪酸种类、含量均无明显变化，均有较高含量的不饱和脂肪酸。随着炒籽温度的升高，香味越来越浓郁，而当温度超过 170℃，时间超过 40min 时，有明显的焦煳味产生。应尽量控制葵花籽的炒籽温度在 130~170℃，时间在 20~30min。这些对工厂大规模制备不同用途的葵花籽油有一定的参考意义。

第五节　浸出制油

浸出法提取油脂是目前油脂提取率最高的一种方法，葵花籽仁经压榨取油后，压榨饼中还残留 10% 左右的油脂，因此要浸出取油，提高葵花籽的出油率。

一、油脂浸出原理

浸出法制油是应用萃取的原理，选用某种能够溶解油脂的有机溶剂，经过对油料的接触（浸泡或喷淋），使油料中的油脂被萃取出来的一种制油方法。油料的浸出，可视为固液萃取，它是利用溶剂对不同物质具有不同溶解度的性质，将固体物料中有关组分加以分离的过程。在浸出时，油料用溶剂处理，其中易溶解的组分（主要是油脂）就溶解于溶剂。当油料浸出在静止的情况下进行时，油脂以分子的形式进行转移，属于"分子扩散"。但浸出过程中大多是在溶剂与料粒之间有相对运动的情况下进行的，因此，它除了有分子扩散外，还有取决于溶剂流动情况的"对流扩散"过程。

二、油脂浸出过程

油脂浸出的基本过程是：把油料坯（或预榨饼）浸于选定的溶剂中，使油脂溶解在溶剂内（组成混合油），然后将混合油与固体残渣（粕）分离，混合油再按不同的沸点进行蒸发、汽提，使溶剂汽化变成蒸气与油分离，从而获得油脂（浸出毛油）。溶剂蒸气则经过冷凝、冷却回收后继续使用。粕中亦含有一定数量的溶剂，经脱溶烘干处理后即得干粕，脱溶烘干过程中挥发出的溶剂蒸气仍经冷凝、冷却回收使用。

三、浸出溶剂的要求

目前，我国使用的油脂浸出溶剂是 6 号溶剂油。6 号溶剂油外观为无色透明液体，是各种低级烷烃的混合物。产品馏分范围较工业己烷宽，具有工业己烷类似的性质。从理论上说，用于油脂浸出的溶剂应符合以下条件。

（1）来源充足　浸出法制油既然是油脂工业的先进技术，没有充足的溶剂来源便难以普及。

（2）化学性质稳定　溶剂与油脂和粕不起化学反应，对机械设备腐蚀作用较小。

（3）溶剂介电常数与油脂相近，能以任何比例溶解油脂，并能在常温或温度不太高的条件下把油脂从油料中萃取出来。

（4）溶剂只溶解油料中的油脂　对于油料中的非油物质没有溶解性。

（5）溶剂挥发性好　浸出油脂后容易与油脂分离，在较低温度下能从粕中除去。

（6）溶剂对设备没有腐蚀性　可以延长设备的使用寿命，降低生产成本。

（7）安全　溶剂应不易着火和爆炸。

（8）沸点范围小　沸点范围也称为沸程、馏程，即在此沸点范围内能把溶剂蒸馏干净。我国油脂工业所用的溶剂是混合物，没有一个准确（固定）的沸点，而只有沸点范围。浸出油厂所用溶剂的沸点范围很重要，希望越窄越好，以便在较小的温度范围内可以从油脂和粕中除去溶剂，便于操作和减少损耗。

（9）溶剂在水中的溶解度要小　回收粕和油脂中的溶剂，是利用水蒸气对粕进行"干燥"，对油脂进行"汽提"，使溶剂蒸气和水蒸气一起逸出，经冷凝后得到溶剂和水的混合液。

（10）无毒性　以保证操作人员的身体健康和得到油脂、饼粕的正常品质。

四、影响浸出效果的因素

（一）料坯性质的影响

1. 对料坯内部结构的要求

在浸出之前，料坯的细胞组织应最大限度地被破坏。因为油脂从完整细胞中扩散出来的过程较为缓慢，细胞组织破坏得越厉害，扩散阻力越小，浸出效率越高。

2. 对料坯外部结构的要求

（1）尽量缩小被浸出原料的坯径，以使粒子内油脂的扩散路程最短。同时增加料坯单位重量的表面积，有利于提高浸出效率。

（2）料坯必须具有足够和均匀的渗透性，以便浸出时溶剂能顺利地通过，均匀地冲洗全部粒子。

（3）料坯（料层）对溶剂和混合油的吸附能力越小越好。

（4）浸出料坯的可塑性要适当。

（二）料坯厚度的影响

经轧坯所得料坯的厚度越厚，则所需浸出的时间越长；反之，料坯越薄，则浸出的时间越短。研究和实践证明，粉碎成 12mm 左右的粒子即可，若有条件，能将其粉碎成 0.5~0.8mm 的饼粒，浸出效果更好。

（三）浸出温度的影响

浸出过程中，根据溶剂馏程和生产工艺确定的原料温度称作"浸出温度"。尽管原则上是浸出温度越高，粕中残油越少，但是浸出温度不能超过所用溶剂的沸点。对于 6 号溶剂油，浸出温度以 50~55℃为宜。一般而言，浸出温度以低于溶剂沸点 8~10℃为好。

（四）溶剂（或混合油）渗透量的影响

连续式油料浸出是将溶剂（或混合油）迅速与料坯接触，而后溶剂又立刻离开与另一批新的料坯接触，如此连续不断地进行，使料坯中的油脂尽快地溶解到溶剂中，从而使溶剂中的含油量迅速提高，因此，在单位时间内，加快溶剂（或混合油）渗透料坯的数量，对提高浸出效果有很大作用。

溶剂（或混合油）渗透量以每小时内每平方米的金属网或料坯面流过多少质量溶剂（或混合油）来计算。根据实际经验，渗透量在 $10000kg/(h \cdot m^2)$ 以上时才有意义，如低于此量，浸出时间便要无谓地延长，从而降低浸出器的生产能力。

（五）料层高（厚）度的影响

如果料坯或预榨饼的结构强度较高（不易被压碎），料层厚一些较好。因为料层越厚，越能提高产量，浸出设备可以得到充分的利用，同时，在同一溶剂比时，料层越厚，则料层的表面可与越多的溶剂接触，从而提高浸出效率。从目前生产情况看，料层厚度宜控制在 800~1500mm。

（六）混合油浓度的影响

实际生产中均以逆流的方式进行油料浸出，即新原料与浓混合油接触，浸出

75

器即将出粕的原料与稀混合油或新鲜溶剂接触，这样既可得到较浓的混合油，又可使粕中残油率降到理想的范围，目前一般浸出工厂所得混合油浓度在 10% ~ 27%。可以"料坯含油量（%）+5%"来确定混合油的最佳浓度。

（七）浸出时间的影响

浸出时间是指料坯入浸至出粕所需的时间。浸出时间的长短因浸出器类型不同而定，太长太短均不合适。平转式浸出器中料坯的浸出时间为 100min（其中包括进料、浸出、沥干等过程）。

（八）溶剂比的影响

所谓溶剂比，即单位时间内被浸出料坯与所用溶剂的重量比。欲保证粕中残油率为 0.8% ~ 1.0%，浸泡或浸出时所采用的溶剂比为（1∶1.6）~（1∶2），对于葵花籽坯浸出，溶剂比最大值为 1∶1.35，最小值为 1∶0.85，一般情况为 1∶1，喷淋式浸出所采用的溶剂比为（1∶0.5）~（1∶0.5）。

（九）溶剂（或混合油）喷淋与滴（沥）干方式的影响

料坯+喷淋浸出+滴干+喷淋浸出+滴干+出粕，需如此进行 4~5 次，能使粕中残油率达到要求，浸出时间也可大大缩短。

综上所述，油料浸出能否顺利进行和实现预期的效果，取决于许多因素，而这些因素又是错综复杂，相互影响的。所以在生产过程中如能辩证地掌握这些因素，就能大大提高生产效率，缩短浸出时间，减少粕中残油。

五、浸出工序

（一）工艺流程
浸出工序的工艺流程如图 3-14 所示。

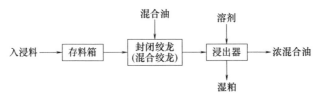

图 3-14　浸出工序的工艺流程

（二）工艺参数

1. 存料箱

保存一定的物料，兼起料封作用，容量不小于浸出料格的 1.5 倍，存料高度不小于 1.4m。

2. 封闭绞龙（混合绞龙）

物料进入浸出器内时封闭绞龙（混合绞龙）起有效的封闭作用，以防止浸出器内溶剂气体从进料口溢出。

3. 浸出器（平转型）

（1）装料量为料格的 80%～85%。

（2）溶剂温度 50～55℃。

（3）入浸料温度 50～55℃，浸出器温度 50℃。

（4）喷淋方式采用大喷淋的喷淋滴干方式较好。喷淋段的液面以高出料面 30～50mm 为宜，喷淋新鲜溶剂时不得溢入沥干段。

（5）浸出器运转周期为 90～120min。

（6）溶剂比（1∶0.8）～（1∶1）。

（7）粕残油（干基）：葵花籽仁的粕为 1% 以下。

（三）操作要点

（1）认真按照本工序工艺技术要求控制浸出器、物料、混合油的温度、水分、流量、浓度。

（2）存料箱要保持应有的料层高度，料层低于 500mm 时，应即停止向浸出器送料。

（3）经常注意料层渗透是否正常，如发生料面混合油溢流现象，即应找出原因，设法排除，保障生产正常进行。

（4）发生喷口堵塞要拆卸清理，制造或安装不妥要改制重装。

（5）定时检查粕中残油，指导生产。

（6）各设备运转中要勤看、勤听、勤摸，发现异常和管道堵塞要及时排除，恢复正常。

（7）严禁泵体空车运转，注意各泵的流量均衡，如需调节，按正确次序进行，不得开错。

六、湿粕处理

（一）粕的脱溶烘干工艺流程

粕的脱溶烘干工艺流程如图 3-15 所示。

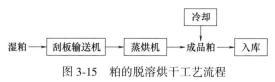

图 3-15　粕的脱溶烘干工艺流程

（二）粕的脱溶烘干工艺参数

（1）蒸烘机第一层，因粕中含溶剂较多，升温不宜过快、过高，以控制在 65～75℃ 为宜。

（2）第二层温度控制在 85℃ 左右。

（3）第一、第二两层喷入直接蒸汽（压力以不喷散料层为宜），起蒸料作用，在溶剂蒸发的同时，破坏有害酶类的活性。直接蒸汽喷入量为 5~6kg/t 料。

（4）第三层（第三节）至最后一层，夹套加热，蒸汽压力 0.6~0.8MPa，起烘料的作用，温度 100~105℃。最后一层也可喷入适量的直接蒸汽。

（5）蒸烘机出粕必须封闭。

（6）蒸烘时间 40min。

（7）入库粕温度 40℃以下。

（8）成品粕质量要求。无溶剂味，引爆实验合格，水分 12% 以下，粕熟化，不焦不煳。

（三）粕的脱溶烘干操作

（1）认真按照本工序工艺技术要求，控制粕的脱溶温度、时间、蒸汽压力和喷汽量。

（2）保证成品粕的质量要求。引爆实验每 4h 做一次，每次取两个样品，不合格的要采取措施解决。

（3）刮板输送机要稳定地向蒸烘机供料，发生堵塞及时排除。

（4）湿式捕集器的喷液量要保持稳定、适量，防止管道堵塞，并定期清洗排渣。

（5）经常注意蒸烘机、刮板输送机、输送机械、电机、泵等设备的运行情况，保持蒸烘机内料层高度，及时添加润滑油。发现异常，及时设法排除，不得带病运转。

（6）生产中蒸汽压力如发生突然降低情况，致粕中溶剂蒸脱不净，应立即停止进料，待蒸汽正常后再进料。

（7）成品粕发现有以下现象不得出厂

① 粕中含溶剂，引爆实验不合格；

② 粕的温度超过 60℃，必须重新处理后，方能出厂。

（8）粕库中的粕含水分过高或温度升高，要及时摊晾降水，以防霉变或自燃起火。

七、混合油蒸发

（一）工艺流程

混合油的蒸发工艺流程如图 3-16 所示。

图 3-16　混合油的蒸发工艺流程

（二）工艺参数

（1）过滤器的滤网规格为 100 目（目=孔数/长度）。

（2）混合油罐装入的盐水浓度5%。

（3）第一蒸发器

① 混合油进口温度60~65℃，混合油出口温度控制在80~85℃，浓度70%~80%；

② 间接蒸汽压力0.2~0.3MPa（提倡用二次蒸汽作热源）。

（4）第二蒸发器

① 混合油出口温度95~100℃，浓度95%以上；

② 间接蒸汽压力0.2~0.3MPa。

（5）汽提塔

① 混合油出口温度110~115℃；

② 浸出毛油中总挥发物不超过0.30%；

③ 间接蒸汽压力0.4MPa以上，过热蒸汽压力0.5~0.6MPa。

（6）有条件的，混合油蒸发可采用真空技术。

（三）操作要点

（1）认真按本工序工艺技术要求掌握各设备中混合油的液位流量、温度、浓度和蒸汽的压力、保证浸出毛油达到规定质量要求。

（2）定期洗刷或反冲洗过滤器滤网，流渣回入浸出器，如发现滤网破损要及时修复或更新。

（3）注意混合油储罐内盐水液位，高于正常液位时，要及时排放，以防盐水进入第一蒸发器。

（4）定期清理排放混合油储罐内的油脚，补充盐水，放出的油脚，要妥善处理，不得直接排弃。

（5）注意防止蒸发器、汽提塔液泛，油管堵塞。

（6）汽提塔要定期清理，生产中发生汽提效果降低，必须停车清洗后再生产。汽提塔使用饱和蒸汽作直接蒸汽时，必须进行分水后才能喷入汽提塔。

八、溶剂回收

浸出车间各设备产生的含溶剂气体，都需进入冷凝器进行冷凝回收。冷凝效果的好坏，不但影响到尾气回收的负荷，也影响工厂生产成本和安全，所以必须十分重视。

（一）溶剂冷凝冷却工艺流程和设备

1. 工艺流程

溶剂冷凝冷却工艺流程如图3-17所示。

由第一、第二蒸发器出来的溶剂汽体内因没有水蒸气。经冷凝冷却后直接流入循环溶剂罐，由汽提塔、粕蒸脱机、平衡罐来的溶剂气和蒸汽分别进入各冷凝

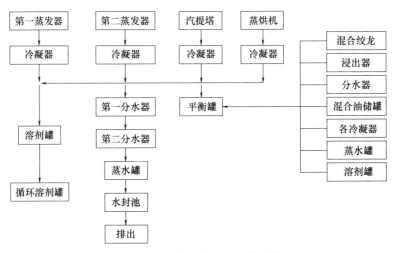

图 3-17　溶剂冷凝冷却工艺流程

器,经冷凝的溶剂水混合液串流进入第一、第二分水器进行分水。分出的溶剂进入溶剂库,水进入蒸水罐,蒸去水中微量溶剂后放入水封池,后再行排入下水道。

平衡罐也可用较大的冷凝器代替,可进一步冷凝空气中的溶剂,有利减轻尾气吸收负荷。

冷凝冷却用水源有:深井水、浅井水、河水、海水,以深井水为最好。生产中要保证水源充足。

2. 设备

冷凝设备有:列管式冷凝器、喷淋式冷凝器、渠道式冷凝器、分水器、平衡罐、蒸水罐。

(二) 工艺参数

(1) 根据冷凝冷却负荷大小,决定冷凝冷却器的有效面积。一般配备不得小于 $4m^2/t$ 料。

(2) 各冷凝器冷凝液出口温度不得高于 40℃,平衡罐自由气体出口温度不高于 25℃ (夏季可稍高),冷却水出口温度不得高于 35℃。

(3) 分水器的有效分水容积配备为 $0.04m^3/t$ 料。

(4) 蒸水罐温度不低于 92℃,也不得高于 98℃。

(三) 操作要点

(1) 认真按本工序工艺技术要求调节冷却水流量和温度,使冷却水出口温度不超过 35℃ (夏季 40℃),溶剂出口温度不超过 40℃ (夏季 45℃)。

(2) 喷淋式冷凝器、渠道式冷凝器要保持管壁清洁。

(3) 注意防止断水,一旦断水,立即采取措施紧急停车。

（4）定期检查分水器内存水量，保持正常存水量70%，最低不得低于1/3，除温度过高，垃圾过多，出水管堵塞等情况外，禁止从放空管放水，以防放出溶剂。

（5）经常注意观察分水器液面上是否有混合油。如发现有混合油，蒸发器、汽提塔可能有液泛现象，此时应立即关闭进口阀门。溶剂罐内存油放出重新蒸发，如发生乳浊现象，可能捕集器失效，要及时处理。

（6）定期检查水封池是否有溶剂溢出，水中如有溶剂，必须检查分水器，并及时修复。

（7）循环溶剂罐和总溶剂库

① 循环溶剂罐经常保持液位不低于罐高的1/3，禁止从底部管道出溶剂，防止底部积水带入浸出器；

② 在滤纸上滴几滴溶剂，吹干后观察是否有油迹，发现有油迹，把混合油抽出进行蒸发处理；

③ 罐底发现有积水，应抽出进行分水、在冬天尤应注意，以防冰冻，影响生产；

④ 如发现罐内积水突然增加，除检查分水器外，还要检查第一、第二蒸发器的冷凝器是否有腐蚀穿孔现象，并及时修复或更新；

⑤ 每生产班检查一次溶剂库呼吸阀是否灵敏；

⑥ 溶剂库应采用地下或半地下式建筑，溶剂储罐必须有管道与平衡罐相连通或单独装置呼吸阀，储罐液位指示器应避免用玻璃管；

⑦ 溶剂库内经常保持清洁、干燥、无积水和泥浆，发现库内空气中溶剂气味异常时，要及时通风排除并立刻检查原因；

⑧ 桶装溶剂不得露天存放，避免日晒雨淋，以免渗入水分和发生危险。

九、自由气体吸收

在生产中，进料和喷入的直接蒸汽，都会带进不少的空气（称自由气体），这部分空气不能冷凝成液体，若不及时排出，长期积聚会造成容器内压力增大，影响生产的顺利进行。同时，这部分空气中含有大量溶剂，需将溶剂吸收后才能放入大气。

（一）工艺流程和设备

（1）自由气体吸收工艺　液体石蜡连续吸收法，间歇式填料塔和油桶吸收法，冷冻（机械制冷或冰块）法。

（2）设备　填料吸收塔，填料解吸塔，引风机，热交换器，循环油泵及间歇填料吸收塔，油桶和冰桶等。

（二）工艺参数

（1）吸收油采用液体石蜡。

（2）进入吸收塔（桶）的自由气体的温度要低于吸收油的温度，一般控制在25~30℃（夏季可稍高）。

（3）放入大气的尾气中含溶剂不超过0.1%（体积分数）。

（4）间歇法吸收油含溶剂量达5%时必须更换新油。

（5）连续吸收塔各种设备的温度、压力控制见表3-15。

表 3-15　　　　　　　　连续吸收塔各种设备的温度、压力控制

工艺参数	吸收塔进口	解析塔进口	热交换器		
			中间交换器	加热器出口	冷凝器进口
自由气体温度/℃	25~30				
油的温度/℃	38~45	120	贫富油热交换	富油120	贫油38~45
压力/mm 水柱		吸收塔底部负压控制在 1.569kPa 以下			

（三）操作要点

（1）按本工序的工艺技术要求掌握吸收油的温度，控制加热蒸汽的压力。

（2）吸收油达到更换浓度或已变质，要更换新油。

（3）引风机要运转平稳，保持全浸出溶剂系统负压稳定。

十、降低溶剂损耗的措施

在浸出法制油生产中，溶剂损耗是一个重要问题。因为它不仅在加工成本中占有较大比重，更重要的是它关系着工厂的安全及操作人员的健康，所以在油脂浸出生产中，尽量减少溶剂损耗具有重要意义。

（一）溶剂损耗的原因

在油脂浸出生产中，溶剂损耗可归纳为五个主要原因。

（1）设备、管道及阀门等不够严密，造成溶剂渗漏。

（2）吸收不完全，溶剂随废气排空。

（3）溶剂和水分离不清，溶剂随废水排走。

（4）烘干机加热面积不够，或操作不当，致使溶剂蒸气在粕出口处逃逸，或溶剂被粕粒包裹而随粕带走。

（5）混合油蒸发或汽提不完全，溶剂被毛油带走。

在这些损耗原因中以设备的渗漏为最严重，其次是在废气中的损失。

设备渗漏：一般在系统正压操作时，设备的垫片间都有渗漏，但操作者不易察觉，渗漏出溶剂蒸气的密度允许值为38g/cm³。在松的垫片或间隙中，假如内外压力差为 2.54kPa，则渗漏出的溶剂蒸气约为 42.48m³/min，假如缺口是

$0.65cm^3$，那就相当于漏出 150kg/d 的液态溶剂。当压差为 2.54kPa 时，则漏去的溶剂为 510kg/d。

废气损失：通常，中小型工厂每小时的废气排出量为 $10\sim12m^3$，较大的工厂则为 $20m^3$。在 25℃ 时，废气中的溶剂含量约为 $0.7kg/m^3$，如果吸收不好，或没有吸收设备，则中小型油厂每天将损失溶剂 $168\sim201kg$，而较大的油厂将损失 $330\sim380kg$。

（二）具体措施

针对上述溶剂损耗的各种原因，应采取相应的措施以降低溶剂损耗。

1. 设备渗漏

严防设备、管道、阀门的渗漏，在浸出器和烘干机的进出料口均应装置封闭阀，以免溶剂的逃逸和空气混入。阀门管道的接头应该严密，若发现渗漏应立即检修。在试车前必须对管道、阀件等进行水压实验，或通蒸汽以检查漏气情况。

2. 废气排出

加强吸收系统的操作管理，有些浸出油厂往往因吸收系统的操作不当而增加了溶剂损耗。因此，必须注意加强管理，一般应做好以下工作。

（1）经常检查吸收设备排出废气中的溶剂含量，发现问题及时解决。

（2）采用油吸收法，应保持吸收用油的清洁，并根据使用情况规定调换周期，以保证具有良好的吸收效果。

（3）采用活性炭吸附法者，要注意活性炭的吸附效果，如发现活性减退，吸附效果降低，可将其隔绝空气加热，使活性再生。如活性炭使用时间较长，吸收效果已不显著，则应调换。

（4）采用冷冻法者，应保持冷冻机的正常运转，使盐水能维持足够的低温，并保证盐水与尾气有良好接触，使尾气中的溶剂蒸气能尽量冷凝回收。

3. 废水排走

浸出车间每天从分水器排出的废水量较大，生产正常时，废水中也会有微量溶剂。一旦操作不当，水中溶剂的含量便会增多，损耗加大。为避免这种情况产生，可以采取以下措施。

（1）降低冷凝液温度　常用的 6 号溶剂油在水中有一定的溶解度，当温度稍高时，溶解度加大，所以必须降低冷凝液的温度。特别是来自烘干机（或浸出器）及汽提塔的溶剂蒸气经冷凝器冷凝的液体中带有较多水分，更应注意降低温度。其方法通常是在冷凝器下面接冷却器，使冷凝液降至 30℃ 左右。

（2）防止冷凝液乳化　冷凝液中混有油或粕末时容易发生乳化，使溶剂与水分离不清而损失溶剂。一般可采用下列三种措施防止乳化或破坏乳化液：

① 在粕烘干（或蒸粕）时，尽量防止粕末随蒸汽进入冷凝器，混入冷凝液，因此，在蒸粕操作时，开气不能太急，应逐渐增大，直接蒸汽喷入量也应适当控

制，同时要做好粕末分离工作，尽量减少粕末进入冷凝液；

②混合油蒸发和汽提时，防止液泛，避免油脂混入冷凝液；

③一旦形成了乳化液量，可立即加入部分盐水，破坏乳化，以降低废水中的液剂含量。

（3）经常检查废水情况 对分水器分出的废水需通过水封池方能排入下水道。

4. 粕带走

尽量防止粕带走溶剂，其措施如下。

（1）浸出车间应该经常检查烘干机出粕口气体的溶剂含量，发现问题及时调整操作。

（2）有条件时，应经常检查溶剂蒸气出口压力，如压力升高，必然导致出粕口逃逸溶剂蒸气。

5. 毛油带走

应降低毛油中的溶剂含量，其措施如下。

（1）混合油蒸发时，应进料均匀、温度稳定，尽可能提高混合油浓度，为汽提创造条件。

（2）汽提时使用的直接蒸汽最好能过热，既有利于保持油温，又可避免造成乳化。

（3）汽提设备最好进行减压操作，以尽量降低出油中的溶剂含量。

十一、浸出车间消溶

浸出车间经过一段时间的生产或因故障等原因需动火时，必须对车间内的所有设备和管道及车间内部进行彻底的消溶处理，使设备、管道及车间内的溶剂含量降到 $350mg/m^3$ 的安全浓度以下。

（一）消溶的基本原理

消溶的基本原理：根据水蒸气蒸馏的原理，通过水蒸气使设备、容器、管道里的液态溶剂受热、汽化、蒸出。挥发的溶剂气体随水蒸气导入冷凝系统，进行冷凝回收。

消溶操作可分为两步进行。第一阶段为密闭消溶阶段，任务是将设备、管道系统内的溶剂进行水蒸气蒸馏挥发回收。第二阶段为敞口消溶阶段，任务是把设备内在消溶过程中冷凝液化的积水排入水封池，防止它吸收大量的热量，进而避免因设备温度提不高、溶剂挥发不尽而达不到消溶的安全浓度。由于原料、铁锈、润滑油和油氧化膜的影响，在设备、阀门、管道容器内，往往还有部分结合状态的溶剂存在。这些溶剂还需经多次反复放液和高温汽提，才能充分挥发逸出。因此，敞口消溶操作，实质上是消除溶剂和水的乳化液以及少量结合状态溶剂。

（二）消溶操作

消溶操作可分为四个步骤进行。

1. 消溶准备

消溶时间的长短，消溶耗汽量、耗水量和溶剂消耗量的大小，取决于准备工作的好坏程度。

（1）清除残料残液

① 将进料、排粕的输送设备和浸出器、蒸脱机、料斗等设备里的固体原料要求排除干净；

② 把混合油罐、浸出器油格及管道，第一、第二长管蒸发器、汽提塔内的混合油全部放净；

③ 将室内循环库内的溶剂全部送回总溶剂库；

④ 将各泵及管道内的残液清理干净。

（2）将经受不了高温的仪表、流量计等拆卸下来，妥善保管，并把管口封闭好。把浸出器传动链箱的有机玻璃板换成钢板，以免消溶时损坏。

（3）汽路准备　把临时通汽的橡胶蒸汽管接上各有关消溶设备接口。原则上，混合油管路、各容器、设备、每台设备应设一条至几条直接汽管路。

（4）组织准备

① 成立消溶领导小组，负责供汽、供水、验收、供料等工作的组织和指挥；

② 组成现场操作小组，负责具体操作；

③ 安排工人上岗，并准备消溶时的操作记录和验收记录。

消溶操作一般为三班连续作业，不论是密闭消溶、敞口消溶或是验收，都应一气呵成，中间不可间断。消溶和验收操作的班长，应安排有消溶经验的车间主任或老工人担任。领导小组组长一般由主管生产的副厂长或总工程师担任，参加人员应由安全科、生产科、技术科、浸出车间等部门的人员组成，人员落实后，应制订消溶计划，学习消溶安全操作规程。

（5）验收　各项准备工作就绪后，由领导小组根据有关要求和规定，进行消溶的验收检查，以防准备工作不符合要求。经验收人员签字合格后，方可进行消溶的第二阶段。准备工作一般在 36~48h。

2. 密闭消溶

准备工作就绪后，先进行密闭消溶。

（1）冷凝回收和尾气回收系统，同正常生产一样。

（2）除冷凝回收和尾气回收系统外（冷凝器、分水器、蒸煮罐、冷冻装置、回溶管道等），浸出车间其余设备、管道（新溶剂管道、混合油管道）和原料系统输送设备及浸出器、蒸脱机、混合油罐、暂存罐、新鲜溶剂预热器、加热器，还有第一、第二长管蒸发器、汽提塔、毛油罐、毛油管线系统等近 30 条管路同时通入直接蒸汽。

（3）通汽压力为 0.3~0.4MPa，通汽时间为 24~30h，蒸汽压力应稳定，始终保持系统内的温度。

（4）经冷凝器回收下来的溶剂一并流入室内循环罐，待汇集至一定数量后，再送回总溶剂罐。

（5）密闭消溶通气 4~8h 后，检查放水。如果设备水量达到一定量后，可打开排水阀放水，一般每隔 4h 进行一次，放水要谨慎，防止水中带有大量溶剂流至下水道（水应导入水封池处理）。混合油罐、浸出器、蒸发器内的水，可以用废水泵抽出，送蒸煮罐至 98℃后，气体经冷凝器冷凝至分水器回收溶剂，废水放入水封池排走。

密闭消溶对产能 50~200t/d 规模的油厂，一般可回收 1~3t 溶剂。

密闭消溶，实际可分两期回收溶剂。12h 之内为大量回收期，12h 后为少量回收期。在少量回收期最后阶段，应将循环罐、分水器内的溶剂尽可能全部送回总罐，为敞口消溶做好准备。

3. 敞口消溶

（1）敞开消溶准备

① 返回分水器、循环罐内的全部溶剂行通气消溶；

② 为冷凝器、回收系统管道、循环罐连接直接气管；

③ 冷凝器断水，尾气装置停止运行；

④ 把设备和容器内的积水放尽；

⑤ 设备与管道解体，步骤如下：

a. 混合油、溶剂、毛油、循环油回收系统等管道与设备连接的法兰断开，使管道与设备内的气体可以自由向外排放；

b. 取下设备上的视镜，让气体可以排出；

c. 打开泵底部的放液阀，使泵内的积液可以排出泵体；

d. 设备的手孔、入孔，尤其是下部的排渣孔、阀门全部打开，以便排出内部的残液和气体。

（2）敞口消溶　设备和管道解体后，第二次向各系统通入直接蒸汽进行消溶：

① 通气时间为 24~30h，蒸汽压力为 0.2~0.3MPa；

② 每隔一段时间（1~2h）检查放水；

③ 检查死角，对一些死角阀门，应定期打开和关闭，防止阀芯间隙留存溶剂；应将管道过滤器内部的芯子抽出，将过滤网内的粗渣清除干净；刮板输送机应将弯曲段手孔打开，清除积液和原料。

4. 验收

（1）初验　消溶人员在检查死角和放水的时候，可以用嗅觉对排出气体和水进行感官初验。

（2）验收准备

① 切断气路与设备的连接，并放尽内部积渣、积水；

② 打开入孔、尾气风机，进行自然或强制冷却降温，防止设备中少量溶剂气体液化后，又集中到设备的底部或死角，致使设备局部浓度超标；

③ 冷却 4~8h，设备温度降至室温后方可进行验收。

（3）验收　安全验收员应逐个系统、逐台设备进行严格的安全浓度的测定。测定仪器可用 QL-6 型气敏层析仪和 HRB-IS 混合可燃气防爆测量仪。在测试中，对死角部位尤其应认真测定。测定合格后，消溶操作方可结束。测试不合格者，则必须重新加热消溶，直到合格为止。

对产能规模为 200t/d 的浸出设备，往往要用蒸发量 10t/h 的锅炉来供汽，并要连续供汽 3~4d，供汽总量达 500t 蒸汽。

在油厂，用于消溶给汽的管路大都是临时安装的。管路一般是高压耐热橡胶蒸气管，每次消溶时，这部分费用在 6000 ~ 8000 元，为减少消溶操作的耗费，建议油脂浸出厂在工艺和设备设计、管网安装中，当把消溶的管网、管件和喷汽装置稍作考虑。这样做，虽然一次性投资大，但给消溶操作带来了很大的方便，并节约了消溶器材的费用，又提高了消溶喷入蒸汽的利用率，节约了用汽量，节省了大量人力和溶剂。

第四章　葵花籽油精炼技术

葵花籽油为我国北方地区的大宗油源之一。富含亚油酸和油酸，营养价值较高，但通过压榨、浸出制取的毛油中还含有多种杂质，影响油脂品质和储存稳定性，可以利用脱胶去除胶质杂质；脱酸去掉毛油中的游离脂肪酸；加入白土吸附毛油中的色素脱色，提升油品质量；脱臭去掉油中异味，提升油的口感，味道和品质；脱蜡，去除油中的蜡质，提升油的质量。

第一节　葵花籽油精炼的目的和方法

一、葵花籽油精炼的目的

葵花籽毛油中杂质的存在，不仅影响油脂的食用价值和安全储藏，还给深加工带来困难，但精炼的目的，并非是将油中所有的杂质都除去，而是将其中对食用、储藏、工业生产等有害无益的杂质除去，如蛋白质、磷脂、水分等，而有益的"杂质"，如甾醇及维生素等又希望保留。因此，根据不同的要求和用途，将不需要的和有害的杂质从油脂中除去，得到符合一定质量标准的成品油，从而达到油脂精炼的目的。

二、葵花籽油精炼的方法

葵花籽油精炼的方法如图 4-1 所示，可分为机械法、化学法和物理化学法三种。

三种精炼方法往往不能截然分开。有时采用一种方法，同会产生另一种精炼作用。例如碱炼（中和游离脂肪酸）是典型的化学法，然而，中和反应生产的皂脚能吸附部分色素、黏液和蛋白质等，并一起从油中分离出来，由此可见，碱炼时伴有物理化学过程。

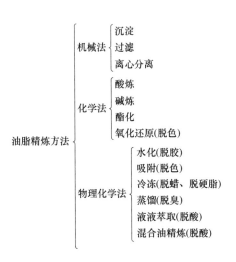

图 4-1　葵花籽油精炼方法

第二节　浓香葵花籽油的精炼

　　浓香葵花籽油毛油精炼工艺针对油脂机器伴随物的物理性质，根据各种物质性质上的差异，采取一定的措施，将油脂与杂质分离，以提高油脂食用和储藏的稳定性和安全性。压榨葵花籽毛油中的一般饼末、草秆纤维、铁屑等固体杂质，需要通过沉淀过滤去除，为了保留压榨浓香葵花籽油的香味，不能进行高温精炼，只能通过过滤去除悬浮固体杂质。因此为了保证压榨葵花籽油的食用安全性，必须选低酸价、低过氧化值、低水分、低杂质、塑化剂等污染物含量较低的优质葵花籽仁压榨制取葵花籽油。

一、沉淀除饼渣

（一）沉淀原理
　　沉淀是利用油和杂质的不同密度，借助重力的作用，达到自然分离二者的一种方法。

（二）沉淀设备
　　沉淀设备有油池、油槽、油罐、油箱和油桶等容器。

（三）沉淀方法
　　沉淀时，将毛油置于沉淀设备内，一般在 20~30℃ 温度下静置，使之自然沉淀。由于很多杂质的颗粒较小，与油的密度差别不大，因此，杂质的自然沉淀速度很慢。另外，因油脂的黏度随着温度升高而降低，所以提高油的温度，可加快某些杂质的沉淀速度。但是，提高温度也会使磷脂等杂质在油中的溶解度增大而造成分离不完全，故应适可而止。

　　在经过足够的时间后，不仅能分离悬浮的固体杂质，还能进一步除去油中的水溶性杂质。这是因为随着时间的延长，油温下降，胶体物质溶解度降低，质点运动间距缩小而相互吸引凝聚，粒度加大而沉淀分离。然后将油移入油库，即得到粗制的"精炼油"。因沉淀的油脚中含有不少油脂，所以需再将油脚放入油脚池继续长时间沉淀或用食盐进行盐析，分多次撇出浮油加入毛油沉淀罐中或作为工业用油。

　　沉淀法的特点是设备简单，操作方便，但其所需的时间很长（有时要 10 天以上），又因水和磷脂等胶体杂质不能完全除去，油脂易产生氧化、水解而增大酸价，影响油脂质量。不仅如此，它还不能满足大规模生产的要求。所以，这种纯粹的沉淀法，只适用于小微型企业。

　　浓香葵花籽油通过重力沉淀分离去除饼渣，必须保证毛油沉降有足够的时间，根据毛油含杂量，适当调整毛油沉降时间，确保到达要求的沉降效果。定期清理澄油箱中残留下的油渣，以免长期积累造成污染。由于澄油箱中毛油沉降时间较长，定期检查澄油箱封闭情况，防止有异物进入澄油箱，污染油脂。

二、冷却过滤脱胶

浓香葵花籽油生产的一个关键工序是水化脱胶。因水化形成的胶体物质可利用冷却过滤、离心分离或沉降分离的方法将胶体杂质从油脂中脱除。

（一）水化脱胶

1. 原理

所谓水化，是指将一定数量的热水或稀碱、盐及其他电解质溶液，加入毛油中，使水溶性杂质凝聚沉淀而与油脂分离的一种去杂质方法。

水化时，凝聚沉淀的水溶性杂质以磷脂为主，此外还有与磷脂结合在一起的蛋白质、黏液物和微量金属离子等。磷脂的分子结构中，既含有憎水基团，又含有亲水基团。当毛油中不含水分或含水分极少时，它能溶解于油中；当磷脂吸水湿润时，水与磷脂的亲水基结合后，就带有更强的亲水性，吸水能力更加增强，随着吸水量的增加，磷脂质点体积逐渐膨胀，并且相互凝结成胶粒。胶粒又相互吸引，形成胶体，其密度大于油脂，因而从油中析出并形成沉淀。

2. 工序条件

宜采用的水化脱胶条件：水化温度 50~80℃，水化时间 15~30min。

（二）过滤

1. 原理

过滤是将毛油在一定压力（或负压）和温度下，通过带有毛细孔的介质（滤布或滤纸），使杂质截留在介质上，让净油通过而达到分离油和杂质的一种方法。

过滤时，滤油的速度和滤后净油中杂质的含量与介质毛细孔的大小、油脂的种类、毛油所含杂质的数量和性质、过滤温度、毛油经过压滤机所施加压力的大小等，都有密切的关系。一般而言，过滤时的油温低（油的黏度大）、含杂质多和所施压力小时，过滤的速度缓慢；反之，过滤速度较快。

2. 设备

过滤设备有间歇式和连续式两种类型。连续式为自动排渣；间歇式为人工排渣，劳动强度较连续式为大。但由于连续式处理量大，不适于小型油厂使用。常用的设备有箱式压滤机和板框式压滤机。

脱色油过滤过程和毛油基本相同，只是在吹干滤饼时，需要使用蒸汽。

3. 使用过滤机应注意的问题

（1）过滤过程必须连续进行　过滤过程中不能停泵。因为振动过滤机的滤网是垂直安装于罐体内的，中途停泵失压，会使滤网上某些部位的滤饼掉落罐底，再进行过滤时，不能形成均匀滤层。需要卸渣时，使压缩空气短路，给卸渣带来困难。如果造成这种情况，必须清理滤网，否则无法再次进行过滤。

（2）滤饼不能太厚　原因之一是只有当相邻滤饼不接触时，才容易吹干并顺利卸渣。如果滤饼相互接触而又继续泵入液体，容易造成滤片弯曲变形。原因之二是滤饼太厚，过滤速度太慢，不利于生产。

（3）不能回流或倒吹滤片　回流或倒吹滤片，会造成滤网胀暴甚至掉落。而倒吹只能局部吹落滤饼，造成空气短路，无法做到真正清理。

（4）振动器的使用时间不能太长，一般每次使用时间为 1min 左右。

（5）排饼时应该带有少量蒸汽压力，能使排渣彻底。

（三）离心分离法

1. 原理

离心分离是利用离心力分离悬浮杂质的一种方法。由于离心机等设备可产生相当高的角速度，使离心力远大于重力，于是溶液中的悬浮物便易于沉淀析出；又由于密度不同的物质所受到的离心力不同，从而沉降速度不同，能使密度不同的物质达到分离。对于两相密度相差较小，黏度较大，颗粒粒度较细的非均相体系，在重力场中分离需要很长时间，甚至不能完全分离。若改用离心分离，由于转鼓高速旋转产生的离心力远远大于重力，可大大提高沉降速率，因此离心分离只需较短的时间即能获得大于重力沉降的效果。

2. 设备

工业用离心机按结构和分离要求，可分为过滤离心机、沉降离心机和分离机三类。离心机由机身、传动装置、转鼓、集液盘、进液轴承座组成。转鼓上部是挠性主轴，下部是阻尼浮动轴承，主轴由连接座缓冲器与被动轮连接，电动机通过传送带、张紧轮将动力传递给被动轮从而使转鼓绕自身轴线高速旋转，形成强大的离心力场。物料由底部进液口射入，离心力迫使料液沿转鼓内壁向上流动，且因料液不同组分的密度差而分层。

三、冬化过滤

葵花籽油中含蜡量 0.06%～0.2%，随着储存期的延长会出现混浊现象，必要时需要进行冬化处理，使之能满足 5.5h 冷冻实验。

四、其他注意事项

（一）活性炭吸附脱除多环芳烃

当压榨得到的葵花籽油中苯并［a］芘含量超过 10μg/kg 时，得到的葵花籽毛油就不能仅过滤，需要对所得毛油进行脱多环芳烃处理。吸附过程采用的活性炭应符合 GB 2760—2014《食品安全国家标准　食品添加剂使用标准》的要求。

（二）塑化剂含量超标

压榨得到的葵花籽油塑化剂含量一旦超出标准，如通过过滤吸附不能达到标准要求，就不宜生产浓香葵花籽油。原料品质控制非常关键。

（三）过氧化值过高

当原料油过氧化值偏高时，可适当经过脱色工艺来降低过氧化值。

第三节　葵花籽油的精炼技术

毛油所含杂质主要是悬浮杂质、水分、蜡质、胶溶性杂质、脂溶性杂质。油脂精炼就是利用中性油脂和油脂中的杂质的特性，用物理和化学的方法将杂质从油脂中分离出来的过程。油脂精炼过程分脱杂、脱胶、脱酸、脱蜡、脱脂、脱色、脱臭七个主要工序。葵花籽油精炼工艺流程如图4-2所示。

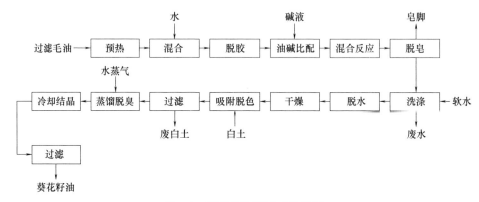

图 4-2　葵花籽油精炼工艺流程

一、脱胶

脱胶的方法有水化脱胶、酸炼脱胶、吸附脱胶、热聚脱胶及化学试剂脱胶等，油脂工业应用最为普遍的是水化脱胶和酸炼脱胶。而食用油脂的精制多采用水化脱胶，强酸酸炼脱胶则用于工业用油的精制。

（一）水化脱胶

水化脱胶是利用磷脂等胶溶性杂质的亲水性，将一定数量的热水或稀碱、盐及其他电解质溶液，在搅拌下加入热毛油中，使其中的胶溶性杂质吸水凝聚沉淀而与油脂分离的一种油脂脱胶方法。

（二）影响水化脱胶的因素

毛油中发生水化作用的磷脂胶团具有混合双分子层的结构，该结构的稳定程度以及水化胶团的絮凝状况决定了分离效果和水化油脚的含油量，因此，掌握水化和絮凝过程中的影响因素，对获得水化脱胶的最佳工艺效果至关重要。

1. 加水量

水是磷脂水化的必要条件。水化操作中，适量的水才能形成稳定的水化混合双分子层结构、胶粒才能絮凝良好。水量不足，磷脂水化不完全，胶粒絮凝不好；水量过多，则有可能形成局部的水/油或油/水乳化现象，难以分离。

具体操作中，适宜的加水量可通过小样实验来确定。

2. 操作温度

毛油中胶体分散相在外界条件影响下，开始凝聚时的温度，称之为胶体分散相的凝聚临界温度。临界温度与分散相质点粒度有关，质点粒度越大，质点吸引圈也越大，因此凝聚临界温度也越高。毛油中胶体分散相的质点粒度，是随着水化程度的加深而增大的。水化脱胶操作温度，一般与临界温度相对应。

工业生产中往往是先确定工艺操作温度，然后根据油中胶质含量计算加水，最后根据分散相水化凝聚情况，调整操作的最终温度。加入水的温度要与油温基本相同或略高于油温，以免油水温差较大，产生局部吸水不均匀而造成局部乳化。但最终温度要严格控制在水的沸点以下。

3. 混合强度与作用时间

水化脱胶过程中，油相与水相只是在接触界面上进行水化作用。对于这种非均态的作用，为了获得足够的接触界面，除了注意加水时喷洒均匀外，往往要借助于机械混合。混合时，要求使物料既能产生足够的分散度，又不使其形成稳定的水/油或油/水乳化状态。连续式水化脱胶的混合时间短，混合强度可以适当高些。间歇式水化脱胶的混合强度须密切配合水化操作，添加水时，混合强度一般高一些，搅拌速度以 60~70r/min 为宜，随着水化程度的加深，混合强度应逐渐降低，到水化结束阶段，搅拌速度则应控制在 30r/min 以下，以使胶粒絮凝良好，有利于分离。

水化脱胶过程包括水化胶粒的絮凝，因此，当粗油胶体分散相含量较少时，为了使胶粒絮凝良好，应该适当延长作用时间。

4. 电解质

油中的分散相，除了亲水的磷脂外，由于油料成熟度差、储藏期品质的劣变、生长土质以及加工条件等因素的影响，有时还含有非亲水的磷脂以及蛋白质降解产物的复杂结合物，个别油品还含有由单糖基和糖酸组成的黏液质。这些物质有的因结构的对称性而不亲水，有的则因水合作用，颗粒表面易于为水膜所包围而增大电斥性，因此，通过添加食盐或明矾、硅酸钠、磷酸、柠檬酸、磷酸三钠、氢氧化钠等电解质稀溶液改变水合度，促使凝聚。

水化脱胶时，电解质的选用根据毛油的品质、脱胶油的质量、水化工艺或水化操作情况而定。

5. 其他因素

水化脱胶过程中，油中胶体分散相的均布程度影响脱胶效果的稳定性。因此，水化前粗油一定要充分搅拌，使胶体分散相分布均匀。水化时，添加水的温度对脱胶的效果也有影响，当水温与油温相差悬殊时，会形成稀松的絮团，甚至产生局部乳化，以致影响水化油得率，因此水温应与油温相等或略高于油温。

（三）水化脱胶工艺

葵花籽油采用的水化脱胶条件：水化温度 50~80℃，水化时间 15~30min。加入磷酸（浓度 85%）时添加量宜采用油重的 0.05%~0.2%。具体根据毛油磷含量调整用量。

1. 间歇式水化脱胶工艺

间歇式水化脱胶工艺流程图如图 4-3 所示。

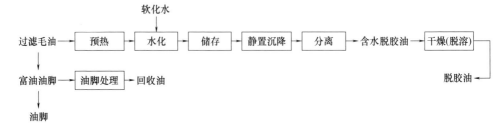

图 4-3　间歇式水化脱胶工艺流程图

（1）预热　将过滤并经称量的毛油泵入水化锅。开动搅拌器，以间接蒸汽加热。根据磷脂等胶体杂质的含量，确定预热温度。

（2）加水水化　加水水化是一个重要的操作过程。要根据胶体沉淀和胶粒的变化状态，决定加水速度、确定加水量及水化温度。

开始加水时，缓慢打开放水阀，使水均匀地洒在油面上。这时油面上浮的胶体杂质逐渐减少。待 7~8min 后，加注热水（或食盐水）的流量要稍大，根据胶质吸水情况而定。胶质吸水快，加水也快；吸水慢，加水也要慢。胶质吸水的快慢表现在小样检测中胶质胶粒聚合、沉淀的情况（如果胶粒能持久地呈悬浮状态，不易成絮状沉淀，则加水要快些；反之则加水要慢些），油温亦要缓缓升高。

加水量要根据毛油内胶质含量而定，一般为胶质含量的 3~5 倍。但也必须在加水过程中，经常用勺子扦取小样检验，以确定是否已达到需要的水量。

在小样检验时的观察：若开始时，胶质凝结成紧密的块状，随着加水量的增加，逐渐变小，最后沉淀在勺底的胶质块几乎没有（或很稀薄），倾去上层油脂后，剩在勺底的仅有一薄层白色的胶体微粒，则表明已达到所需水量。

加水时，水温和油温原则上不能与所规定的相差很多。相差太多，易产生白色胶体（不透明）。用水要保持微沸状态，而油温可以变动。例如胶质含量高，在加入一定数量的热水后，平均吸水速度较快，则可以把油温升温速度相应提高，同时加水速度稍快；如果胶质含量低，加入一定数量的热水后，平均吸水速度较慢，则应把油温升温速度相应减慢，同时稍慢加水。水化时，如果胶粒越变越大，或在小样检验时发现勺底的胶体呈粗粒松散的块状沉淀，即表明油温太高，胶质吸水过快，则应把油温、加水速度略为降低，以免胶质吸水过快。加水完毕继续搅拌 3~5min 后关闭搅拌器，以便胶质沉淀。

（3）静置沉淀　静置沉淀是油脂与胶体（油脚）分离的过程。为了促使胶体充分沉淀和析出油脂（减少胶体中的含油量），需要保温。如油温降得过快，要开间接蒸汽保温。沉淀时间一般为 5~8h，然后排放油脚。

（4）排放油脚　排放油脚前，先用摇头管吸出水化净油。理想的油脚层分为三层：底层大部分是呈透明的凝胶，含油极少；中间为一层薄薄的水乳状物，含油较多；上层与净油有一个模糊的界面。排放油脚时，要慢慢打开管路阀门，将最底层的透明凝胶泵入油脚库进行加工。放完油脚后，小心地将中间水层放入下水道，上层含油较多则需回收油脂。

（5）加热干燥（或脱溶）　水化净油中尚含有 0.3%~0.6% 的水分，需转入脱水设备干燥脱水。脱水操作于真空条件下进行，温度 100~105℃，绝对压力 4.0kPa。脱水至油面和视镜玻璃不见水汽为止。

浸出油脱胶后需转入下道工序脱溶器脱除残留溶剂。操作条件为温度 140℃，绝对压力 4.0kPa，直接蒸汽通量不低于 30kg/（h·t 油），脱溶时间 20~60min。

（6）油脚处理　透明状的油脚按其 4%~5% 的比例添加细粉食盐，加热至 100~110℃时进行搅拌，然后静置放出底层盐水，撇取上浮油脂。

2. 连续式水化脱胶工艺

连续式水化是一种先进的脱胶工艺，预热、油水混合、油脚分离及油的干燥均为连续操作。连续式水化脱胶工艺流程图如图 4-4 所示。

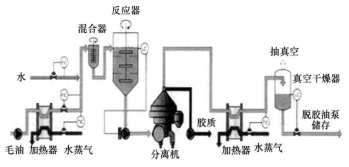

图 4-4　连续式水化脱胶工艺流程图

含杂质小于0.2%过滤毛油，经计量后由水泵送到板式加热器，加热油温到80~85℃后，与一定量的热水连续进入混合器进行充分混合。再进入连续水化反应器反应40min完成水化作用，然后泵入蝶片式离心机进行油和胶质的分离。

脱胶后的油中含水0.2%~0.5%，油经加热器升温至95℃左右，进入真空干燥器连续脱水后，由泵送入冷却器冷却到40℃，转入脱胶油储罐，真空干燥器内操作绝对压力为4kPa。

（四）水化脱胶设备

1. 水化罐

水化罐是间歇式水化脱胶的主要设备，往往配备两个以上，水化和沉降相互通用。也可作为碱炼（中和）锅使用，水化锅的结构图如图4-5所示。

水化锅的主体是一个带有锥形底的圆筒罐体，内装有桨式搅拌器，搅拌轴上装2~4对搅拌翅，锅底部分的搅拌翅的形状与锥形底相适应，以便搅出沉淀于锅底的油脚。搅拌翅桨叶的倾斜度一般为30~45℃，角度大会使桨叶阻力增大，而且不利于油脚上下翻动。搅拌翅的长度一般为锅底直径的1/2左右。搅拌器由电动机通过减速器传动。电动机可选用可变频电动机，通过减速后使搅拌器具有快、慢两种转速，以适应不同阶段的需要。在锅内还装置有垂直排列的间接蒸汽加热管（或装置蛇形加热管）。锅体上部装有毛油进口管，在锅口还有一圈加水管（水化时加水，碱炼时加碱液），加水管上开有许多小孔，它们交错地斜向油面，使加入的水（或碱液）能够均匀地加注到整个油面上。在锅内还装有一个可以上下摇动的摇头管，它可以根据需要放出不同深度的存油，锥形底尖端装有排放磷脂（油脚）的出口管，

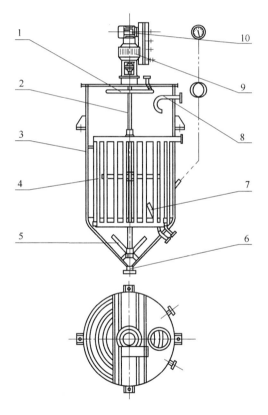

图4-5　水化锅的结构图

1—加水管　2—搅拌轴　3—锅体　4—间接蒸汽管
5—搅拌翅　6—油脚排放管　7—摇头管　8—进
油管　9—减速器　10—电动机

出口管的管径一般应为 10cm 以上，以利于油脚通畅排出。为了便于观察锅内情况并防止锅内原料飞溅，在锅面上设有圆缺形盖板。

2. 干燥器

干燥器是专用于水化（或碱炼）净油脱除残留水分的设备。各种形式的真空干燥器结构相似，都是由圆筒壳体、进油喷头、分离挡板和折流板等主件构成。该设备是利用流体喷射反冲力，使喷头产生转动惯量而高速旋转。含水油脂在流体速度和离心力场下，高速喷射呈雾状和在沿筒壁呈膜状下降过程中得到干燥。

3. 脱溶器

脱溶器是专用于浸出毛油水化（或碱炼）后净油脱除残留溶剂的设备。常用的连续式脱溶器是由一个中央工作室和六个周围工作室组成。每个工作室内均设有直接蒸汽喷管、油循环和加热装置，各个工作室通过溢流孔（或溢流管）组成连续作业通道。连续脱溶器的工作条件需满足如下要求：温度 140℃，操作压力 ≤4kPa，油滞留时间 ≥30min。

二、脱酸

未经精炼的各种粗油中，均含有一定量的游离脂肪酸，脱除油脂中游离脂肪酸的过程称之为脱酸。脱酸的方法有碱炼、蒸馏、溶剂萃取及酯化等方法。葵花籽油的脱酸方式主要采用碱炼法脱酸。

（一）碱炼的基本原理

碱炼脱酸是用碱中和毛油中的游离脂肪酸，所生成的脂肪酸钠盐可吸附其他杂质，而从油中沉降分离的脱酸方法。因此碱炼具有脱胶、脱固体杂质、脱色等综合作用。用于中和游离脂肪酸的碱有氢氧化钠（烧碱、火碱）、碳酸钠（纯碱）等。烧碱在油脂精炼生产中应用最为广泛。

碱炼的反应式为

$$RCOOH+NaOH \longrightarrow RCOONa+H_2O$$

除了中和反应外，还有一些物理化学反应如下。

（1）碱能中和毛油中游离脂肪酸，使之生成钠皂（通称为皂脚），它在油中成为不易溶解的胶状物而沉淀。

（2）皂脚具有很强的吸附能力。因此，相当数量的其他杂质（如蛋白质、黏液、色素等）被其吸附而沉淀，甚至机械杂质也不例外。

碱炼所生成的皂脚内含有相当数量的中性油，其原因主要在于：①钠皂与中性油之间的胶溶性；②中性油被钠皂包裹；③皂脚凝聚成絮状时对中性油的吸附。

在中和游离脂肪酸的同时，中性油也可能被皂化而增加损耗，因此，必须选择最佳条件，主要是碱的加入量，以提高精油率。

（二）影响碱炼效果的因素

1. 碱

油脂脱酸可供应用的中和剂较多，大多数为碱金属的氢氧化物或碳酸盐。常见的有烧碱（NaOH）、氢氧化钾（KOH）、氢氧化钙 $[Ca(OH)_2]$ 以及纯碱（Na_2CO_3）等。各种碱在碱炼中呈现出不同的工艺效果。

烧碱和氢氧化钾的碱性强，反应所生成的皂能与油脂较好地分离，脱酸效果好，并且对油脂有较高的脱色能力，但存在皂化中性油的缺点。尤其是当碱液浓度高时，皂化更甚。钾皂性软，由于氢氧化钾价格高，在工业生产上不及烧碱应用广。市售氢氧化钠有两种工艺制品，一种为隔膜法制品，另一种为水银电解法制品。为避免残存水银污染，应尽可能选购隔膜法生产的氢氧化钠。

氢氧化钙的碱性较强，反应所生成的钙皂重，很容易与油分离，来源也很广，但它很容易皂化中性油，脱色能力差；且钙皂不便利用，因此，除非烧碱无来源，一般很少用它来脱酸。

纯碱的碱性适宜，具有易与游离脂肪酸中和而不皂化中性油的特点。但反应过程中所产生的碳酸气，会使皂脚松散而上浮于油面，造成分离时的困难。此外，它与油中其他杂质的作用很弱，脱色能力差，因此，很少单独应用于工业生产。一般多与烧碱配合使用，以克服两者单独使用的缺点。

2. 碱的用量

碱的用量直接影响碱炼效果。碱量不足，游离脂肪酸中和不完全，其他杂质也不能被充分作用，皂膜不能很好地絮凝，致使分离困难，碱炼成品油质量差，得率低。用碱过多，中性油被皂化而引起精炼损耗会增大。因此，正确掌握用碱量尤为重要。

碱炼时，耗用的总碱量包括两个部分：一是用于中和游离脂肪酸的碱，通常称为理论碱，可通过计算求得；另一部分则是为了满足工艺要求而额外添加的碱，称之为超量碱，超量碱需综合平衡诸多影响因素，通过小样实验来确定。

（1）理论碱量　理论碱量可按粗油的酸值或游离脂肪酸的含量进行计算。当粗油的游离脂肪酸以酸值表示时，则中和所需理论 NaOH 量可按式（4-1）计算。

$$G_{NaOH理} = G_{油} \times AV \times \frac{M_{NaOH}}{M_{KOH}} \times \frac{1}{1000} = 7.13 \times 10^{-4} G_{油} \times AV \qquad (4\text{-}1)$$

式中　$G_{NaOH理}$——氢氧化钠的理论添加量，kg

　　　$G_{油}$——粗油脂的质量，kg

　　　AV——粗油脂的酸价，mg/g

　　　M_{NaOH}——氢氧化钠的相对分子质量，40.0

M_{KOH}——氢氧化钾的相对分子质量，56.1

当粗油的游离脂肪酸以含量（%）给出时，则可按式（4-2）确定理论 NaOH 量。

$$G_{NaOH理} = G_{油} \times FFA\% \times \frac{40.0}{M} \tag{4-2}$$

式中　$G_{NaOH理}$——氢氧化钠的理论添加量，kg

$G_{油}$——粗油脂的重量，kg

FFA%——粗油脂中游离脂肪酸含量

M——脂肪酸的平均相对分子质量

一般取粗油中的主要脂肪酸的平均分子质量。例如，葵花籽油的主要脂肪酸为油酸和亚油酸，其平均相对分子质量为：170.2487，则式（4-2）可导成式（4-3）。

$$G_{NaOH理} = 0.1421 \times G_{油} \times FFA\% \tag{4-3}$$

（2）超量碱　碱炼操作中，为了阻止逆向反应弥补理论碱量在分解和凝聚其他杂质、皂化中性油以及被皂膜包容所引起的消耗，需要超出理论碱量而额外增加一些碱量，这部分超加的碱称为超量碱。超量碱的确定直接影响碱炼效果。同一批粗油，用同一浓度的碱液碱炼时，所得精炼油的色泽和皂脚中的含油量随超量碱的增加而降低。中性油被皂化的量随超量碱的增加而增大。超量碱增大，皂脚絮凝好，沉降分离的速度也会加快。

由此可见，超量碱的确定，必须根据粗油品质、精油质量、精炼工艺和损耗等综合进行平衡。当粗油品质较好（酸值低、胶质少、色泽浅），精炼油色泽要求不严时，超量碱可偏低选择，反之则应选择高些。连续式的碱炼工艺，油、碱接触时间短，为了加速皂膜絮凝，超量碱一般较间歇式碱炼工艺高。

超量碱的计算有两种方式，对于间歇式碱炼工艺，通常以纯氢氧化钠占粗油量的百分比表示。选择范围一般为油量的 0.05%～0.25%，质量劣变的粗油可控制在 0.5%以内。对于连续式的碱炼工艺，超量碱则以占理论碱的量（%）表示，选择范围一般为 10%～50%。油、碱接触时间长的工艺应偏低选取。

（3）碱量换算　一般市售的工业用固体烧碱，因有杂质存在，NaOH 含量通常只有 94%～98%，故总的用碱量（包括理论碱和超量碱）换算成工业用固体烧碱量时，需考虑 NaOH 纯度。

当总碱量欲换算成某种浓度的碱溶液时，则可按式（4-4）来确定碱液量。

$$G_{NaOH} = \frac{G_{NaOH理} + G_{NaOH超}}{C} = \frac{(7.13 \times 10^{-4} \times AV + B) \times G_{油}}{C} \tag{4-4}$$

式中　G_{NaOH}——氢氧化钠的总添加量，kg

$G_{NaOH理}$——氢氧化钠超量碱，kg

$G_{NaOH超}$——氢氧化钠的总添加量，kg

$G_油$——粗油脂的质量，kg

AV——粗油脂的酸价，mg/g

B——超量碱占油质量，%

C——NaOH 溶液的浓度，%

油脂工业生产中，大多数企业使用碱溶液时，习惯采用波美度（°Bé）作为单位。烧碱溶液的浓度（%）与波美浓度的关系见表 4-1。

表 4-1　　　　烧碱溶液波美度与相对密度及其浓度的关系（15℃）

波美度 /°Bé	相对密度 (d)	浓度 /%	当量浓度 (N)	波美度 /°Bé	相对密度 (d)	浓度 /%	当量浓度 (N)
4	1.029	2.50	0.65	19	1.150	13.50	3.89
6	1.043	3.65	0.95	20	1.161	14.24	4.13
8	1.059	5.11	0.33	21	1.170	15.06	4.41
10	1.075	6.58	1.77	22	1.180	16.00	4.72
11	1.083	7.30	1.98	23	1.190	16.91	5.03
12	1.091	8.07	2.20	24	1.200	17.81	5.34
13	1.099	8.71	2.39	25	1.210	18.71	5.66
14	1.107	9.42	2.61	26	1.220	19.65	5.99
15	1.116	10.30	2.87	27	1.230	20.60	6.33
16	1.125	11.06	3.11	28	1.241	21.55	6.69
17	1.134	11.90	3.37	29	1.252	22.50	7.04
18	1.143	12.59	3.60	30	1.263	23.50	7.42

3. 碱液浓度

（1）碱液浓度的确定原则

① 碱滴与游离脂肪酸有较大的接触面积，能保证碱滴在油中有适宜的降速；

② 有一定的脱色能力；

③ 使油-皂分离操作方便。

适宜的碱液浓度是碱炼获得较好效果的重要因素之一。碱炼前进行小样实验时，应该用各种浓度不同的碱液作比较实验，以优选最适宜的碱液浓度。

（2）碱液浓度的选择依据

① 粗油的酸值与脂肪酸组成。粗油的酸值是决定碱液浓度的最主要的依据。粗油酸值高的应选用浓碱，酸值低的选用淡碱。碱炼粗棉油通常采用 12～22°Bé 碱液。

长碳链饱和脂肪酸皂对油脂的增溶损耗，较之短碳链饱和脂肪酸皂或不饱和长碳链脂肪酸皂大，因此，大豆油、亚麻油、菜籽油和鱼油宜采用较高浓度的碱液，椰子油、棕榈油等则宜采用较低浓度的碱液。

② 制油方法。油脂制取的工艺及工艺条件影响粗油的品质。在粗油酸值相同的情况下，用碱浓度按制油工艺统计的规律为：浸出>动力榨机压榨>动力榨机预榨>液压机榨>冷榨。但此规律仅能供选择碱液浓度时参考，并不能作为确定碱液浓度的依据。因为粗油的品质还决定于制油工艺条件以及粗油的保质处理。因此，当考虑制油工艺对碱液浓度选择的影响时，需根据粗油的质量具体分析。

③ 中性油皂化损失。当含有游离脂肪酸的粗油与碱液接触时，由于酸碱中和反应比油碱皂化反应速度快，故中性油的皂化损失一般是以碱炼副反应呈现的。皂化反应的程度决定于油溶性皂量和碱液浓度。当碱炼的其他操作条件相同时，中性油被皂化的概率随碱液浓度的增高而增加。

④ 皂脚的稠度。皂脚的稠度影响分离操作。稠度过大的皂脚易引起分离机转鼓及出皂口（或精炼罐出皂截门）堵塞。在总碱量（纯 NaOH）给定的情况下，皂脚的稠度随碱液浓度的稀释而降低。此外，据研究，皂脚包容的中性油的油珠粒度取决于皂脚中水和中性油的含量，即油珠粒度与皂脚的稠度有密切关系，随着皂脚的稀释，皂脚中包含的油珠粒度将增大。油珠粒度增大即可提高油珠脱离皂脚的速度，从而有利于皂脚含油量的降低。

⑤ 皂脚含油损耗。碱炼时，反应生成的皂膜具有很强的吸收能力，能吸收碱液中的水和反应生成的水。当采用过稀的碱处理高酸值粗油时，所生成的水皂溶胶，受到的碱析作用弱，皂膜絮凝不好，从而增加了皂脚乳化油的损耗。甚至会在不恰当的搅拌下形成水/油持久乳化现象，给分离操作增加困难，一旦形成水/油乳化现象，可少量多次加入磷酸进行破乳。皂脚乳化包容中性油一般与碱液浓度呈反比关系。选择适宜的碱液浓度，才能使皂脚乳化包容的中性油降至最低水平。

⑥ 操作温度。温度是酸碱中和反应及油碱皂化反应的动力之一。反应速度随操作温度的升高而增大。因此，为了减少中性油的皂化损失，控制皂化反应速率，当碱炼操作温度高时，应采用较稀的碱液，反之，则选用较浓的碱液。

⑦ 粗油的脱色程度。碱炼操作中，粗油褪色的机理主要表现在皂脚的表面吸附现象以及对酚类发色基团的破坏。浓度低的碱液因反应生成的皂脚表面亲和力受水膜的影响，对发色基团的作用弱，因而其脱色能力不及浓度高的碱液。但过浓的碱液形成的皂脚表面积过小，也影响色素的吸附。只有适宜的碱液浓度才能发挥碱炼褪色作用而获得较好的脱色效果。

碱炼时，碱液浓度的选择是受多方面因素影响的，适宜的碱液浓度需综合平衡诸多因素，通过小样实验优选确定。

4. 操作温度

碱炼操作温度是影响碱炼的重要因素，其主要影响体现在碱炼的初温、终温和升温速度等方面。所谓初温是指加碱时的粗油温度；终温是指反应后油-皂粒呈现明显分离时，为促进皂粒凝聚加速与油分离而加热所达到的最终操作油温。

碱炼操作温度影响碱炼效果，当其他操作条件相同时，中性油被皂化的概率随操作温度的升高而增加。因此，间歇式碱炼工艺一般控制在工艺限制的低温下进行，以使碱与游离脂肪酸的中和完全，并避免中性油的皂化损失。

中和反应过程中，最初产生水/油型乳浊液，为了避免转化成油/水型乳浊液以致形成油-皂不易分离的现象，反应过程中温度必须保持稳定和均匀。

中和反应后，油-皂粒呈现明显分离时，加热的目的在于破坏分散相（皂粒）的状态，释放皂粒的表面亲和力，吸附色素等杂质，并促进皂粒进一步絮凝成皂团，从而有利于油-皂分离。为了避免皂粒的胶溶和被吸附组分的解吸，加热到操作终温的速度越快越好。升温速率一般以每分钟升高1℃为宜。

碱炼操作温度是一个与粗油品质、碱炼工艺及用碱浓度等有关联的因素。对于间歇式碱炼工艺，当粗油品质较好，选用低浓度的碱液碱炼时，可采用较高的操作温度，反之，操作温度要相应低些。

采用离心机分离油-皂的连续式碱炼工艺，由于油-碱接触时间短，选定操作温度时，可主要考虑如何满足分离的要求。在较高的分离温度下，油的黏度和皂脚稠度都比较低，油-皂易分离，皂脚有良好的流动性，不易沉积在转鼓内。反之，则会增加分离操作的困难。

对于先混合后加热的工艺，初温可控制在50℃左右，分离温度则根据油品性能掌握在75～90℃。而对于先加热后混合的工艺，操作温度一般控制在85～95℃。

5. 操作时间

碱炼操作时间对碱炼效果的影响主要体现在中性油皂化损失和综合脱杂效果上。当其他操作条件相同时，油-碱接触时间越长，中性油被皂化的概率越大。间歇式碱炼工艺由于油-皂分离时间长，中性油皂化所致的精炼损耗高于连续式碱炼工艺。

综合脱杂效果是利用皂脚的吸收和吸附能力以及过量碱液对杂质的作用而实现的。在综合平衡中性油皂化损失的前提下，适当地延长碱炼操作时间，有利于其他杂质的脱除和油色的改善。

碱炼操作中，适宜的操作时间需综合碱炼工艺、操作温度、碱量、碱液浓度以及粗油、精油质量等因素加以选择。

6. 混合与搅拌

碱炼时，烧碱与游离脂肪酸的反应发生在碱滴的表面上，碱滴分散得越细，碱液的总表面积越大，从而增加了碱液与游离脂肪酸的接触机会，加快了反应速度，缩短了碱炼过程，有利于精炼率的提高。混合或搅拌不良时，碱液形不成足够的分散度，甚至会出现分层现象，而增加中性油皂化的概率。因此，混合或搅拌的作用首先就在于使碱液在油相中造成高度的分散。为达到此目的，加碱时，混合或搅拌的强度必须强烈些。

混合或搅拌的另一个作用是增进碱液与游离脂肪酸的相对运动，提高反应的速率，并使反应生成的皂膜尽快地脱离碱滴。这一过程的混合或搅拌强度要温和些，以免在强烈混合下造成皂膜的过度分散而引起乳化现象。因此，中和阶段的搅拌强度应以不使已经分散了的碱液重新聚集和引起乳化为准。

在间歇式工艺中，中和反应之后搅拌的目的在于促进皂膜凝聚或絮凝，提高皂脚对色素等杂质的吸附效果。为了避免皂团因搅拌而破裂，搅拌强度更应缓慢些，一般以 15~30r/min 为宜。

7. 杂质的影响

粗油中除游离脂肪酸以外的杂质，特别是一些胶溶性杂质、羟基化合物和色素等，对碱炼的效果也有重要的影响。这些杂质中有的（如磷脂、蛋白质）以影响胶态离子膜的结构而增大炼耗；有的（如甘油一酯、甘油二酯）以其表面活性而促使碱炼产生持久乳化；有的（如棉酚及其他色素）则由于带给油脂深的色泽，造成因脱色而增大中性油的皂化概率。

此外，碱液中的杂质，对碱炼效果的影响也是不容忽视的。它们除了影响碱的计量之外，其中的钙、镁盐类在中和时会产生水不溶性的钙皂或镁皂，给洗涤操作增加困难。因此，配制碱溶液应使用软水。

8. 分离

中和反应后的油-皂分离过程，直接影响碱炼油的得率和质量。对于间歇式的工艺，油皂的分离效果取决于皂脚的絮凝情况、皂脚稠度、分离温度和沉降时间等。而在连续式的工艺中，油-皂分离效果除上述因素影响之外，还受分离机性能、物料通量、进料压力以及轻相（油）出口压力或重相出口口径等影响，控制好这些因素才能保证良好的分离效果。

9. 洗涤与干燥

分离过皂脚的碱炼油，由于碱炼条件的影响或分离效率的限制，其中尚残留部分皂和游离碱，必须通过洗涤降低残留量。影响洗涤效果的因素有温度、水质、水量、电解质以及搅拌（混合）等。操作温度（油温、水温）低、水量少、洗涤水为硬水或不恰当的搅拌（混合）等，都将增大洗涤损耗和影响洗涤效果。洗涤操作温度一般为85℃左右，添加水量为油量的10%~15%。淡碱液能与油溶性的镁（或钙）皂作用使其转化为水溶性的钠皂，而降低油中残皂量。同时，反应的另一种产物——氢氧化镁（或氢氧化钙）在沉降过程中对色素具有较强的吸附能力，从而使油品的色泽得以改善。洗涤操作的搅拌或混合程度，取决于碱炼的含皂量。当含皂量较高时，第一遍洗涤用水，建议采用食盐和碱的混合稀溶液，并降低搅拌速度。在间歇式工艺中有时甚至不搅拌，而以喷淋的方式进行洗涤，以防乳化损失。

碱炼油的干燥过程影响油品的色泽和过氧化值。以机械或气流搅拌的常压干燥方法，是落后的干燥工艺。油脂在高温下长时间接触空气容易氧化变质，引起过氧化值升高，并产生较稳定（不易脱除）的氧化色素。而真空干燥工艺则可避免此类副作用的发生。

（三）碱炼损耗和碱炼效果

碱炼操作中，除了脱除游离脂肪酸和胶态杂质外，不可避免地要损失一部分中性油。因此，碱炼总损耗包括两个部分：一部分是工艺的当然损耗，称为"绝对炼耗"；另一部分是工艺附加损耗（皂化和皂脚包容的中性油损失）。"绝对炼耗"即游离脂肪酸及其他杂质的损耗。大多数企业常采用威逊（D. Wesson）法测定，因此"绝对炼耗"又称为"威逊损耗"，在碱炼理论和生产过程中均有一定的重要性。因为它给出了碱炼的理论损耗，可用来判断碱炼工艺的先进性或碱炼操作的效果。

"威逊损耗"是碱炼脱酸的最低炼耗，生产中的实际炼耗远大于该值。例如对于优质棉籽油（FFA = 2.4%），测得的"威逊损耗"为4.7%，而碱炼生产的实际损耗在间歇式工艺中则为7.2%，在阿尔法-拉伐（α-Laval）工艺中则为6.4%。对于劣质棉籽油（FFA = 5.7%），"威逊损耗"为8.1%，而实际生产损耗则分别为16.8%和11.3%。为了通过实际损耗直观地反映工艺的先进性和企业的生产水平，有关研究部门和企业中更多采用下列方法表示碱炼脱酸效果。

1. 酸值炼耗比或精炼指数

酸值炼耗比（L/A）或精炼指数（RF）即碱炼总损耗与脱除掉的酸值或游离脂肪酸的比值。

$$L/A = \frac{L \times 100}{AVC - AVR}\% \tag{4-5}$$

$$L(炼耗) = 1 - 精炼率\% = (1 - 成品油量/粗油量) \times 100\% \tag{4-6}$$

$$RF = \frac{L}{(FFAC - FFAR)}\% \tag{4-7}$$

式中　AVC 或 FFAC——粗油的酸值或游离脂肪酸的含量,%

　　　AVR 或 FFAR——净油的酸值或游离脂肪酸

酸值炼耗比或精炼指数在某种程度上可以反映出企业的工艺和生产水平。但当酸值（或游离脂肪酸）变化幅度较大时，会出现虚假性，特别是当甲、乙企业处理的粗油酸值相差悬殊时，酸值炼耗比或精炼指数即失去了可比性，反映不了两个企业的实际生产水平。

2. 精炼效率

精炼效率是以中性油脂的回收率来考核精炼效果的一种方法。粗油经过碱炼脱酸后，得到的碱炼成品油量与粗油量的比值即精炼率，若视为中性油的回收量，则该回收量占粗油中性油脂含量的概率，即为中性油脂的回收率——精炼效率。精炼效率可由式（4-8）确定。

$$精炼效率=\frac{精炼率}{粗油中性脂含量}\times100\%=\frac{碳炼成品油量}{粗油量\times粗油中性脂含量}\times100\% \tag{4-8}$$

精炼效率排除了不平衡因素（磷脂、胶质、水分、游离脂肪酸等杂质）的影响，将碱炼效果统一在单因素（中性油脂）下进行考核。因此，与酸值炼耗比、精炼指数及精炼常数等相比，精炼效率能够准确地反映工艺的先进性和企业的生产水平。

（四）碱炼脱酸工艺

葵花籽油采用的碱炼脱酸工艺条件是：碱液浓度6%~12%，理论加碱量根据毛油酸价计算确定；超量碱0%~0.2%，具体根据毛油品质、精油质量、精炼工艺及损耗综合进行平衡；碱炼中和温度50~90℃；中和时间10~30min；脱皂温度65~90℃；水洗时的水温同油温；用水量为油重的4%~10%。

1. 间歇式碱炼脱酸工艺

间歇式碱炼是指粗油中和脱酸、皂脚分离、碱炼油洗涤和干燥等工艺环节，在工艺设备内是分批间歇进行作业的工艺。其通用工艺如图4-6所示。

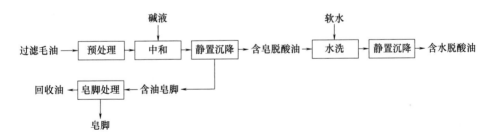

图4-6　间歇式碱炼脱酸工艺流程图

间歇式碱炼脱酸操作按温度和用碱量的不同分有高温淡碱、低温浓碱工艺等。葵花籽粗油胶质少、颜色浅，一般采用高温淡碱工艺脱酸。

（1）预处理　包括预热和凝聚除杂。粗油含杂质控制在0.2%以下通过传热装置使油温调整至75℃。

（2）加碱中和　理论加碱量根据毛油酸价计算确定。超量碱0%~0.2%，碱液浓度根据毛油品质、精油质量、精炼工艺及损耗综合进行选择。碱液浓度为6%~12%。

毛油泵入中和锅、搅拌后取样测定酸价（应在脱胶前测定），计算理论碱及超量碱，一般脱胶毛油初温略高。将全部碱液均匀地在5~10min内洒入油内。加碱时应控制喷淋盘管以喷淋状加入，不宜直接以水柱状进入锅内，否则油碱接触不均匀。加碱时搅拌速度要快（60~70r/min），其目的是使油与碱液充分接触，避免局部过量，否则碱液会皂化中性油。加碱后会逐渐形成皂粒，取样检查，待油、皂粒呈分离状态后方可升温。自加碱完毕到皂粒分离和准备升温所需要的时间根据皂粒的大小和分离状况而定。

（3）静置沉降　油-皂静置沉降时间，应适当延长（不小于4h），使沉降皂脚有足够的压缩时间，以降低其中性油含量。当采用离心机脱皂时，静置沉降的时间可以缩短。

（4）水洗　将净油转入水洗锅，缓缓加入约油重的10%且与油同温（或比油温高5~10℃）的水进行水洗，以除去油中残存的碱液与皂，同时进行搅拌，以使水洗完全。停止搅拌后静置2h，水洗1~3次，至废水呈中性。

（5）干燥（脱水）　水洗后的油中含有少量水分，不经干燥会影响油的透明度，且难以长期储存。干燥过程采用真空干燥工艺。

（6）油脚处理　沉降分离的皂脚中富含中性油。为回收这些中性油，可将油脚转入油锅，以间接蒸汽加热，以直接蒸汽翻动（搅拌），同时加入细末食盐，其加入量为油脚重量的4%~5%，升温至60℃左右，停止加热，静置2h后撇油，油温再升至75℃，静置后再撇油，剩余物即为皂脚。

2. 连续式碱炼脱酸工艺

连续式碱炼即生产过程连续化。操作简单、生产效率高，此法所用的主要设备是高速离心机，常用的有管式高速离心机和碟式高速离心机。连续碱炼工艺流程图如图4-7所示。

用泵将含固体杂质小于0.2%过滤粗油泵入板式热交换器预热到30~40℃后，

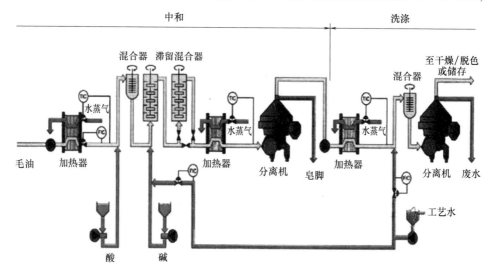

图4-7　连续碱炼工艺流程图

与由配比泵定量送入的浓度为85%的磷酸（占油重的0.05%~0.2%）一起进入混合器进行充分混合。经过酸处理的混合物到达滞留混合器，与经油碱配比系统定量送入的、经过预热的碱液进行中和反应，反应时间为10min左右。完成中和反应的油-碱混合物，进入板式热交换器迅速加热至75℃左右，通过脱皂离心机进行油-皂分离。分离出的含皂脱酸油经板式热交换器加热至85~90℃，进入混合机，与热水泵送入的热水进行充分混合、洗涤后，进入脱水离心机分离洗涤，分离出的脱酸油去真空干燥器连续干燥后，进入下一工段。

（五）碱炼脱酸设备

1. 油碱比配装置

油碱比配装置是连续式碱炼工艺的一个重要装置。它的工艺作用是根据粗油品质，按油流量比配碱液。主要有比例泵、油碱比配机及隔膜阀比配装置等几种形式。

2. 混合机

混合机是使碱液或洗涤水在油中高度分散、混合的设备和装置。分有桨叶式、盘式、刀式、离心式混合机以及静态混合器等。目前国内大中型油脂加工企业主要使用桨叶式或离心式混合机。

3. 超速离心机

碱炼脱酸工艺中应用蝶片式离心机。

蝶片式离心机是目前世界各国油脂精炼工艺应用最为广泛的一种离心机械。它在不增加转鼓转速的情况下，利用薄层分配原理来优化分离过程。它具有当量沉降面积大、沉降距离小、处理量大、操作简便、生产可靠以及运转周期长等特点。

三、脱色

油脂脱色的方法有日光脱色法（亦称氧化法）、化学药剂脱色法、加热法和吸附法等。目前应用最广的是吸附法，即将某些具有强吸附能力的物质（酸性白土、漂土和活性炭等）加入油脂，在加热情况下吸附除去油中的色素及其他杂质（蛋白质、黏液、树脂类及皂等）。葵花籽油吸附脱色工艺条件的选择，要兼顾脱色和营养成分的保留及油脂精炼的损耗。

（一）影响吸附脱色的因素

1. 油的品质及预处理

油中的天然色素较易脱除，而油料储存和油脂生产过程中形成的新生色素或因氧化而固定的色素，一般较难脱除。脱色预处理的油脂质量对脱色效率也甚为重要。当待脱色油中残留胶质、皂粒和悬浮物杂质时，这些杂质会占据吸附剂的一部分表面，从而降低脱色效率或增加吸附剂的用量。

2. 吸附剂的质量和用量

吸附剂是影响脱色效果的最为关键的因素。不同种类的吸附剂具有各自的特性，根据油脂的脱色的具体要求，合理选择吸附剂，才能最经济地获得最佳脱色效果。葵花籽油的脱色剂可选择凹凸棒土或活性白土进行脱色，葵花籽油本身颜色较浅，相比其他油种更容易脱色，因此脱色剂的添加比例可以适当降低，在保证脱色效果的前提下，可以提高油品得率。

3. 操作压力

吸附脱色操作分常压及减压两种类型。常压脱色时热氧化副反应总是伴随着吸附作用，而减压脱色过程由于操作压力低，相对于常压脱色其热氧化副反应甚微，理论上可认为只存在吸附作用。

4. 操作温度

吸附脱色中的操作温度取决于油脂的品种、操作压力以及吸附剂的品种和特性。不同的油品均有最适的脱色温度，当超越操作温度后，就会因新色素的生成而造成油脂回色。

5. 操作时间

操作时间取决于吸附剂与色素间的吸附平衡。只要搅拌好，达到平衡不需过长时间，过分地延长时间会使色度回升，还会给油脂带来异味，也不经济。脱色时间一般控制在 20min 左右。

6. 混合程度

良好的混合程度能使油脂与吸附剂均匀接触，从而有利于吸附平衡的建立，并避免较长时间接触而引起的油质劣变。

7. 脱色工艺

吸附剂的有效浓度及吸附平衡状态是吸附剂达到饱和吸附力的重要因素。逆流吸附操作可以得到最大的脱色效率。

（二）吸附脱色工艺

1. 间歇式脱色

间歇式脱色即油脂与吸附剂在间歇状态下通过一次吸附平衡而完成脱色过程的工艺。间歇式脱色工艺流程图如图 4-8 所示。

待脱色油经储槽转入脱色罐，在真空下加热干燥后，与由吸附剂罐吸入的吸附剂在搅拌下充分接触，完成吸附平衡，然后经冷却由油泵泵入压滤机分离吸附剂。滤后脱色油汇入储槽，借真空吸力或输油泵转入脱臭工序，压滤机中的吸附剂滤饼经压缩空气吹干后清除。

为了避免脱色油与空气接触而发生氧化和因脱色时间过长造成的泥土味，脱色过程要在真空条件下进行。真空脱色锅除有盖密封和能抽真空外，其他结构和一般碱炼用的中和锅相同。

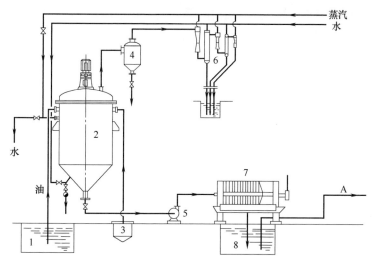

图 4-8　间歇式脱色工艺流程图

1—待脱色油储槽　2—脱色罐　3—吸附剂罐　4—捕集器
5—油泵　6—真空装置　7—压滤机　8—脱色油储槽

（1）预脱色　将水洗后的碱炼油以真空吸入脱色锅后，开动搅拌器，并升温至 90℃，脱水 0.5h，再加入活性白土，搅拌 20min（保持 90℃），然后冷却至 70℃，泵入压滤机进行过滤，即得预脱色油。

（2）脱色　将预脱色油吸入脱色锅后，开动搅拌器，并升温至 90℃，吸入活性白土（重量为油重的 3%~5%），继续搅拌 10min 后，通入冷水，快速冷却至 70℃，泵入压滤机进行过滤，即得脱色油。

2. 连续式脱色工艺

（1）常规连续脱色工艺　常规连续脱色即油脂与吸附剂在连续接触的状态下，通过一次吸附平衡而完成脱色过程的工艺。

（2）两级连续脱色工艺　两级连续脱色即油脂先与第一种吸附剂在连续接触的状态下，进行第一级吸附，然后再与第二种吸附剂在连续接触的状态下，进行第二级吸附，通过两级吸附达到吸附平衡而完成脱色过程的工艺。

四、脱臭

油脂脱臭不仅可除去油中的臭味物质，提高油脂的烟点，改善食用油的风味，还能使油脂的稳定度、色度和品质有所改善。

（一）影响脱臭的因素

1. 温度

脱臭时操作温度的高低，直接影响蒸汽的消耗量和脱臭时间的长短。在一般范围内，脂肪酸及臭味组分的蒸汽压的对数与它的绝对温度成正比。但温度的增高也有极限，在生产工业中，一般控制温度为230~270℃，载热体进入设备的温度以不超过285℃为宜。

2. 操作压力

脱臭所需的蒸汽量与设备绝对压力成正比。脂肪酸及臭味组分在一定的压力下具有相应的沸点，随着操作压力的降低，脂肪酸的沸点也相应降低。操作压力对完成脱臭的时间、油脂的水解都有重要的影响。真空度高，完成脱臭的时间少，也能有效地避免油脂的水解所引起的蒸馏损耗，并保证获得低酸值的油脂产品。目前优良的脱臭塔，操作压力一般控制在0.27~0.40kPa。

3. 通气速率与时间

在脱臭过程中，汽化效率随通入水蒸气的速率而变化。通气速率增大，则汽化效率也增大。但通气的速率必须保持在油脂开始发生飞溅现象的限度以下。脱臭操作中，油脂与蒸汽接触的时间直接影响蒸发效率。因此，欲使游离脂肪酸及臭味组分降低到产品的质量要求，就需要有一定的通气时间。通常间歇脱臭需3~8h，连续脱臭为15~120min。

4. 待脱臭油和成品油质量

待脱臭油一般经过了脱胶、脱酸、脱色处理。若毛油是极度酸败的油，已经通过氧化失去了大部分天然抗氧化剂，那么它很难制得稳定性好的油脂。反之，则能得到优质的成品油。

5. 直接蒸汽质量

直接蒸汽与油脂直接接触，因而其质量也至关重要。蒸汽要求干燥、不含氧。要严防直接蒸汽把锅炉水带到油中。

6. 脱臭设备的结构

脱臭设备的结构设计，要考虑到汽提过程的汽-液相平衡状态、增加油循环、防飞溅、蒸馏液回流以及阻挡油滴进入排气通道等。

（二）脱臭工艺流程

脱臭的方法很多，有真空蒸汽脱臭法、气体吹入法、加氢法和聚合法等。目前国内外应用最广、效果最好的是真空蒸汽脱臭法。

真空蒸汽脱臭法是在脱臭锅内用过热蒸汽（真空条件下）将油内呈味物质除去的工艺过程。真空蒸汽脱臭的原理是水蒸气通过含有呈味组分的油脂，汽-液接触，水蒸气被挥发出来的臭味组分所饱和，并按其分压比率逸出而除去。

1. 间歇式脱臭工艺

间歇式脱臭工艺流程图如图4-9所示，操作时，先开启蒸汽喷射泵的蒸汽阀门和冷却水阀，将脱臭锅抽真空，当真空度达一定要求时，开启进油阀，利用真空将脱色过滤后的油脂吸入真空脱臭锅，开启导热油进、出口阀门，将油脂加热到200~240℃，当油温达100℃时，开启直接蒸汽使锅内油充分翻动。喷射直接蒸汽的时间为6~8h，整个脱臭过程的真空度必须保持在1.3~0.67kPa，直接蒸汽的喷射量为油量的5%~15%。脱臭停止前0.5h，关闭间接蒸汽。脱臭毕关闭直接蒸汽，并开启冷却水阀门，通过盘管将油冷至70℃以下，最后关闭蒸汽喷射泵，破真空。所得脱臭油烟点可达200℃以上基本无异味。

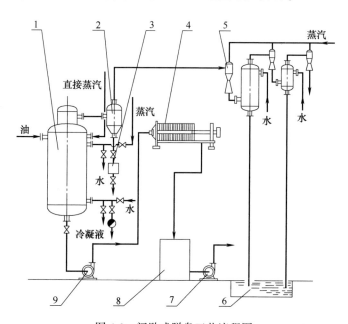

图4-9　间歇式脱臭工艺流程图
1—脱臭锅　2—捕集器　3—油脂收集罐　4—板框压滤机
5—真气喷射泵　6—水封池　7、9—泵　8—脱臭油暂储池

2. 半连续式脱臭工艺

半连续式脱臭工艺是指油脂进入脱臭器后，分段汽提（相当于若干个间歇脱臭罐串联），逐段加深脱臭深度，并由连锁自控系统组成连续或间断的进、出料的脱臭工艺。半连续式脱臭工艺流程图如图4-10所示。待脱臭油由油泵P_1送入计量罐，进入半连续脱臭塔，逐层停留，加大脱臭深度，冷却后，由油泵P_2抽出进入过滤器过滤，得到脱臭油。蒸馏出的气体若在脱臭器内冷凝，则冷凝液汇集到接收罐。未凝气体进入脂肪酸捕集器，由较冷的脂肪酸（及其他挥发物）的冷凝液循环喷淋捕集，不凝气体进入蒸汽喷射泵抽走。其工艺条件如下：

绝对压强：0.13~0.8kPa；

温度：210~270℃；

脱臭时间：200~240min；

直接蒸汽量：3%~5%（油重）。

比较先进的脱臭经济指标通常为：脱臭油损耗0.25%，间接蒸汽耗用量

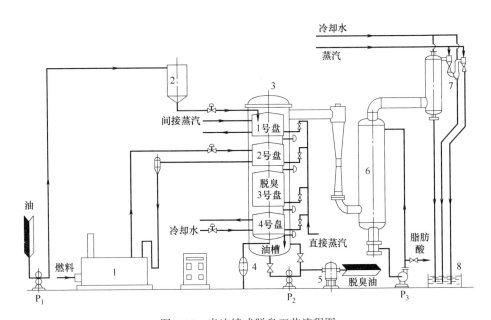

图 4-10　半连续式脱臭工艺流程图

1—导热油炉　2—计量罐　3—脱臭塔　4—接收罐　5—过滤机　6—脂肪酸捕集器
7—蒸汽喷射泵　8—水封池　P₁、P₂—油泵　P₃—脂肪酸输送泵

155kg/t 油，直接蒸汽耗用量 45kg/t 油，抽真空耗用蒸汽量 148kg/t 油，真空冷凝系统用水 18m³/t 油，冷却油用水 9m³/t 油。

（三）葵花籽油脱臭注意事项

（1）葵花籽油精炼过程中脱臭温度不宜太高，进行科学适度的精炼，因为过高的温度会引起油脂的分解，产生反式脂肪酸等有害物质，增加油脂的损耗，油中的营养成分也会随之被带走。

（2）脱臭时间与油脂中游离脂肪酸及臭味组成有关，当脱臭油的品质较好时，可以适当减少板塔的滞留时间，以减少热敏性色素、营养伴随物的损失。

（四）脱臭工艺条件对葵花籽油综合品质影响

葵花籽油中不饱和脂肪酸含量 85%~91%，其中亚油酸含量占脂肪酸总量的 60% 以上，且富含维生素 E 和甾醇，利于人体消化吸收，是一种优质的食用植物油。在葵花籽油的生产过程中，可能会因原料、加工助剂、不当的工艺条件等因素使葵花籽油含有一些风险成分，如邻苯二甲酸酯类（PAEs）塑化剂、多环芳烃（PAHs）等，这些成分均会对人体健康产生危害，科学合理的精炼工艺技术能将这些有害成分及其他杂质脱除，得到符合国标要求的成品葵花籽油，但精炼过程尤其是不当的精炼条件也会造成油脂中营养成分的大量损失，降低成品葵花籽油的营养品质。本书在不同脱臭条件下对葵花籽油进行水蒸气蒸馏脱臭，然后对脱臭前后葵花籽油中 PAEs、PAHs、维生素 E 和甾醇含量及质量指标变化情况进行对比分析，以期为葵花籽油中 PAEs 和 PAHs 高效脱除、营养成分高效保留的适度脱臭工艺技术的发展提供支持。

1. 脱臭条件对葵花籽油中 PAEs 脱除效果的影响

采用不同脱臭条件对葵花籽油进行水蒸气蒸馏脱臭，对不同脱臭条件下葵花籽油中 PAEs 含量的检测结果见表 4-2。

表 4-2　　　　　　　　　不同脱臭条件下葵花籽油中 PAEs 含量

脱臭温度/℃	脱臭时间/min	PAEs 含量/(mg/kg)							
		DMP	DEP	DIBP	DBP	BBP	DEHP	DNOP	DINP
脱色剂		0.035±0.002	0.012±0.001	ND	0.235±0.008	0.007±0.000	0.063±0.002	ND	0.089±0.006
220		0.002±0.001	0.006±0.000	ND	0.213±0.002	0.003±0.000	0.024±0.001	ND	0.034±0.003
230		0.001±0.000	0.002±0.000	ND	0.206±0.001	0.001±0.000	0.013±0.000	ND	0.023±0.002
240	100	ND	ND	ND	0.191±0.001	ND	0.003±0.000	ND	0.007±0.000
250		ND	ND	ND	0.186±0.001	ND	ND	ND	0.002±0.000
260		ND	ND	ND	0.151±0.000	ND	ND	ND	0.001±0.000
270		ND	ND	ND	0.142±0.001	ND	ND	ND	ND
260	40	0.003±0.000	0.004±0.000	ND	0.229±0.002	0.001±0.000	0.041±0.004	ND	0.064±0.002
	60	0.002±0.000	0.002±0.000	ND	0.217±0.001	ND	0.036±0.002	ND	0.057±0.001
	80	ND	ND	ND	0.180±0.002	ND	0.018±0.001	ND	0.022±0.000
	100	ND	ND	ND	0.151±0.000	ND	ND	ND	0.001±0.000
	120	ND	ND	ND	0.128±0.000	ND	ND	ND	ND

注：ND—未检出；
　　数值表示形式为"平均值±标准偏差"。

从表 4-2 中可以看出，8 种 PAEs 组分中 DIBP、DNOP 在所有样品中均未检出，其余 6 种均有检出。在脱臭时间 100min 条件下，脱臭温度 220℃时，DBP、DEHP、DINP 脱除率分别为 9.4%，61.9%，61.8%；脱臭温度升高至 240℃时，DBP、DEHP、DINP 脱除率分别为 18.7%，95.2%，92.1%，DMP、DEP、BBP 几近完全脱除；继续升高脱臭温度至 260℃，DBP、DEHP、DINP 脱除率分别达到 35.7%，100%，99%，残留量分别为 0.151mg/kg，未检出，0.001mg/kg。在脱臭温度 260℃下，缩短脱臭时间至 80min，DBP、DEHP、DINP 脱除率分别为 23.4%，71.4%，75.3%，DMP、DEP、BBP 几近完全脱除；再缩短脱臭时间至 60min，DBP、DEHP、DINP 脱除率分别为 7.7%，42.9%，36.0%，脱除效果不尽理想。从上述分析可知，DBP、DEHP、DINP 较其他组分难以脱除，原因可能是这 3 种组分在油脂中的含量较高，且沸点较高，需要较高温度和较长时间的蒸馏才能被脱除。

2. 脱臭条件对葵花籽油 PAHs 脱除效果的影响

分别采用不同脱臭条件对脱色葵花籽油进行脱臭，对不同脱臭条件下葵花籽油中 PAHs 含量进行检测，结果见表 4-3。

表 4-3　　　　　　　　不同脱臭条件下葵花籽油中 PAHs 含量

PAHs	PAHs 含量（100min）/（μg/kg）				PAHs 含量（200℃）/（μg/kg）		
	脱色油	220℃	240℃	260℃	40min	60min	80min
Nap	89.518	67.756	19.380	14.619	61.926	28.048	18.859
Acy	3.760	2.260	1.733	0.670	2.059	1.413	0.959
Ace	7.585	4.512	2.184	1.104	4.346	2.065	1.502
Fl	19.724	6.071	5.442	4.116	9.019	6.827	5.004
Phe	102.166	83.669	53.485	39.211	81.051	65.029	45.236
Ant	17.924	12.397	7.515	3.984	12.142	7.152	5.290
Flu	81.507	74.024	55.467	28.009	71.970	50.370	35.785
Pyr	148.617	126.180	87.627	28.563	133.591	87.190	47.079
BaA	16.050	14.751	10.310	3.350	14.260	9.858	7.469
Chr	4.853	4.341	3.305	1.325	4.010	3.047	2.481
BbF	11.320	10.041	7.876	3.018	9.717	7.202	5.376
BkF	4.498	3.892	3.447	1.617	4.284	3.131	2.713
BaP	10.483	6.763	4.604	ND	9.585	7.244	3.550
IcP	7.595	7.116	4.860	2.258	7.162	4.079	2.441
DhA	1.178	0.747	0.517	ND	0.837	0.517	0.217
BgP	14.247	12.123	10.752	1.950	12.394	9.156	4.940
LPAHs	486.851	391.620	243.143	123.626	390.364	257.952	167.183
HPAHs	49.321	40.682	32.056	8.843	43.979	31.329	19.237
PAH4	42.706	35.896	26.095	7.693	37.572	27.351	18.876
PAH16	541.025	436.643	278.504	133.794	438.353	292.328	188.901

从表 4-3 可以看出，葵花籽油中 16 种 PAHs 含量均随脱臭时间延长和脱臭温度升高而呈现降低的趋势。在脱臭时间 100min、脱臭温度 220℃时，BaP、PAH4 的脱除率分别为 35.5% 和 15.9%，残留量分别为 6763μg/kg 和 35896μg/kg，BaP 达到国标限量（10μg/kg），但 BaP 和 PAH4 均超出欧盟限量（2μg/kg 和 10μg/kg）；提高脱臭温度至 240℃，BaP、PAH4 脱除率分别为 56.1% 和 38.9%，残留量分别为 4.604、26.095μg/kg，BaP 含量优于国标，但 BaP 和 PAH4 仍达不到欧盟限量；继续升高温度至 260℃，BaP、PAH4 脱除率为 100% 和 82.0%，BaP 和 PAH4 残留量分别为未检出和 7.693μg/kg，均达到欧盟限量。同时可看出，脱臭温度在 260℃时，即使脱臭时间在最短的 40min 时，BaP 也达到国标限量。从上述分析可知，可根据不同的限量标准选择相应的适度脱臭和深度脱臭条件，以兼顾 PAHs 的有效脱除及较少营养成分损失和降低能量消耗。整体上在不同脱臭条

件下，LPAHs 脱除率高于 HPAHs 脱除率，原因是 LPAHs 沸点更接近于脱臭温度，更容易随水蒸气蒸馏逸出。

3. 脱臭条件对葵花籽油中有益组分的影响

植物油中的维生素 E、甾醇均具有较强的抗氧化能力，人体每天摄入足够量的甾醇（2~3g）可有效降低消化道对胆固醇的吸收及血清中的胆固醇含量，有益于人体健康。对不同脱臭条件下葵花籽油中维生素 E、甾醇含量及保留率的检测结果见表 4-4、不同脱臭条件下葵花籽油中甾醇含量及保留率见表 4-5。

表 4-4　　　　　　　不同脱臭条件下葵花籽油中维生素 E 含量及保留率

脱臭温度 /℃	脱臭时间 /min	维生素 E 含量/（mg/kg）								保留率 /%
		α-TP	α-TT	β-TP	γ-TP	$(\beta+\gamma)$-TT	δ-TP	δ-TT	总量	
脱色油		398.72		68.90	37.49	52.82	19.92	15.86	593.71	—
220		395.75		64.48	37.04	39.75	13.55	10.86	561.43	94.6
230		388.32		63.75	35.01	37.83	11.08	6.42	542.41	91.4
240	100	360.90		62.08	28.12	33.58	10.50	4.89	500.07	84.2
250		358.83		49.13	22.43	17.67	8.35	3.52	459.93	77.5
260		333.34		47.07	22.07	20.63	8.58	7.33	439.02	73.9
270		318.16		28.38	14.43	20.01	8.08	4.24	393.30	66.2
	40	360.95		59.61	29.94	33.10	18.01	16.70	518.31	87.3
	60	340.01		49.17	25.07	24.87	15.30	16.31	470.73	79.3
260	80	334.00		48.64	22.67	22.25	9.82	7.70	445.73	75.0
	100	333.34		47.07	22.07	20.63	8.58	7.33	439.02	73.9
	120	300.10		38.30	17.40	15.02	3.34	1.20	375.36	63.2

从表 4-4 可以看出，葵花籽油中维生素 E 以生理活性最高的 α-生育酚含量最高，约占维生素 E 总量的 67%。脱臭时间为 100min 时，随脱臭温度升高维生素 E 损失率增加；脱臭温度低于 230℃时，维生素 E 保留率大于 90%；脱臭温度高于 230℃时，维生素 E 保留率小于 90%；脱臭温度升高至 270℃时，维生素 E 保留率降至 66.2%；脱臭温度为 260℃时，随脱臭时间延长维生素 E 损失率增加，脱臭时间从 40min 延长至 120min 时，维生素 E 保留率从 87.3% 降至 63.2%。这可能是高温长时间的蒸馏脱臭造成一部分维生素 E 的结构被破坏或随脱臭馏出物逸出所致。

从表 4-5 可以看出，在所检测出的 4 种甾醇中，以 β-谷甾醇的含量最高。随脱臭温度升高，葵花籽油中各甾醇组分含量总体均逐渐降低，这可能是因为高温使甾醇结构发生异构化、蒸馏损失以及与脂肪酸发生酯化后逸出而转移至脱臭馏出物中。脱臭时间 100min、脱臭温度 ≤230℃时，甾醇保留率 ≥90%；脱臭温度 ≥240℃时，甾醇保留率 <90%；脱臭温度升高为 270℃时，甾醇保留率降至

82.4%；脱臭温度固定为260℃时，随脱臭时间延长，甾醇各组分及保留率整体呈降低趋势。

表4-5 不同脱臭条件下葵花籽油中甾醇含量及保留率

脱臭温度 /℃	脱臭时间 /min	甾醇含量/（mg/kg）					保留率 /%
		菜油甾醇	豆甾醇	β-谷甾醇	Δ7-豆甾烯醇	总量	
脱色油		206.23	351.24	1971.59	404.60	2933.66	—
220		200.49	312.70	1919.01	337.85	2770.05	94.4
230		188.71	300.57	1903.62	247.30	2640.20	90.0
240	100	188.82	319.04	1855.47	265.11	2628.44	89.6
250		201.21	313.49	1801.27	196.71	2512.68	85.7
260		189.46	292.04	1780.66	161.55	2423.71	82.6
270		188.06	301.36	1772.27	155.25	2416.94	82.4
	40	194.40	313.35	1812.89	232.40	2553.04	87.0
	60	197.65	290.34	1793.95	224.02	2505.96	85.4
260	80	195.44	288.91	1802.85	198.72	2485.92	84.7
	100	185.93	301.22	1773.91	168.06	2429.12	82.8
	120	184.68	283.37	1760.55	164.78	2393.38	81.6

4. 脱臭条件对葵花籽油脂肪酸组成的影响

对不同条件脱臭前后葵花籽油的脂肪酸组成进行对比分析。从表4-6可以看出，葵花籽油中不饱和脂肪酸含量很高，尤以亚油酸含量最高，占脂肪酸总量的60%以上。在长时间的高温脱臭条件下，不饱和脂肪酸会发生结构改变生成反式脂肪酸。在脱臭时间一定（100min）时，反式脂肪酸（TFA）含量随脱臭温度的升高明显增加，特别是超过250℃之后，反式脂肪酸含量快速增加，260℃时其含量是250℃时的1.8倍，脱臭温度升高至270℃时，反式脂肪酸含量升高至1.16%，较脱色油中含量增加22.2倍，并且以反式亚油酸含量的升高最为显著。在脱臭温度一定（260℃）时，随脱臭时间延长，反式脂肪酸含量显著升高，120min时反式脂肪酸含量是脱色油中含量的21.2倍。反式脂肪酸会降低食用油的营养价值，促进人体动脉硬化以及血栓的形成，影响生长发育，因此应优化油脂脱臭条件，采用适度脱臭技术防范和控制反式脂肪酸的生成。

5. 脱臭条件对葵花籽油质量指标的影响

油脂脱臭不仅可除去油脂中的臭味物质，提高油脂的烟点，改善油脂的风味，还能使油脂的稳定度、色泽和品质有所改善。对不同脱臭条件得到葵花籽油煎炸过程中酸价、过氧化值、色泽、烟点等质量指标进行对比分析，如表4-7所示。

表 4-6 脱臭条件对葵花籽油脂肪酸组成的影响

脱臭温度 /℃	脱臭时间 /min	脂肪酸组成及含量/%									
		$C_{16:0}$	$C_{18:0}$	$C_{18:1}$	$C_{18:2t}$	$C_{18:2}$	$C_{20:0}$	$C_{18:3t}$	$C_{18:3}$	$C_{22:0}$	ΣTFA
脱色油		6.33	3.38	28.63	0.00	60.48	0.23	0.05	0.22	0.68	0.05
220		6.34	3.39	28.64	0.11	60.25	0.26	0.06	0.20	0.75	0.17
230		6.33	3.41	28.65	0.24	60.15	0.24	0.07	0.19	0.72	0.31
240	100	6.35	3.38	28.61	0.29	60.10	0.25	0.09	0.17	0.76	0.38
250		6.37	3.40	28.74	0.39	60.01	0.23	0.11	0.13	0.62	0.50
260		6.39	3.41	28.76	0.78	59.58	0.24	0.12	0.11	0.61	0.90
270		6.36	3.39	28.74	0.98	59.22	0.23	0.18	0.09	0.74	1.16
	40	6.37	3.39	28.74	0.49	59.80	0.20	0.10	0.17	0.75	0.59
	60	6.39	3.40	28.72	0.57	59.71	0.23	0.12	0.15	0.73	0.69
260	80	6.39	3.41	28.70	0.75	59.66	0.23	0.13	0.14	0.59	0.88
	100	6.38	3.41	28.76	0.78	59.58	0.24	0.12	0.11	0.61	0.90
	120	6.33	3.40	28.73	0.89	59.31	0.29	0.17	0.10	0.73	1.06

表 4-7 不同脱臭条件下葵花籽油质量指标

脱臭温度 /℃	脱臭时间 /min	酸价(KOH) /(mg/g)	过氧化值 /(mmol/kg)	色泽 (133.4mm 槽)	烟点 /℃
脱色油		0.290	3.04	Y16R1.6	210
220		0.126	2.87	Y6.0R0.4	216
230		0.134	2.63	Y5.0R0.4	218
240	100	0.129	2.01	Y5.0R0.4	220
250		0.127	1.84	Y4.0R0.4	223
260		0.126	2.54	Y4.0R0.2	225
270		0.123	2.83	Y4.0R0.2	226
	40	0.133	2.58	Y5.0R0.4	215
	60	0.132	2.33	Y5.0R0.4	218
260	80	0.131	2.02	Y4.0R0.3	219
	100	0.126	2.54	Y4.0R0.2	220
	120	0.124	2.63	Y4.0R0.2	221

从表 4-7 可以看出，随脱臭温度升高和脱臭时间延长，葵花籽油的酸值逐渐降低，过氧化值先降低之后又有所升高，烟点整体提高，色泽变浅，在本实验脱臭条件下，脱臭葵花籽油的质量指标达到 GB 10464—2017《葵花籽油》中一级成品油的质量要求。

油脂蒸馏脱臭对提高油脂烟点、改善油脂色泽和风味有重要作用，同时脱臭过程还可以脱除油脂中的有害成分如塑化剂、多环芳烃、真菌毒素、残留农药等，但不当的脱臭或过度脱臭也会造成有害成分如反式脂肪酸的形成，造成营养成分如维生素 E、甾醇的损失。综合不同脱臭条件对 PAEs、PAHs、维生素 E、甾醇、反式脂肪酸及其他质量指标的影响，基于塑化剂和多环芳烃深度脱除的脱臭条件为260℃、80~100min，此条件下维生素E保留率为73%~75%，甾醇保留率82%~85%，反式脂肪酸含量0.88%~0.90%；保证BaP达标的适度脱臭条件为260℃、60min或220℃、100min。260℃、60min条件下，维生素E保留率为79%以上，甾醇保留率85%以上，反式脂肪酸含量0.69%；220℃、100min条件下，维生素E和甾醇保留率均在94%以上，反式脂肪酸含量0.17%。可根据待脱臭油中塑化剂和多环芳烃含量不同及对脱臭成品油的限量要求不同选择相应的优化脱臭条件，采用精准的脱臭技术提升葵花籽油综合品质。

五、脱蜡

葵花籽油中含蜡量为0.06%~0.2%，用传统精炼工艺加工的葵花籽油，随着储存期的延长会出现混浊现象。液体油中会逐渐形成蜡晶体，并沉淀于容器底部，因油中析出的蜡晶而造成的混浊现象不仅有损商品的外观，也影响油的质量。为了使葵花籽油在任何储存条件都能保持清澈透亮，传统精炼工艺之后应再增加脱蜡工序。

（一）脱蜡的原理

葵花籽油中的蜡在温度40℃时，极性微弱，溶解于葵花籽油中。随着温度的下降，蜡分子在油中的酯键极性增强，特别是低于30℃时，蜡形成结晶析出，并形成稳定的晶体。在此低温下持续一段时间后，蜡晶体相互凝聚成较大的晶粒，随着储存时间的延长，蜡的晶粒逐渐增大而变成悬浮体，此时油就变成悬浮液，葵花籽油的透明度降低。

葵花籽油中的蜡质主要是C_{20}~C_{28}脂肪酸与C_{22}~C_{32}高级醇所形成的酯。纯净的葵花籽蜡熔点为79~81℃，室温下由于共熔体对温度的敏感性较大，随着温度的降低，蜡质的溶解度相应下降，不过在一定的温度下，只有当共熔体达到饱和状态4h以上，蜡质才结晶析出。

脱蜡是脱除葵花籽油中的蜡质的工艺过程，是精炼葵花籽油的一个关键工艺技术。脱蜡的方法有：常规法、溶剂法、表面活性剂法以及结合脱胶、脱酸的脱蜡方法。其原理是根据蜡与油脂的熔点差及蜡在油脂中的溶解度（或分散度）随温度降低而变小的性质，通过冷却析出晶体蜡（或蜡及助晶剂混合体），经过滤或离心分离而达到油蜡分离的目的。油脂脱蜡可以改变油脂透明度，加快油脂的消化吸收率，改变油脂风味和适口性，加快油脂的利用率。

（二）影响脱蜡的因素

1. 脱蜡温度和降温速度

（1）脱蜡温度的确定　脱蜡温度需要在蜡凝固点以下，但温度太低会使油脂黏度增加，给分离造成困难；高熔点固脂随蜡析出并分离，增加油脂脱蜡损耗。

（2）结晶温度　20~30℃，溶剂法脱蜡温度为20℃左右。

（3）养晶温度　6~10℃。

（4）结晶步骤　①熔融含蜡油脂的过冷却、过饱和；②晶核的形成；③晶体的成长。

常温下自然结晶析出的蜡晶粒很小，大小不一，有些在油中胶溶，油蜡分离难以进行，因此在结晶前必须调整进油温度，使蜡全部熔化，然后人为控制进油温度，才能创造良好的晶体。

（5）降温速度　①降温速度足够慢时，高熔点蜡先析出结晶，同时放出结晶热，随着温度下降，熔点较低的蜡也将要析出结晶，并以已析出的蜡晶为核心长大，使晶粒大而少；②降温速度快，高熔点蜡刚析出，来不及与较低熔点的蜡相碰撞，较低熔点的蜡也已析出，使晶粒多而小，夹带油也必然多；③为了保持适宜的降温速度，要求冷却剂和油脂的温度差不能太大。（可通过控制适宜的制冷介质控制降温速度，从而有效控制油脂的温度。）

2. 结晶、养晶时间

为了得到易于分离的结晶，降温必须缓慢进行，即当温度逐渐降至预定结晶温度后，保持该温度需要时间，使晶粒继续长大，要进行养晶（或称老化、熟成）。养晶过程中，晶粒继续长大。可见，从晶核形成到晶体成长为大而结实的结晶，需要足够的时间。一般结晶时间要8h以上，养晶时间为10h以上。

3. 搅拌速度

结晶要在低温下进行，是放热过程，所以必须冷却。搅拌使油脂降温均匀，还能使晶核与即将析出的蜡分子碰撞，促进晶粒有较多的机会均匀长大，但搅拌太快会打碎晶粒。一般控制在10~13r/min。

4. 助晶剂

不同的脱蜡方法采用不同的助晶剂。

（1）溶剂　溶剂使蜡易于结晶析出，有助于固（蜡晶）液（油脂）两相较快达到平衡，得到的结晶结实（包油少）。

（2）表面活性剂　表面活性剂的非极性基团与蜡的烃基有较强的亲和力而形成共聚体。共聚体晶粒大，易与油脂分离。常用的表面活性剂有聚丙烯酰胺、脂肪族烷基硫酸盐、糖酯等。

（3）凝聚剂　在蜡、油溶胶中加入适量电解质溶液，降低了胶体双电层结构中的电位，粒子间排斥力减小，溶胶的稳定体系被破坏，从而使蜡晶粒聚沉。葵花籽油脱蜡中，常用食盐和硫酸铝作凝聚剂。

5. 输送及分离方式

各种输送泵在输送流体时，所造成的紊流强弱不一，紊流越强，流体受到的剪切力越大。为了避免蜡晶受剪切力而破碎，在输送含有蜡晶的油脂时，应使用弱紊流、低剪切力的往复式柱塞泵，或者用压缩空气，最好用真空吸滤。

蜡具有可压缩性，滤压过高会造成蜡晶滤饼变形，堵塞过滤缝隙而影响过滤速率。因此，油蜡分离压力要适中。可采用助滤剂加快过滤速率。

6. 油脂品质

蜡对碱炼、脱色、脱臭都有不利影响。油脂中的胶性杂质会增大油脂的黏度，不但影响蜡晶形成，降低蜡晶的硬度，给油蜡分离造成困难，而且降低了分离出来的蜡质的质量（含油及含胶量均高）。因此，油脂在脱蜡之前应当先脱胶。

（三）脱蜡设备

油脂脱蜡过程中所用的具有工艺特点的主要设备有结晶塔、养晶罐等。

1. 结晶塔（罐）

结晶塔（罐）是给蜡质提供适宜结晶条件的设备，分间歇式和连续式。前者可采用类似精炼罐的结构，将换热装置改成夹套式，搅拌速度要适宜蜡晶成长；后者主体是一带夹套的直立长圆筒体，由上、下碟盖和若干个塔体构成。塔内有多层中心开孔的隔板，塔体轴心有个搅拌轴，轴上间隔地安装有搅叶导流圆盘挡板，由变速电机带动，以 10~13r/min 转动，以促进塔内油脂的对流。夹套有外接短管，以便通入冷却水与塔内油脂进行热交换，使蜡质冷却结晶。

2. 养晶罐

养晶罐是为蜡质晶粒成长提供条件的设备。间歇式养晶罐与结晶罐通用。连续式养晶罐的主体是一带夹套的碟底平口圆筒体。罐内通过支撑杆装有导流圆盘挡板。置于轴心上的桨叶式搅拌轴由变速电机带动，对初析晶粒的油脂缓慢搅拌（转速 10~13r/min）。夹套上联有外接短管，以便通入冷却剂与罐内油脂进行热交换，促进晶粒成长。罐体外部装有液位计，以便掌握流量，控制养晶效果。

3. 蜡饼处理罐

蜡饼处理罐是溶剂脱蜡法中用于溶剂、蜡糊和助滤剂分离的设备。

（四）脱蜡工艺

1. 常规法

常规法脱蜡即单靠冷冻结晶，然后用机械方法分离油蜡而不加任何辅助剂和辅助手段的脱蜡工艺。分离时常用布袋过滤、加压过滤、真空过滤和离心分离等方法，如图 4-11 所示。

图 4-11 葵花籽油常规脱蜡工艺流程

葵花籽油脱蜡设备主要包括板式换热器、结晶罐、板框过滤机等。

待脱蜡的葵花籽油一般在罐中储存，油温在30℃以内。在这种温度下，油中的部分蜡质会析出晶体，凝聚成晶粒。如果直接进行结晶、养晶，会影响脱蜡工艺过程中蜡的析出和结晶效果，所以需要先将葵花籽油加热，使析出的蜡质溶于油中。然后通过换热器将油温降低，把毛油通入结晶罐中。

结晶罐中的葵花籽油通过冷水盘管进行冷却。为了使析出的蜡质凝结成块，又能使葵花籽油冷却均匀，需要进行适当搅拌，但搅拌速度不能过快，以10~15r/min为宜。

葵花籽油冷却到指定温度后，停止搅拌，并保持一段时间，使未结晶的蜡质继续结晶析出，使小的晶粒继续长大，该过程为养晶，结晶温度设定为10~30℃，养晶温度5~10℃。葵花籽油助晶剂（硅藻土）添加量0.15%~1.2%，时间周期为12~16h。结晶好的葵花籽油通过板框过滤机过滤，将葵花籽油和蜡质分开，从而去除葵花籽油中的蜡质。过滤后的葵花籽油用泵打入板式换热器同未脱蜡油进行热交换后入库，得到成品油。

2. 溶剂法

溶剂法脱蜡是在蜡晶析出的油中添加选择性溶剂，然后进行蜡油分离和溶剂蒸脱的工艺。常用的溶剂为工业己烷。

3. 表面活性剂法

在蜡晶析出的过程中添加表面活性剂，强化结晶，改善蜡油分离效果的脱蜡工艺称为表面活性剂脱蜡法。

该法主要是利用表面活性物质中某些基团与蜡的亲和力（或吸附作用）形成与蜡的共聚体而有助于蜡的结晶及晶粒的成长，利于蜡油的分离。

不同工艺目的所添的表面活性剂的种类及数量各异。以助晶为目的，可于降温结晶过程中添加聚丙烯酰胺和糖酯等。量以聚丙烯酰胺为例，约为油量的50~300mg/kg。以降低表面活性、促进分离为目的，则于分离前添加综合表面活性剂，添加量以油量计，其中烷基磺酸酯为1~100mg/kg，脂肪族烷基硫酸盐为0.1%~0.5%，磷酸为0.1%~1%，一起溶于占油量10%~20%的水中。

先将葵花籽油加无机磷酸盐进行脱胶，然后在24℃左右加入5%的表面活性剂混合溶液（内含1%十二烷醇硫酸酯，4%六偏磷酸钠，95%水）进行乳化。利用离心机进行分离。再将分离所得油脂在15~16.5℃时水洗，再加入10mg/kg的磺化琥珀酸二辛基脂钠加以处理，可得脱蜡油，在冷藏时放置数日，油液不浑，亮度不变。

4. 中和冬化法

中和冬化法是将脱胶、脱酸和脱蜡组合在化学精炼工艺中的连续脱蜡方法。该方法的机理是利用阴离子洗涤剂（脂肪酸钠稀碱溶液）的亲和力，将蜡分子富集浓缩于水相，通过离心分离连续脱蜡。

（五）脱蜡工艺应用

传统的葵花籽油精炼工艺中脱蜡工段主要以手动操作、人工监管控制油品质量为主，选用 PID 控制葵花籽油的脱蜡工段使得葵花籽制油产业的规模和技术水平又上了一个新的台阶。

蜡是高级脂肪酸的高级饱和一元醇酯，属于类脂化合物，存在于植物的叶和果实的保护层。在一定温度下，蜡质在油脂中的溶解度会逐渐降低，析出蜡的晶粒而成为油溶胶。随着时间的延长，蜡的晶粒逐渐聚集增大而变为悬浊液，影响食用油的色泽及透明度，并使其滋味和口感变差，从而降低了油脂的食用品质和营养价值。

目前，脱蜡间歇工艺是将脱酸油在一定的速度下进行搅拌，同时将油温冷却至 4℃，为了有助于蜡的结晶，常常再加入硅藻土、红磷锰石、木材纸浆等结晶助剂。这些助剂在过滤时又可成为过滤助剂。结晶后的油再转入养晶罐，并继续进行缓慢地搅拌，蜡经充分结晶、养晶 14～16h 后，再将油缓慢加温后进行过滤，最后得到脱蜡油产品。国内传统手动连续脱蜡工艺是将油品在单个结晶罐中降温至 5℃ 左右，保持 24h 后过滤，完成脱蜡。其缺陷是结晶不充分，脱蜡效果较差，影响脱蜡油质量。由于采用低温过滤，油脂黏度大，过滤速度慢，致使产量偏低。全连续化自控脱蜡工艺可以提高产品质量，增大产量，将待脱蜡葵花籽油从第一个结晶罐经多个结晶罐逐个溢流至最后一个结晶罐，在溢流过程中，逐渐降低葵花籽油的温度，结晶、养晶后在常温下进行过滤，脱除油中蜡质。整个工艺采用 PID 回路控制，主要包括冷媒循环量与结晶、养晶油温度的连锁控制，脱蜡过滤机的过滤及倒罐自动控制及工艺路线选择的自动控制。葵花籽油中的蜡质可被充分结晶出来，脱蜡效果好，大大提高脱蜡油质量，在冷冻实验过程中，传统脱蜡工艺生产的成品油，保持清澈透明的时间在 6h 左右，而新工艺则为 72h 左右，且过滤速度快，产量高，大大降低生产成本的同时提高了生产效率。

1. PID 控制脱蜡工艺

（1）工艺特点

以某油脂厂 200t/d 葵花籽油精炼生产线为例，全连续化自控脱蜡工艺采用溢流结晶，提高了操作的安全性，避免因巡检或操作失误而引起的跑油、冒油现象。由于采用密闭式罐组，减少了油脂在结晶过程中与空气接触的时间，避免了油脂因氧化而回色，降低了空气中水分与油脂的接触度，提高了油品的质量。传统脱蜡工艺要求整个脱蜡车间的环境必须保持低温状态，常用的制冷方式是液氨制冷，不但费用较高，而且危险性大。全连续化自控脱蜡工艺只需在溢流过程中将油品逐步降温进行结晶、养晶，然后进行常温过滤，整个脱蜡过程仅需对罐组进行制冷，车间内保持常温即可，能耗相对减少，生产线运行成本降低，且过滤速度快，产量提高了约 30%。该自控系统将 PLC 控制、智能仪表的数据调控、计算机信息处理、数据通信、动态图形显示等现代化技术集于一身，形成计算机管控系统，克服了以往单纯 PLC 控制带来的运算和存储能力有限、观察不方便、计算机集中式控制可靠性低、故障影响面大等缺陷。现在的系统具有灵活性好、可靠性高、很强的控制能力和数据管理能力及良好的图形用户界面，能够充分适应现代工业生产过程控制、管理的各种需要。车间设备控制采用自动连锁与手动单机控制相结合、集中与现场相结合的控制方式。自动连锁可通过计算机操作主令开关完成，手动开关可作为单机调试与故障检修使用。当自动连锁出现故障时，手动控制还可作为自动连锁的补充，维持生产。全连续化自控脱蜡工艺如图 4-12 所示。

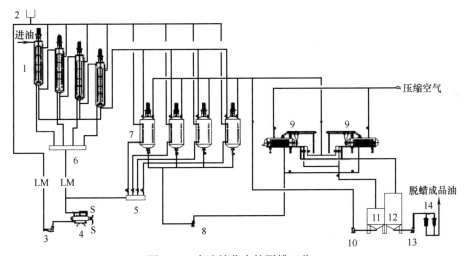

图 4-12　全连续化自控脱蜡工艺

1—结晶罐　2—进油管　3—输送泵　4—混合罐　5—分汽罐　6—分配器　7—养晶罐　8—抽出泵
9—卧式过滤机　10—泵　11—浊油罐　12—脱蜡清油罐　13—泵　14—安全过滤器

由图 4-12 可以看出，脱色油经降温后进入结晶罐（1），依次流经 4 个结晶罐，油温降至 4~6℃，再依次进入养晶罐（7）中保持此温度并养晶。在养晶罐中加入适量的助滤剂（助滤剂先与部分油在混合罐中混合后，由单螺杆泵输入养晶罐），油通过抽出泵（8）被送入卧式过滤机（9）过滤除蜡，清油进入脱蜡清油罐中，而初滤前的浊油进入浊油罐中，再经泵（10）被送回养晶罐中。两台卧式过滤机交替工作以实现脱蜡的连续生产。脱蜡清油经泵经过安全过滤器后被送入脱臭工序进行后面的生产单元操作。

（2）结晶、养晶油温自动控制

在葵花籽油脱蜡工艺中，油温的控制是结晶、养晶的关键。全连续化自控脱蜡工艺利用温度传感器检测到油温后转换成一定的信号与预先设定的温度进行比较，将比较得到的温度差值信号经过 PLC 计算后得到相应的控制量，发出指令控制冷媒管道调节阀的开启大小，通过冷媒流量的改变来平稳、灵敏地控制结晶、养晶油温的升降变化，以达到工艺要求的温度参数。

（3）脱蜡过滤机的自动控制

经过结晶、养晶后的葵花籽油需要通过过滤机将油脂中析出的蜡质进行过滤脱除，在过滤的过程中，需要添加适当比例的助滤剂辅助过滤。助滤剂用风机产生的风力输送并添加到养晶罐，单独的助滤剂房配脉冲除尘器以降低粉尘的污染。使用两台卧式过滤机交替生产。过滤机进油、循环、过滤、倒罐、吹干及排空各个步骤均采用气动阀门控制，通过与时间、液位及压力的连锁实现对工艺步骤的自动控制。正常生产时可按连锁模式自动过滤生产，若遇特殊情况则可转变为单步操作，依照现场情况灵活选取步骤进行生产。养晶罐的出油顺序按照进油先后顺序依次选择，对应现场过滤机进行正常过滤，循环回油可灵活依据养晶罐液位高低选择合适的罐体，打开相应自控阀门进行循环回油。过滤机的操作及养晶罐选择控制界面如图 4-13 所示。

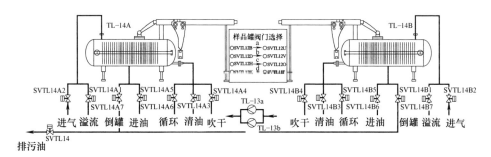

图 4-13 过滤机的操作及养晶罐选择控制界面

过滤机具体操作步骤如下（以进油选择 TL-14A 过滤机为例）：

① 待机：脱蜡过滤机 TL-14A 开关阀全部关闭。

② 进油：确认之前弹出对话框选择阀门，过滤机循环回养晶罐 SVTL12B、SVTL12E、SVTL12H、SVTL12K 有一只且只有一只阀打开；确认养晶罐出油阀 SVTL12M、SVTL12N、SVTL12O、SVTL12P 有一只且只有一只阀打开；打开 TL-14A 过滤机排空气阀 SVTL14A1 与进油阀 SVTL14A6；启动进油泵 TL-13b。当过滤机高液位时报警后切换至"循环"。进油泵 TL-13b 采用变频控制并可选择。

③ 循环：打开循环阀 SVTL14A5，关闭排空气阀 SVTL14A1，根据现场视镜观察至油清亮设定循环时间，时间到则进下一步"出油"。

④ 出油：打开清油阀 SVTL14A3，关闭循环阀 SVTL14A5，通过出清油时间或过滤机过滤压力控制转换至下一步。时间根据现场生产情况灵活设定。压力一般在 0.3~0.35MPa。

⑤ 倒罐 1：打开循环阀 SVTL14A5，关闭清油阀 SVTL14A3；时间到进下一步，时间可设定。

⑥ 倒罐 2：打开 TL-14B 过滤机排空气阀 SVTL14B1（TL-14B 过滤机到此步一直为待机状态），打开倒罐阀 SVTL14A7、TL-14B 过滤机倒罐阀 SVTL14B7，打开进气阀 SVTL14A2；手动停 TL-13b 泵，其他步骤均为手动开的状态，关闭进油阀 SVTL14A6；关闭循环阀 SVTL14A5。此时进气阀 SVTL14A2 由 TL-14A 压力控制 0.15~0.2MPa，0.2MPa 时关阀，0.15MPa 时开阀。压力范围可设定。LSL-TL14A 低液位时进下一步，时间到报警。

⑦ 吹干：关闭倒罐阀 SVTL14A7、SVTL14B7；打开吹干阀 SVTL14A4，此时进气阀 SVTL14A2 由 TL-14A 压力控制 0.25~0.3MPa，0.3MPa 时关阀，0.25MPa 时开阀。压力范围通过自控阀的开启时间设定。时间到进下一步，时间可设定。

⑧ 排污油：打开倒罐阀 SVTL14A7，打开排污油阀 SVTL14；关闭进气阀 SVTL14A2。压力到 0MPa 和低液位时进下一步，时间到报警。

⑨ 排蜡饼：跳出提示后进行人工排蜡，排蜡完成后按确认，关闭倒罐阀 SVTL14A7、排污油阀 SVTL14、吹干阀 SVTL14A4，恢复到等待状态。

⑩ 待机：关闭排空气阀 SVTL14A1，恢复待机状态。

⑪ 停机。在步骤④出油，进停机步骤：

a. 停机 1：打开循环阀 SVTL14A5，关闭清油阀 SVTL14A3；打开进气阀 SVTL14A2；停 TL-13b 泵、关闭进油阀 SVTL14A6；此时进气阀 SVTL14A2 由 TL-14A 压力控制 0.15~0.2MPa，0.2MPa 时关阀，0.15MPa 时开阀。压力范围可设定。时间到进下一步，时间可设定。

b. 停机 2：打开倒罐阀 SVTL14A7、排污油阀 SVTL14，关闭循环阀 SVTL14A5。此时进气阀 SVTL14A2 由 TL-14A 压力控制 0.15~0.2MPa，0.2MPa 时关阀，0.15MPa 时开阀。污油罐 TL17，高位报警时打开吹干阀门 SVTL14A4、关闭排污油阀 SVTL14；解除报警 15min 后打开排污油阀 SVTL14、关闭吹干阀门 SVTL14A4。时间、压力范围可设定。LSL-TL14A 低液位时进下一步。

c. 进步骤⑦吹干：关闭倒罐阀 SVTL14A7、排污油阀 SVTL14；打开吹干阀 SVTL14A4。此时进气阀 SVTL14A2 由 TL-14A 压力控制 0.25~0.3MPa，0.3MPa 时关阀，0.25MPa 时开阀。压力范围可设定，时间到进下一步。时间可设定。

d. 进步骤⑧排污油。

e. 进步骤⑨排蜡饼。

2. 应用效果

传统脱蜡工艺每个结晶罐需要单独的泵及管道，待油结晶、养晶完成后将油泵入过滤机进行过滤，需要配备相应的人员来控制每个泵的开启与关闭，通常每班至少需要配备 2 名操作工人；新工艺采用的是全连续自动控制，使油在罐组的溢流过程中完成了结晶、养晶的过程，只需要在中控室的操作人员对泵的启停进行操作，减少了人工成本。在过滤操作过程中，应用自动控制，使得滤饼吹干控制精确，蜡饼残油保持在 28%，降低了蜡饼残油，提高了精炼率。在冷冻实验过程中，新工艺的脱蜡油能保持清澈透明 72h，远远长于传统工艺的 6h，有效提高了产品质量。

传统脱蜡工艺生产成本较高，产品质量稳定性差；升级改造为 PID 回路控制后，大大降低了劳动强度，减少了人工操作失误引起油品品质不稳定的情况，提高了生产效率。

六、物理法精炼

（一）物理精炼原理

油脂的所谓"物理精炼"即蒸馏脱酸，是根据甘油三酯（TG，中性油）与游离脂肪酸（在真空条件下）挥发度差异显著的原理，在较高真空度（残压 0.6kPa 以下）和较高温度下（240~260℃）进行水蒸气蒸馏，达到脱除油脂所含的游离脂肪酸和其他挥发性物质的目的。在蒸馏脱酸的同时，也伴随有脱溶（对浸出油而言）、脱臭、脱毒（米糠油中的有机氯及一些环状碳氢化合物等有害物质）和部分脱色的综合效果。

油脂的物理精炼工艺包括两个部分，即毛油的预处理和蒸馏脱酸。预处理包括毛油的除杂（指机械杂质，如饼渣、泥沙和草屑等）、脱胶（包括磷脂和其他胶黏物质等）、脱色三个工序。通过预处理，使毛油成为符合蒸馏脱酸工艺条件的预处理油，这是进行物理精炼的前提，如果预处理不好，会使蒸馏脱酸无法进行或得不到合格的脱酸油。蒸馏脱酸主要包括油的加热、冷却、蒸馏和脂肪酸回收等工序。物理精炼的工艺流程通常采用以下工艺步骤：

毛油→ 脱胶 → 脱色 → 脱蜡 → 脱臭/脱酸

物理精炼使用的主要设备有过滤机、脱胶罐、脱色罐、油热交换器、油加热器、蒸馏脱酸器、脂肪酸冷凝回收器和真空装置等。

蒸馏脱酸加热方法有三：一是导热油加热；二是远红外线电加热；三是高压蒸汽加热。

（二）物理精炼的特点

物理精炼与化学精炼（碱炼）比较，有以下几个明显的特点。

（1）简化了工艺路线和其他设备，方便了操作，省去了复杂的加碱+除皂+水洗+脱水（干燥）等工序和生产混合脂肪酸时的皂脚补充皂化（或加压水解）+酸解+水洗+分水+干燥+蒸馏等诸多工序。

（2）大幅度地提高了油脂的精炼率，降低了酸价炼耗比。总精炼率可比化学精炼提高 6%左右，而其中脱酸部分的酸价炼耗比基本上达到理论值水平。

（3）由于物理精炼不需使用大量烧碱，不产生皂脚，不需（皂脚）制取混合脂肪酸时使用的大量硫酸，因而节省原料，不产生酸气和大量废酸水，防止了对环境的污染。

（4）在获得优质脱酸油的同时，还可以直接获得高纯度（90%以上）的优质混合脂肪酸。

（5）与当前一般油厂采用的中温脱臭工艺比较，物理精炼获得的油脂气味良好，且更加安全卫生。

（6）物理精炼获得的油脂，其抗氧化性和储存性仍比一般油脂好。这是因为化学碱炼时，由于强碱的作用，使油脂中的天然抗氧化成分（如生育酚）大部分被破坏，而物理精炼可保留其大部分。

（三）葵花籽油物理精炼的要求

物理精炼能否成功很大程度上取决于毛油的预处理程度。在物理精炼前，毛油中的磷脂必须完全去除。非水化磷脂（主要是磷脂酸的钙镁盐以及溶血磷脂）是葵花籽油采用物理精炼的一个难题。不同制油方法所得的葵花籽油中的非水化磷脂含量各不相同，葵花籽毛油中的总磷脂和非水化磷脂的含量见表4-8。葵花籽油中的非水化磷脂的含量较低，可以通过DOLI脱胶工艺较好地去除。葵花籽毛油DOLI脱胶工艺流程如图4-14所示。

表4-8　　　　　　葵花籽毛油中的总磷脂和非水化磷脂的含量　　　单位：g/100g 油

项目	压榨油	浸出油	混合油
总磷脂	0.24	1.32	0.70
非水化磷脂	0.14	0.04	0.09

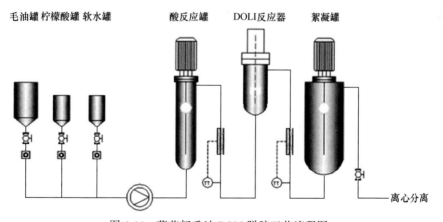

图 4-14　葵花籽毛油 DOLI 脱胶工艺流程图

将葵花籽毛油加热到脱胶温度后，在搅拌情况下，毛油罐中毛油先进入酸反应罐，加入50%的柠檬酸溶液后进行酸反应，将油中非水化磷脂转化为水化磷脂；然后加入软水进行水化反应，使油中水化磷脂膨胀后易于形成胶团被分离。然后在 DOLI 反应器中充分反应 5min 后，再在絮凝罐中搅拌絮凝 45min，用泵送入离心机进行分离，油从离心机轻液出口排出，胶质从重液出口排出，定时取样分析。

DOLI 反应器构造特殊，当介质进入反应器内部后，出现许多非线性过程，如冲流、切割等，从而产生一系列的效应，包括湍流效应、微扰效应、界面效应和聚能效应，使介质粒子尽可能微小化，同时给予介质粒子速度和加速度，最终使介质粒子混合更均匀。

传统水化脱胶后还需进行碱炼脱酸，再进行脱色脱臭得到成品油；而 DOLI 无皂精炼工艺经过脱胶后，无须碱炼脱酸，也不必水洗，可直接进入脱色脱臭工序。游离脂肪酸可在脱臭工序中去除。水化脱胶工艺和 DOLI 无皂精炼工艺对比见表 4-9。

表 4-9 水化脱胶工艺和 DOLI 脱胶工艺对比

指标	毛油	传统精炼工艺		DOLI 脱胶工艺
		水化脱胶工艺	碱炼脱酸工艺	
磷含量/(mg/kg)	158.81	31.35	29.89	15.67
酸价(KOH)/(mg/g)	1.972	1.970	0.138	1.984
总甾醇/(mg/kg)	5651.36	5238.89	4366.44	5238.23
总生育酚/(mg/kg)	629.25	605.37	589.27	604.88

DOLI 脱胶物理精炼工艺中，虽无碱炼工序，但其含磷量可达到常规水化脱胶化学碱炼后的含磷量的效果。减少一个工序，降低成本的同时，也避免了因水洗而产生大量废水的状况。常规水化脱胶化学碱炼精炼工艺中的游离脂肪酸在碱炼工序中去除，并会产生皂脚，而皂脚收益较低。DOLI 脱胶物理精炼工艺中游离脂肪酸和维生素 E 可在脱臭工序捕集馏出物中获得，其收益高于常规水化脱胶化学碱炼精炼工艺。

第五章　葵花籽油储存与包装

第一节　葵花籽油的劣变

一、葵花籽油在储存过程中的劣变

（一）葵花籽油的回色

1. 回色的概念

植物油在物流、储存、使用过程中，随着时间的推移，油脂颜色发生显著变化，一般情况下色泽会逐渐变深，由淡黄色变为黄色甚至为红色，变深的速度在各种条件下呈现明显差异，此种现象被称为"油脂回色（color reversion）"或"油脂返色"现象。研究认为引起油脂回色的因素非常多，如原料品质、油脂的加工工艺中磷脂残留和皂含量、生育酚和金属离子含量等，以及油脂的储存中的温度、光照、空气等外界因素。

2. 影响因素

引起葵花籽油回色的因素十分复杂，从最源头的原料葵花籽到最终的精炼成品油，有原料中酶的作用影响，精炼过程中磷脂、金属离子、维生素 E 的影响、油脂氧化反应及油脂储存运输条件的影响等。影响葵花籽油回色的因素贯穿整个油脂制取与加工过程，因此，延缓精炼葵花籽油回色的方法需要从全局出发。

（1）原料　原料的好坏对葵花籽油的回色影响很大，因此要把好原材料的质量关。

（2）加工过程　磷脂含量对葵花籽油回色影响较大，因此彻底脱除磷脂是防止油脂回色的关键因素之一，油脂中磷脂的去除可通过脱胶、碱炼及吸附等工序完成。

脱酸工序在降低游离脂肪酸的同时，也可通过降低油脂中磷脂及金属离子的含量，降低油脂发生回色的概率，还要尽量减少碱炼油中的皂含量来控制回色。脱臭工序目的是脱除油脂中的不良风味，还能将此前工序残留的热敏性色素、游离脂肪酸等成分去除。现阶段采用高温、高真空条件下通过水蒸气汽提去除臭味物质。在高温以及真空环境中，油脂残留的氧化物以及过氧化物将会被水蒸气带走，但脱臭工序对油脂中的维生素 E 损失较大，因此会影响油脂的回色。

（3）储存运输条件　储存环境对油脂回色也有较大影响。储存过程中油品应该避免与铜、铁等金属器皿相接触，低温避光储存，严格控制葵花籽油的储存方式，从而达到延缓葵花籽油回色的目的。

3. 回色率的测定

将改变条件后的样品吸光度与实验前的吸光度作为测量数据。以正己烷为参照，在 428nm 波长处测定吸光度，计算回色率见式（5-1）。

$$I(\%) = \frac{A}{A_0} \times 100 \qquad (5-1)$$

式中　I——样品的回色率，%

　　　A_0——改变条件后样品的吸光度

　　　A——实验前样品的吸光度

数据处理分析：采用 Microsoft Excel 软件进行图表绘制和方差显著性分析，取 $\alpha = 0.05$。

（二）葵花籽油气味劣变

油脂在储存过程中所产生的不良气味通常称为"回味"和"酸败"等。

1. 回味

回味是指油脂在极短时间内因氧化分解产生的气味。"回味"问题比较集中在大豆油上。

2. 酸败

酸败是指当油脂氧化反应到一定程度，致使较多氧化产物分解成低分子的醛、酮、酸等挥发性强的物质，它们所具有的刺激性气味，称为"酸败"。

二、影响葵花籽油劣变的因素

1. 空气

空气中的氧气是发生油脂氧化反应的主要因素，氧气存在时油脂的变质被称为氧化酸败，这是油脂氧化反应的主要途径。氧化对油脂的色泽也有着重要的影响，氧化使胡萝卜色素脱色，形成其他类型色素的颜色，在某些情况下，甚至使脂肪酸或甘油酯形成醌类带色化合物。因此，油脂应该密闭储存，有条件时应充氮储存，若不具备条件的，应尽量装满储油罐及盛具，减小油面上的空间，以减少油脂与氧气接触的机会。

2. 温度

随着温度的升高，氧气在油脂中的溶解度增大，油脂的氧化速率增大，油脂水解速度加快，从而引起酸值及金属皂的生成。这些变化均加速油脂的劣变。

3. 光线

光线能激发油脂中的光敏物质，引起油脂的光氧化反应，这种光氧化反应是目前以终止游离基反应为机制的酚型抗氧剂所不能抗拒的。因此，为避免光线对油脂品质的影响，应在包装材料中加入阻挡紫外光透过的成分。

4. 水分

水分过高会促进油脂的水解酸败。一般精炼油脂的水分应控制在 0.01% 以下。

5. 微量金属

微量金属在光照下能够促进油脂的自动氧化及氢过氧化物的分解。

第二节 葵花籽油的安全储存技术

一、储油罐

（一）种类

储油罐是原料油和成品油的储存容器，分为立式和卧式两种，均由薄钢板焊接而成，最常用的是立式油罐。

立式油罐结构简单，钢材耗量较少，施工容易，建造周期短，造价较低，是国内外植物油储备库普遍采用的一种罐体形式，目前大型储油罐的单罐容量可至 10000t。卧式油罐因其容量小、容量利用系数低、钢材耗量较少，故不及立式储罐应用得多。

（二）结构功能

1. 伴热保温

在寒冷地区，为避免冬季温度降低时油脂凝固，对葵花籽的储存应考虑伴热和保温。油罐伴热多采用低压蒸汽或热水伴热。伴热方式是在油罐内距底层一定高度处铺设一层或多层加热盘管，盘管中可通入蒸汽或热水对罐内油脂进行伴热。伴热温度一般高于油脂熔点 5~10℃。

为了保证整个油罐内油脂均匀的伴热效果，避免油罐内局部油脂的凝固，需辅以罐内油脂强制循环装置，其形式有机械搅拌和流体循环搅拌。流体循环搅拌即在油罐内的底部中心凹坑处设抽出油管，在油罐内部的下方适当位置设置若干个油脂喷管，用油泵将罐内油脂抽出再喷入，强制罐内油脂循环流动，保证均匀的伴热效果。

油罐的保温形式一般采用岩棉（厚度约 100mm）做绝热层。用彩板（厚度约 0.5mm）做保护层。

2. 计量

对于油罐中的油脂的库存量的测定，传统的计量方法是液位标尺法，这种方法操作不够简便，结果也不够精确。近年来采用在油罐上装置高精度雷达液位计进行油脂液面和库存量测量。

二、油脂的安全储存技术

（一）低温避光储存

为减少阳光和高温对油品的影响，可在储油罐外壁涂银粉漆以增加对阳光的反射并能降低罐内油脂温度，这对减弱因日光辐射所造成的罐内油温升高及罐内油脂氧化反应都能起到良好的作用。

（二）密闭满容量储存

空气中的氧气是发生油脂氧化反应的主要因素，因此食用油应密闭储存、满容量储存，减小油面上的空间，以减少油脂与氧气接触的机会。此外，还要尽量减少油脂的倒灌、出入罐周转次数，入罐油脂采用罐底进油方式，避免从油罐上方进油时带入空气。

采用满容量储存技术时，应考虑葵花籽油对包装器材的强度影响。大容量储油罐应留足最高温度下油品热膨胀增加的体积，罐顶应安装呼吸阀。流通包装油桶一定要留足热膨胀容量，以及注意装卸过程油品冲击对容器强度的影响。

（三）充氮储存

储油容器及油脂中的氧浓度与油脂氧化反应速率呈线性相关关系。若采用惰性气体保护等措施将油罐内油脂中的氧浓度控制在 1%~2%，可使油脂氧化反应作用降到较弱的程度。

1. 气调充氮储油技术

气调充氮储油技术就是将氮气充入油罐以排出储罐及油脂自身中的空气使之缺氧，从而达到抑制油脂氧化反应、确保油脂安全储藏的效果。该法简单、经济，抗氧化效果好，易于推广。

2. 充氮储油过程

较为常见的充氮储油的过程为：在油脂进入油罐前，先通入氮气置换罐内原有的空气以形成氮气环境，且在油脂灌入过程中及充满后一直保持氮气的充入，从而排出油脂内溶解的空气和氧气，同时使油罐的上部剩余空间为氮气环境。氮气的入罐压力控制在 0.2MPa 左右，罐内氮气压力由油罐上方的呼吸阀控制在 0.128MPa 左右。此外，油罐出油的同时仍需不断补充氮气，防止空气进入，同时防止负压环境所造成出油不畅。

葵花籽油可采用抽气—充氮—补充氮的方法储藏（氧气含量<2%），充氮油罐内油脂的过氧化值变化幅度为 0.135~0.2mmol/kg（增减 0.065），而常规储藏油脂的氧化速度是充氮储藏的 3 倍多。

3. 充氮储油方法

（1）油脂在大容量储油罐储存时的氮气覆盖

油罐区配备氮气制备装置及充填管路系统，每个油罐顶部配置充氮气动阀和呼吸阀，呼吸阀与充氮气动阀连锁，系统可根据每个油罐内油层上部空间的气压高低自动调节向油罐内油层上表面送入氮气，并将油罐内油层上的空气置换出去，在油层上形成惰性气体的保护环境。

（2）油脂在输送过程中的充氮（喷洒）技术

充氮（喷洒）技术是成品油至储油罐或槽车的装运过程中向油脂充氮的方法。原理是在其完全不含空气和氧气时，即脱臭后用氮气饱和油脂，用喷洒器把细小的氮气泡引入油中，当饱和的油进入油槽车时，所释放的气体充满容器顶空，使容器中的大部分空气和氧气溢出。

（四）使用稳定剂储存

1. 稳定剂

为了防止和延缓精制油品的氧化，根据情况需添加适量的抗氧化剂和增效剂，统称稳定剂。常用的抗氧化剂有2-叔丁基氢醌（TBHQ）、3,5-二叔丁基-4-羟基甲苯（BHT）、生育酚（维生素E）等。常用的增效剂有柠檬酸及其单酯、磷酸及其单钠盐。

2. 稳定剂的添加方法

用少量油脂把抗氧化剂和增效剂溶解，用水或酒精将增效剂溶解，把脱臭油脂冷却到120℃，借真空将抗氧化剂和增效剂溶液吸入油中，搅拌均匀，以充分发挥其效能。

3. 稳定剂的添加量

目前使用的人工合成的抗氧化剂具有一定的毒性，天然抗氧化剂的毒性虽然不大，但使用量大反而会促进氧化，因此抗氧化剂的用量必须适当。几种抗氧化剂和增效剂的安全添加量见表5-1。

表5-1　　　　　　几种抗氧化剂和增效剂的安全添加量　　　　单位：%

种类	名称	添加量
抗氧化剂	2-叔丁基氢醌(TBHQ)	0.02
	3,5-二叔丁基-4-羟基甲苯(BHT)	0.01~0.02
	生育酚(维生素E)	0.1~0.3
	胱氨酸	0.02
增效剂	柠檬酸	0.001~0.005
	磷酸	0.001以下
	磷脂	0.2
	抗坏血酸(维生素C)	0.05

（五）油脂产品储存期间应避免金属氧化和避免恶劣环境

对零售包装金属器具内壁应涂膜，以阻止金属促进油品的氧化。大容量储油罐有条件时，内壁也应以环氧树脂涂抹。油脂及其制品的储存罐和库存周围环境应没有气体污染。

第三节　葵花籽油的包装

一、包装的目的和要求

（一）目的

（1）葵花籽油作为食用油脂产品的首要目的是保持食用油质量，避免变质。

（2）便于葵花籽油的储存、运输和装卸。

（3）葵花籽油在销售时，可以通过包装的造型、材料、重量、色彩等引起消费者的关注和引导消费。

（二）要求

1. 卫生、强度和密封性

包装容器和材料应符合国家安全和卫生法规，符合 GB 9685—2016《食品安全国家标准　食品接触材料及制品用添加剂使用标准》。包装容器应具有一定的强度和可靠的密封性，确保油脂产品不渗漏、不变形及流通过程中油脂的安全。

2. 对葵花籽油品质的保护性

包装容器和材料应具备对氧气、水气和微生物的隔绝性，以避免和减少品质的标准劣变，确保葵花籽油在流通和食用过程的质量。

3. 销售、使用的方便性

包装材料应有良好的外观，适合食用油灌装生产，方便储存和运输，便利消费者使用。包装物上应按照国家相关标准进行标签标识。

4. 包装容器和材料的经济性和后处理性

包装材料的来源广泛，价格合理。包装材料应具有可回收再利用、不污染环境的特性。

二、包装容器和材料

包装容器和材料是影响葵花籽油产品储存期品质和货架寿命的重要因素之一。按照 GB/T 23508—2009《食品包装容器及材料　术语》及 GB/T 23509—2009《食品包装容器及材料　分类》，食用油的包装容器及材料包括：塑料包装容器及材料；纸包装容器及材料；玻璃包装容器；陶瓷包装容器；金属包装容器及材料；复合包装容器及材料；其他包装容器；辅助材料和辅助物。

（一）塑料包装容器及其材料

塑料包装容器是以树脂为主要原料制作成型的包装容器。用于葵花籽油包装的主要是塑料瓶和塑料桶。塑料包装容器具有制作方便、适用性广、质量轻、成本低等特点，因而广泛应用于油脂及其制品的销售包装。塑料容器由各类塑料材料加热吹塑而成。可供制作食品包装器具的塑料有 PE、PET、PVC、PS、PVDC 等，具有质量轻、耐腐蚀、耐酸碱、耐冲击等特点。

（二）金属容器与金属材料

金属包装容器是指以铁、铝等金属薄板加工成型的包装容器。其具有优良的阻隔性能、机械性能、耐高温、耐压、不易破损等。用于葵花籽油包装的主要是金属油桶和金属罐。金属油桶一般是由热轧碳素结构钢薄钢板卷焊而成的圆筒状容器，适用于毛油、成品油的小批量流通包装。金属罐是由镀锡薄铁皮（马口铁）制成的箱式或罐式容器。内壁涂环氧酚醛树脂。

（三）玻璃包装容器

玻璃包装容器是指以硅酸盐为主要原料经成型加工制成的包装容器。常用的玻璃包装有无色和着色两类，形式为玻璃瓶。其具有耐酸、耐碱以及化学稳定性、高阻隔性、可回收利用等优点，成本也较低，但自身重量较大，容易破碎，给中间包装和运输包装带来一定的困难。

三、葵花籽油包装工艺技术

（一）灌装技术的发展方向

1. 加强灌装精度、降低灌装过程中的损耗

在灌装精度方面，国产称重设备已达到±2g 以下（基于 5L 产品）。

2. 灌装速度的提高

根据市场销售和消费者的需求的发展，小容量、周转快的小包装产品数量增多，因此灌装线的产能也从低速向高速发展。

3. 多样性的灌装规格和较强的适应性的生产线

由于产品的终端不同，对于灌装规格要求也不尽相同，产品的包装形式向多样化方向发展，要求灌装生产线具有适应多种规格包装的要求。

4. 包装生产实现智能化生产

目前高智能数控系统、编码器及数字控制组件和动力负载控制等新型智能装备已广泛用于包装机械设备中，在操作中更具有独立性、灵活性、高效率和兼容性等特点。

（二）葵花籽油的灌装工艺

葵花籽油的性状是液体，其包装作业线的主要工艺是灌装。葵花籽油的包装可以分为大包装、中包装和小包装。大包装一般采用标准钢桶，由人工灌装、计量和封盖；中包装和小包装多采用自动包装生产线完成，连续灌装生产线由吹扫机、灌装机、贴标机、打包机等组成，葵花籽油灌装生产工艺流程如图 5-1 所示。

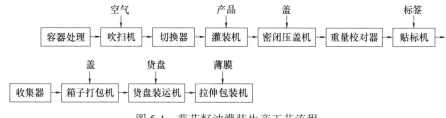

图 5-1　葵花籽油灌装生产工艺流程

目前应用在葵花籽油包装生产中的灌装机主要有旋转式和直线式两种。国产旋转式灌装机 5L 瓶产能可达 6000 瓶/h，直线式灌装机 5L 瓶双排的产能可达 3000 瓶/h。葵花籽油的灌装计量形式主要有电子称重式、液位控制式等。

第六章 葵花籽蛋白制备技术

葵花籽仁中含蛋白质21%～30%，提取油脂后的葵花籽饼粕含有50%以上的蛋白质，葵花籽蛋白具有很好的蛋白质特性，氨基酸组成均衡，且可制备多肽抗氧化剂和ACE抑制剂，同时也是一种良好的肉类制品添加剂。葵花籽蛋白所含的人体必需氨基酸见表6-1。

表6-1   葵花籽蛋白所含的人体必需氨基酸   单位：%

氨基酸名称	葵花籽粕蛋白	葵花籽分离蛋白	成人需要量
赖氨酸	3.9	4.0	4.2
亮氨酸	7.0	7.0	4.8
异亮氨酸	5.2	5.2	4.2
缬氨酸	5.2	5.0	4.2
苏氨酸	4.0	3.6	3.3
苯丙氨酸	5.4	5.1	2.8
甲硫氨酸	2.6	3.0	1.7
组氨酸	2.5	2.6	2.4

葵花籽蛋白中蛋氨酸含量丰富，与大多数植物蛋白质相比，葵花籽蛋白具有良好的消化率（90%）和较高的生物价（60%）。

葵花籽粉及葵花籽蛋白制品具有良好的功能性质。葵花籽粉除吸水率低于大豆粉外，其吸油率及乳化性方面都好于大豆粉。葵花籽浓缩蛋白与葵花籽分离蛋白都具有良好的发泡性，并有泡沫体积大，稳定性好等优点，是一种很好的发泡剂。

葵花籽仁中含有绿原酸等酚系化合物，这类化合物易于和蛋白质的极性基团结合在一起，在碱性和高温条件下，能迅速氧化成醌，产生棕褐色化合物，影响蛋白质产品的颜色。绿原酸对胃蛋白酶还有一定的抑制作用，影响蛋白质的消化率，因此在葵花籽蛋白制备过程中，应尽量去除。

第一节 葵花籽粕蛋白提取技术

葵花籽粕蛋白常用的提取方法有：碱溶酸沉法、盐提法和盐提酸沉法。采用碱溶酸沉法提取葵花籽粕蛋白的提取率明显比盐提法高。常用的蛋白质分离纯化方法有：电泳法、离子交换层析法、等电点沉淀法、亲和层析法、凝胶过滤法等。

一、葵花籽粕蛋白提取工艺流程

葵 花 籽 粕 → 预处理 → 碱液浸提 → 离心取上清液 → 酸沉 → 离心 → 沉淀 → 水洗至中性 → 冷冻干燥 →葵花籽粕粗蛋白

操作要点：按料液比 1∶20、温度 45℃、时间 30min、碱液 pH12 的条件，在恒温水浴锅中浸提，使蛋白质溶于碱液中。以 3500r/min 的转速离心 20min，取上清液。用 0.1mol/L 的 HCl 调节上清液的 pH 至蛋白质析出。再以 3500r/min 的转速离心 20min，沉淀用蒸馏水洗至中性，冷冻干燥（-50℃，12h），制得葵花籽粕粗蛋白。

二、葵花籽粕蛋白分离纯化工艺流程

葵花籽粕粗蛋白→ 预处理 → 过阴离子交换柱 （固定相预处理 → 装柱 → 平衡 → 上样 → 洗脱 → 检测 ）→ 硫酸铵溶液梯度洗脱 → 自动检测蛋白质 → 绘出洗脱曲线 → 合并峰值蛋白 → 透析 → 冷冻干燥 →纯化后的葵花籽粕蛋白

操作要点：采用蛋白质层析仪自带的阴离子交换剂 UNOsphere TM Q Anion Exchange Support 作为填料，经预处理后装柱，平衡后取配制好的 20g/L 的蛋白质溶液，缓缓加入待分离蛋白质样，上样量 3mL，洗脱液流速 0.4mL/min。先用纯净水洗脱，再用（1.25~0）mol/L（NH$_4$）$_2$SO$_4$ 进行梯度洗脱。自动收集器设置每隔 8min 收集一管。蛋白质层析仪自动检测蛋白质含量，绘出洗脱曲线。收集峰值对应的各管样品，进行透析后冷冻干燥。

三、葵花籽粕蛋白提取单因素实验

以蛋白质提取率作为考察指标，研究浸提过程中，料液比、pH、浸提温度、浸提时间对葵花籽粕蛋白提取效果的影响。

准确称取 5g 葵花籽粕粉，按料液比 1∶15，分别加入 pH 为 9，10，11，12，13 的碱液中，在 45℃恒温水浴中浸提 30min，观察 pH 对葵花籽粕蛋白提取效果的影响。准确称取 5g 葵花籽粕粉，分别按 1∶5，1∶10，1∶15，1∶20，1∶25 的料液比加入 pH 为 11 的碱液中，在 45℃恒温水浴中浸提 30min，观察料液比对葵花籽粕蛋白提取效果的影响。准确称取 5g 葵花籽粕粉，按料液比 1∶15 加入 pH 为 11 的碱液中，分别以 30，35，40，45，50℃的恒温水浴浸提 30min，观察浸提温度对葵花籽粕蛋白提取效果的影响。准确称取 5g 葵花籽粕粉，按料液比 1∶15 加入 pH 为 11 的碱液中，水浴温度 45℃，分别浸提 10，20，30，40，

50min，其余操作同上，观察浸提时间对葵花籽粕蛋白提取效果的影响。

四、葵花籽粕蛋白的分离纯化

1. 样品预处理

称取一定量的葵花籽粕粗蛋白，配制 20g/L 的葵花籽粕蛋白溶液。

2. 柱层析条件

（1）洗脱剂　柱层析的洗脱剂一般选用梯度洗脱或阶段洗脱，使待分离的各组分在连续变化的 pH 或离子强度条件下，依次达到有限吸附平衡或完全解离状态而得以分离。由于 pH 变化能引起蛋白质分子变性，所以选择（1.25~0）mol/L 的（NH_4）$_2$$SO_4$ 溶液使离子强度发生变化进行梯度洗脱。本实验在洗脱时先用纯净水洗脱，再用（1.25~0）mol/L（NH_4）$_2$$SO_4$ 溶液梯度洗脱。

（2）洗脱液流速　一般来说，洗脱速度过慢、过快都会影响层析效果。上样量为 4mL，先用纯净水洗脱，再用（1.25~0）mol/L 的（NH_4）$_2$$SO_4$ 梯度洗脱，控制流速分别为 0.3，0.4，0.5mL/min，自动收集器收集，设置每隔 8min 收集一管，检测洗脱曲线，研究不同流速对洗脱效果的影响。

（3）上样量　柱层析的上样量取决于样品的体积和浓度，上样量的体积一般不会超过柱体积的 10%。本实验固定上样量的浓度，即葵花籽粕蛋白浓度为 20g/L，控制上样量分别为 1，3，5mL，通过柱层析进一步分离纯化，先用纯净水洗脱，再用（1.25~0）mol/L 的（NH_4）$_2$$SO_4$ 溶液梯度洗脱，洗脱液流速为 0.4mL/min，自动收集器收集，每隔 8min 收集一管，检测洗脱曲线，研究不同上样量对洗脱效果的影响。

3. 分析测定

葵花籽粕蛋白提取率＝［葵花籽粕蛋白质量/（葵花籽粕质量×蛋白质含量）］×100%

五、葵花籽粕蛋白分离纯化工艺

（一）葵花籽粕蛋白提取单因素实验结果

葵花籽粕蛋白提取单因素实验结果如图 6-1 所示。采用碱溶酸沉法提取葵花籽粕蛋白时，以蛋白质提取率作为考察指标，研究了浸提过程中料液比、pH、浸提温度、浸提时间对葵花籽粕蛋白质提取的影响。

由图 6-1（1）可知，葵花籽粕蛋白提取率在碱液 pH 9~11 增幅较明显（蛋白质提取率由 30.65% 增至 54.91%）。当 pH 大于 11，蛋白质的提取率虽然增加，但提取液较黏稠，呈深黄褐色，在酸沉时会消耗大量的盐酸，导致产品中盐分增加，不利于后续离心分离工艺的实施。因此，提取葵花籽粕蛋白时碱液的最适 pH 为 11。

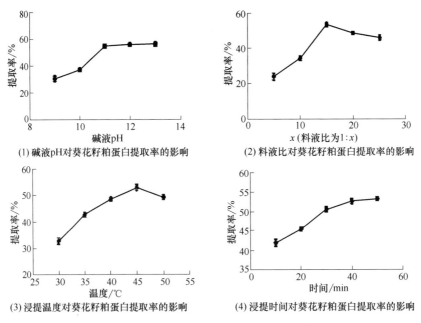

(1) 碱液pH对葵花籽粕蛋白提取率的影响　　(2) 料液比对葵花籽粕蛋白提取率的影响

(3) 浸提温度对葵花籽粕蛋白提取率的影响　　(4) 浸提时间对葵花籽粕蛋白提取率的影响

图 6-1　葵花籽粕蛋白提取单因素实验

由图 6-1（2）可知，料液比在低于 1∶15 时，不能将蛋白质浸提完全，而高于 1∶15 时对碱液的浪费较大。且料液比 1∶15 时，葵花籽粕蛋白质的提取率最大，故最适料液比为 1∶15。

由图 6-1（3）可知，在 30~60℃，葵花籽粕蛋白的提取率随反应温度的升高而增大，当温度为 45℃时，蛋白质提取率达到最大值 52.94%，温度为 50℃，提取率降至 49.23%。由于蛋白质在 50~60℃易受热变性，因此最适提取温度为 45℃。

由图 6-1（4）可知，随着浸提时间的延长，葵花籽粕蛋白的提取率呈升高趋势。但浸提时间从 30min 增至 50min 时，蛋白质提取率仅由 50.55% 增至 53.22%，幅度不太明显。而过长的提取时间会增加经济成本，故最适提取时间为 30min。

（二）葵花籽粕蛋白正交优化试验结果

根据单因素实验结果进行正交试验，碱液 pH 和料液比对葵花籽粕蛋白提取率影响均显著；影响葵花籽粕蛋白提取率的因素顺序为：碱液 pH>料液比>浸提时间>浸提温度。结果表明，葵花籽粕蛋白提取率的最优参数组合为料液比 1∶20、温度 45℃、时间 30min、碱液 pH12。验证实验得到葵花籽粕蛋白提取率为 61.04%，相对标准偏差为 0.24%，表明结果重复性良好，说明所选最优工艺条件合理。葵花籽粕蛋白含量（以蛋白质含量计）为 66.94%。

（三）葵花籽粗蛋白分离纯化工艺

葵花籽蛋白洗脱曲线如图 6-2 所示。

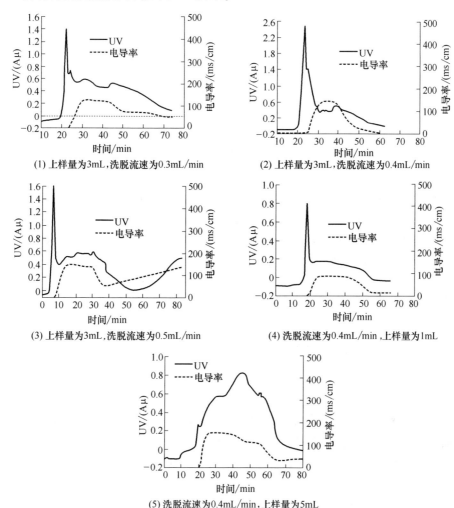

图 6-2　葵花籽蛋白洗脱曲线

选用阴离子交换层析柱对制得的粗蛋白进行分离纯化时，层析条件的选择实验结果：由图 6-2（1）可知，当上样量为 3mL，洗脱液流速为 0.3mL/min 时，无重叠峰，峰形明显，但是洗脱一段时间之后柱子中的液体低于填料平面，不符合要求；由图 6-2（2）可知，当上样量为 3mL，流速为 0.4mL/min 时，峰的分辨率较高，峰形明显；由图 6-2（3）可知，当上样量为 3mL，流速为 0.5mL/min 时峰的分辨率不高，峰形无规则，不符合要求，而且在较高流速下，葵花籽粗蛋白液来不及分开便被洗脱出来，导致分离不完全，峰形无规则，所以确定最佳洗脱流速为 0.4mL/min；由图 6-2（4）可知，当上样量为 1mL 时，峰的分辨率不高，峰型不明显，近似平稳；由图6-2（5）可知，当上样量为5mL时，峰比较明显，但是峰形较宽，分辨率不高，上样量增加导致峰形较宽，上样量为3mL时，峰的分辨率最高，峰形最明显［图6-2（1）、（2）、（3）］。所以初步确定最佳上样量为3mL。

因此分离纯化层析条件为：上样量3mL，洗脱液流速0.4mL/min，同时表明阴离子交换填料适合于葵花籽粕蛋白的分离纯化。

将处于峰值的试管中液体收集到透析袋中，进行透析、冷冻干燥，得到分离纯化的葵花籽粕蛋白，葵花籽粕蛋白含量（以蛋白质含量计）为（93.20±1.37)%，比纯化前提高了39.23%。采用碱溶酸沉法提取葵花籽粕蛋白得率为36.9%，离子交换层析有效去除了杂质，使得葵花籽粕蛋白含量明显提高。

碱溶酸沉法提取葵花籽粕蛋白的最优提取工艺为：料液比1:20、温度45℃、浸提时间30min、碱液pH为12，在此条件下葵花籽粕蛋白的提取率为（61.04±0.24)%，葵花籽粕蛋白含量（以蛋白质含量计）为（66.94±0.24)%。葵花籽粕蛋白质柱层析分离纯化的最适条件为：上样量3mL、洗脱液流速0.4mL/min，此时葵花籽粕蛋白含量（以蛋白质含量计）为（93.20±1.37)%，比纯化前提高了39.23%。

第二节　醇洗法葵花籽浓缩蛋白制备技术

葵花籽蛋白的氨基酸组成中，除赖氨酸含量较低外，其他必需氨基酸的含量均高于或接近联合国粮食及农业组织（FAO）推荐值，特别是蛋氨酸的含量较高。如果与大豆蛋白混合使用，则可起到互补作用，从而大大提高两者的营养价值。葵花籽蛋白不仅具有较高的营养价值，还具有较好的功能性。其吸油性、起泡性和乳化能力甚至好于相应的大豆蛋白产品，可广泛用于碎肉制品和仿乳制品。充分地开发和利用葵花籽蛋白产品，对于改善我国人民的膳食结构，提高人民的生活水平有着重要的意义。然而，葵花籽中存在着一些抗营养因子，特别是绿原酸的存在，不但使蛋白产品呈深褐色或棕褐色，而且绿原酸易被氧化，进而与蛋白质分子反应生成非反刍动物无法消化的非营养成分，从而降低了蛋白质的营养价值和功能性质。因此，在制备蛋白质产品时，必须将绿原酸除去。而绿原酸本身是一种药用价值极高的物质，如能加以开发利用，其经济效益是相当显著的。

绿原酸分子中含有5个羟基和1个羧基，属于极性物质。根据这一特点，采用醇洗法制备浓缩蛋白质，一方面可得到蛋白质产品，另一方面绿原酸溶于醇洗液中，进一步处理可提取得绿原酸产品。

一、原料的制备

将葵花籽仁去杂，碾碎并用正己烷浸出去油，至粕中残油小于 1% 为止。粕经真空低温脱溶后，粉碎过 40 目筛备用。脱脂粕的成分见表 6-2。

表 6-2		葵花籽仁、脱脂粕基本成分表				单位：%
名称	粗脂肪	粗蛋白	水分	灰分	糖及其他	绿原酸
葵花籽仁	46.1	20.8	3.9	2.8	23.2	2.2
脱脂粕	0.7	42.6	8.6	5.4	35.5	4.6

二、葵花籽浓缩蛋白制备工艺

采用两次醇洗工艺，料液比分别为 1：15（m：V）和 1：10（m：V），葵花籽浓缩蛋白制备工艺如图 6-3 所示。

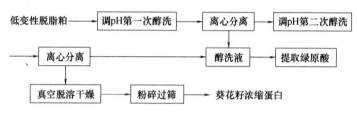

图 6-3　葵花籽浓缩蛋白制备工艺

三、葵花籽浓缩蛋白

（一）基本成分

葵花籽浓缩蛋白的基本成分见表 6-3。

表 6-3			葵花籽浓缩蛋白的基本成分			单位：%	
名称	蛋白质	脂肪	水分	灰分	其他	绿原酸	NSI 值
葵花籽浓缩蛋白样品 A	71.4	1.3	6.9	8.7	11.4	0.28	8.5
葵花籽浓缩蛋白样品 B	64.8	0.9	6.4	8.3	19.0	0.57	41.6

（二）功能特性

葵花籽浓缩蛋白的功能特性见表 6-4。

表 6-4			葵花籽浓缩蛋白的功能特性			
名称	吸油性 /（mL/g）	吸水性 /（g/g）	乳化性 /%	乳化稳定性 /%	起泡性 /%	泡沫稳定性 /%
葵花籽浓缩蛋白样品 A	1.88	0.59	41.30	51.30	35.6	53.0
葵花籽浓缩蛋白样品 B	1.76	0.53	52.60	49.60	48.9	51.1

（三）制备葵花籽浓缩蛋白的工艺参数

1. 影响蛋白质含量的因素

（1）乙醇浓度对蛋白质含量的作用最显著，而其他因素的作用不显著　当乙醇浓度为70%时，所得产品蛋白质含量最高，其次为50%，最低的是95%，这与不同浓度的乙醇对糖类的溶解能力不同有关。

（2）温度的影响不大　随温度的升高，产品蛋白质的含量略有下降。

（3）浸提pH　当浸提pH升高时，蛋白质的含量降低，pH为4.5时产品蛋白质的含量最高，这是因为随着pH的升高，含水乙醇中的水分对蛋白质的溶解度增大，从而导致蛋白质的损失增高，产品中的蛋白质含量下降。

（4）浸提时间的影响最小。

2. 影响绿原酸残留量的因素

pH和乙醇浓度对绿原酸残留量有非常显著的作用，浸提时间的作用也较显著。pH的影响最大，pH为4.5时产品中绿原酸的残留量最低，随着pH增大，残留量逐步增高，这是因为碱性条件下绿原酸易与蛋白质发生反应而被保留在产品中造成的。乙醇浓度的影响次之，当浓度为70%时，所得产品的绿原酸残留量很小，95%时略高，但两者相差不大。浸提温度对绿原酸残留量基本上无影响。

3. 最佳工艺参数

由表6-3可知，葵花籽浓缩蛋白B在蛋白质含量和绿原酸残留量上较葵花籽浓缩蛋白A差，但相差不大，而溶解性却好得多；由表6-4可知，葵花籽浓缩蛋白B的乳化性和起泡性好于葵花籽浓缩蛋白A，其他的性质基本相同无较大差别，这主要与两种葵花籽浓缩蛋白的溶解性不同有关。

要想得到低绿原酸、高蛋白含量的产品，首要考虑的因素是乙醇浓度，取70%为佳，其次是pH为4.5最好，温度和时间的影响不是很显著，可分别选50℃、40min为最佳工艺条件。若考虑到避免蛋白质的醇变性，可选取95%乙醇作浸洗剂，其他条件不变。

如果对产品的蛋白质含量要求不是很高的情况下，建议采用95%乙醇作醇洗剂来制备葵花籽浓缩蛋白，这样得到的产品质量较好。

采用两次醇洗法制取低绿原酸含量的葵花籽浓缩蛋白工艺是可行的。用95%乙醇作醇洗剂，两次醇洗料液比分别为1:15和1:10（m:V），在pH为4.5、温度为50℃、每次浸提40min的条件下，可制得产品质量和功能性较好的葵花籽浓缩蛋白产品。如果对醇洗液作进一步处理，还可提取出药用价值极高的绿原酸产品。

第三节　葵花籽浓缩蛋白酶法改性技术

采用枯草芽孢杆菌AS1.398中性蛋白酶对葵花籽浓缩蛋白进行水解，降解蛋白质分子，通过电泳分析了不同水解度蛋白亚基的变化，系统地分析了不同水解度葵花籽酶解蛋白与葵花籽浓缩蛋白的功能特性。水解度6.5%的葵花籽酶解蛋白溶解性、吸油性、乳化性等功能性得到较大的改善，而葵花籽浓缩蛋白持水性、起泡性及泡沫稳定性好于葵花籽酶解蛋白，葵花籽浓缩蛋白经酶解后游离的氨基酸含量有明显提高。葵花籽蛋白中除赖氨酸含量稍低外，其他必需氨基酸与参考模式相比，具有良好平衡性。

葵花籽中含有大量的多酚化合物，影响蛋白质消化率，降低了蛋白质的营养价值。作者曾采用70%乙醇连续提取4次，有效地降低了绿原酸含量，得到蛋白质含量为69.5%的葵花籽浓缩蛋白，但由于有机溶剂可以影响静电力、氢键和疏水作用，从而导致蛋白质的构象变化，乙醇提取的蛋白质发生部分变性，溶解度降低，影响其在食品中的应用。本书通过枯草芽孢杆菌AS1.398中性蛋白酶对葵花浓缩蛋白水解，系统研究葵花浓缩蛋白酶催化水解对蛋白质功能性的影响，并通过电泳分析不同水解度时蛋白质亚基的变化。

一、实验方法

（一）酶解

葵花籽浓缩蛋白加入pH7.5磷酸缓冲溶液及适量蛋白酶液混匀。在恒温干燥箱中，用微量振荡器连续振荡至所需时间，取出。置于恒温水浴锅中以80℃加热10min使酶失活，迅速冷却，40℃热风干燥。

（二）酶活力测定

采用福林试剂法测定酶活力，经测定枯草芽孢杆菌AS1.398中性蛋白酶的酶活为$6 \times 10^4 U/g$。

（三）水解度测定

采用甲醛滴定法测定水解度。

（四）SDS-PAGE电泳分析

配制样品溶解液及电泳试剂，采用稳压法电泳。样品进入浓缩胶后电压调至50V，进入分离胶后调至100V，待染料前沿迁移至距硅橡胶框底边1.5cm时，停止电泳，关闭电源，取下胶板，固定、染色和脱色，背景色完全褪去，最后记录拍照。采用CS-930型双波长薄层色谱扫描仪对电泳谱带进行扫描，参比波长400nm，测定波长590nm，直线扫描，狭缝6mm×1.2mm。

（五）蛋白质溶解度测定

采用双缩脲法测定蛋白质溶解度。

（六）持水性测定

采用过量水分法测定蛋白质持水性。称取0.25g样品，加入5mL去离子水，在10mL离心管中混合搅拌均匀，在室温下保持30min，然后1000r/min离心

20min，去除上清液。持水性定义为每克样品结合水的质量。

（七）吸油性测定

用 5mL 大豆色拉油代替去离子水，方法与测定持水性的方法相同，吸油性定义为每克样品结合油的质量。

（八）乳化性测定

称取 0.5g 样品，加入 10mL pH7.0 磷酸缓冲液搅匀，再加入 10mL 葵花籽油，2000r/min 磁力搅拌 2min，1200r/min 离心 5min。乳化性定义为离心管中乳化层高度占液体总高度的百分比。将上述测定乳化能力的样品置于 80℃水浴中，加热 30min，用自来水冷却至室温，再次用同样转速离心 5min。乳化稳定性定义为离心管中仍保持的乳化层高度占液体总高度的百分比（%）。

（九）起泡性测定

称取 3g 样品溶解到 100mL 去离子水中，调节 pH 为 7.0，然后在 DS-1 型高速组织捣碎机中以 10000r/min 的速度均质 2min，记录均质停止时泡沫体积，起泡性定义为均质停止时泡沫体积 100mL 的比值。记录均质停止 1，5，10，30，60，90，120min 后泡沫体积，用泡沫体积与 100mL 的比值来表示泡沫稳定性。

（十）凝胶性测定

称取 0.5g 样品，加入 pH7.0 缓冲溶液 3.5mL 搅匀，放入蒸煮袋中，在水浴锅中 95℃加热 30min，用流动水冷却 30min，观察其凝胶形成性。

二、实验条件

实验选用枯草芽孢杆菌 AS1.398 中性蛋白酶。枯草芽孢杆菌 AS1.398 中性蛋白酶属于丝氨酸蛋白酶，其活性部位含有丝氨酸残基，为肽链内切酶，能水解疏水性氨基酸残基之间的肽链，使疏水性氨基酸在不同的多肽中分布，从而避免了多个相互连接的疏水性氨基酸集中于同一多肽中而使其具有较高的疏水性和苦味。酶解工艺参数如下。

（一）水解 pH、温度

枯草芽孢杆菌 AS1.398 中性蛋白酶的酶解最适 pH 为 7.0~7.5，温度为 40℃。

（二）水解时间

随水解时间延长，水解效率增大，但水解到一定程度，大量疏水侧链暴露出来，易产生苦味。必须控制适当的水解度，以避免苦味肽产生，实验中随着时间增加，水解度加大，色泽逐渐加深，反应体系产生不良气味。因此水解时间不宜太长，选择 8h 以下为宜。

（三）加酶量

通常水解效率随加酶量增大而增大，实验中加酶量达到 2%时水解效率趋于平缓，确定加酶量为 2%。

（四）底物浓度

底物浓度太高时蛋白质难以酶解完全，但底物浓度太小，产品得率低，经实验确定粕水比为 1∶20。

三、葵花籽酶解蛋白特性

（一）不同水解时间下蛋白质水解度及葵花籽酶解蛋白感官分析

根据酶解条件，控制酶解时间，测定蛋白质水解度，并对不同水解度的葵花籽酶解蛋白的苦味、风味、色泽进行比较，不同水解时间下蛋白质水解度及葵花籽酶解蛋白感官分析见表6-5。

表 6-5　　　　不同水解时间下蛋白质水解度及葵花籽酶解蛋白感官分析

参　数	水解时间/h					
	0.5	1	2	4	6	8
蛋白质水解度/%	2.8	6.5	7.8	9.0	12.1	15.6
苦味	无	无	无	无	无	无
风味	好	好	好	较好	差	差
色泽			逐渐加深			

从表6-5中可以看出，在所控制的水解度范围内，生成的葵花籽酶解蛋白未形成苦味，这是由于生成的肽未达到苦味肽分子质量范围，但风味从水解度12.1%时开始变差，这可能是含硫氨基酸被分解的缘故，且色泽随着水解度增大而加深。

（二）蛋白质电泳谱带分析

通过双波长薄层色谱扫描仪扫描电泳谱带得到扫描结果见表6-6。

表 6-6　　　　　　　　电泳谱带扫描结果

水解度/%	亚基分子质量/ku		
	≥31	20.1~31	≤20.1
0	48.0	33.5	18.5
2.8	5.0	66.2	28.8
6.5	1.4	62.3	36.3
9.0	0	63.5	36.5
12.1	0	61.1	38.9
15.6	0	58.0	42.0

从表6-6可以看出，随着水解度增加，高分子质量谱带逐渐减少，低分子质量的谱带含量在逐渐增加，且大于31ku分子质量的谱带很少，当水解度大于

9.0%时，大于31ku的分子谱带没有测出，而葵花籽浓缩蛋白则占48.0%。由此可以知道，在酶解作用下，蛋白质分子随着水解率的增大，其肽键断裂程度加大，蛋白质分子的降解使小分子比例越来越高，且低分子质量蛋白质和肽逐渐增多。

（三）葵花籽酶解蛋白功能性

1. 溶解度

葵花籽酶解蛋白及葵花籽浓缩蛋白的溶解度曲线如图6-4所示，经酶法改性的蛋白质在pH6~8时，溶解度均大幅度增加。水解度12.1%的葵花籽酶解蛋白与葵花籽浓缩蛋白相比，等电点的溶解度由15.1%提高到60.3%。溶解度提高的主要原因是肽链断裂，端基（—NH₂和—COOH）数目增加，使蛋白质平均疏水性降低，电荷密度增大，亲水性增加，促

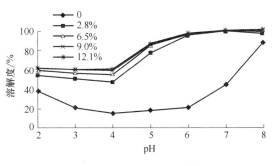

图6-4 蛋白质的溶解度曲线

使溶解性提高。溶解性是蛋白质重要功能性质，溶解性的提高，使蛋白质在食品加工中的应用范围扩大。

2. 持水性

葵花籽蛋白部分功能特性见表6-7。从表6-7中可以看出，葵花籽浓缩蛋白的持水性最高，而葵花籽酶解蛋白中除水解度6.5%相对较高外，其他均较低。蛋白质的持水性与蛋白质结构有关。蛋白质酶解后，分子质量、黏度降低，导致持水力降低，而浓缩蛋白，由于变性导致蛋白质从紧密球状结构转变为疏松的随机线团，有利于基团的暴露，结合水能力增强，从而改善产品溶胀性。

表6-7 葵花籽蛋白部分功能特性

参 数	水解度/%					
	0	2.8	6.5	9.0	12.1	15.6
持水性/g	4.26	3.04	3.42	2.77	2.70	2.80
吸油性/g	1.38	2.19	2.22	2.12	2.14	1.72
乳化性/%	56	57	63	56	14	6
乳化稳定性/%	50	46	53	44	11	3

注：水解度为0%时为浓缩蛋白。

3. 吸油性

从表6-7中可以看出，所有葵花籽酶解蛋白的吸油性比葵花籽浓缩蛋白均有

较大提高，水解度6.5%的吸油性高于其他葵花籽酶解蛋白。吸油性受蛋白质含量、蛋白质颗粒、表面性质、蛋白质疏水性和油的流动性等多方面因素的影响。非共价键是蛋白质与油反应的主要作用力，其次是氢键，油与蛋白质是通过疏水作用结合的，而葵花籽酶解蛋白吸油率高，是因为其疏水基团暴露而易于与油结合。

4. 乳化性及乳化稳定性

从表6-7中可以看出，随着水解度增高，乳化性及乳化稳定性先增大后又急速降低，水解度6.5%的乳化性和乳化稳定性最高。通常在未酶解前，蛋白质分子聚集在油滴表面降低油水界面的表面张力并形成保护层，又通过静电斥力阻止了油滴间聚合，因而起到一定的乳化作用。随着酶解继续进行，蛋白质分子断裂成许多肽段，疏水基被暴露，使大量肽分子进入油滴表面，进一步降低界面张力，它们疏水基向里、亲水基向外包裹在油滴表面，起到了保护作用，同时由于—COO⁻—所带的电荷，通过静电排斥作用，阻止了油滴间聚和，提高了乳化性。随着水解度的增大包裹在油滴表面的肽段变小，使油滴表面的保护层越来越薄，使乳化性及乳化稳定性降低。这意味着蛋白质分子不能太小，为提高改性蛋白质的乳化性，控制酶水解的程度非常重要。

5. 起泡性

葵花籽酶解蛋白与葵花籽浓缩蛋白的起泡性及泡沫稳定性见表6-8。

表6-8　　　　　　　　　　　葵花籽蛋白起泡性及泡沫稳定性

参　数		水解度/%					
		0	2.8	6.5	9.0	12.1	15.6
泡沫稳定性	1min	1.95	1.35	1.40	1.30	1.30	1.30
	5min	1.61	0.80	0.94	0.81	0.82	0.95
	10min	1.46	0.67	0.73	0.65	0.60	0.77
	30min	1.24	0.44	0.46	0.36	0.32	0.50
	60min	1.19	0.38	0.37	0.33	0.28	0.42
	90min	1.12	0.33	0.35	0.30	0.23	0.37
	120min	1.10	0.03	0.33	0.25	0.18	0.24
起泡性		2.20	1.70	1.75	1.70	1.70	1.75

注：水解度为0%时为浓缩蛋白。

从表6-8中可以看出，葵花籽浓缩蛋白的起泡性及稳定性最好，而葵花籽酶解蛋白的起泡性差别不明显，泡沫稳定性均较差。蛋白质和多肽的发泡能力与它们的分子有密切联系，在一定范围内，分子质量越小发泡能力越强，当分子质量降低到某一范围时，随着分子质量的减少发泡能力降低。而葵花籽浓缩蛋白由于其蛋白质结构的部分改变，起泡时内部结构很快就完全暴露疏水区域，可以使更多的亚基联合成膜网络而保持自身的二级、三级结构，因而起泡性较好。由于蛋白质溶解度，黏度（迁移速率）以及分子柔性（是否易于展开）等多方面因素与起泡性有关，虽然酶解后，其溶解度比未改性蛋白质的溶解度高得多，但其相对分子质量降低，导致黏度降低并且柔性比未改性蛋白质分子低，影响其起泡性及稳定性。

6. 凝胶性

葵花籽浓缩蛋白及各种葵花籽酶解蛋白经高温、骤冷后仍保持糊状，不形成凝胶。凝胶通过冷却形成，是依靠氢键和疏水作用的关联，因为这两种键在较低温度下易于形成，并发生部分蛋白质重新折叠，蛋白质聚集体具有束状结构，相互间必须正确取向才能形成凝胶，分子间二硫键在由聚集体转变为凝胶过程中起主要作用。而葵花籽浓缩蛋白及葵花籽酶解蛋白不能形成凝胶网络，可能与构象及二硫键、氢键、疏水键有关。

7. 最佳葵花籽酶解蛋白选择

通过对不同水解程度的葵花籽酶解蛋白及葵花籽浓缩蛋白的功能性比较，水解度 6.5% 的葵花籽酶解蛋白的功能性得到较大改善，葵花籽浓缩蛋白与水解度 6.5% 的葵花籽酶解蛋白功能性比较见表 6-9。

表 6-9　　葵花籽浓缩蛋白与水解度 6.5% 的葵花籽酶解蛋白功能性比较

样品	溶解度（pH4.0）/%	持水性/g	吸油性/g	乳化性/%	起泡性	泡沫稳定性/120min	凝胶性
葵花籽浓缩蛋白	15.1	4.26	1.38	56	2.20	1.10	无
水解度 6.5% 的葵花籽酶解蛋白	54.20	3.42	2.22	63	1.75	0.33	无

从表 6-9 中可以看出，葵花籽酶解蛋白在溶解度、吸油性、乳化性方面比葵花籽浓缩蛋白提高很多，而葵花籽浓缩蛋白的起泡性、泡沫稳定性及持水性好于葵花籽酶解蛋白，葵花籽浓缩蛋白及葵花籽酶解蛋白均无凝胶性，在食品加工中，可根据加工食品品种所需的蛋白质功能性质，选择葵花籽酶解蛋白或葵花籽浓缩蛋白。

利用酶法对葵花籽浓缩蛋白进行改性，在控制一定水解度的条件下将蛋白质分子降解为一定比例的小分子，其中水解度为 6.5% 的葵花籽酶解蛋白，溶解性、吸油性及乳化性等功能特性均有明显改善，且改性后的葵花籽蛋白的营养效价得到了提高，游离氨基酸含量增加，蛋白质更易被消化吸收，使葵花籽蛋白能够被更广泛地应用于食品工业中。

第四节　葵花籽分离蛋白制备技术

通过对葵花仁中绿原酸的提取，解决了葵花籽蛋白的色泽问题，同时采用特殊方法，提取油脂而不影响蛋白质的性状，最终得到葵花籽色拉油和葵花籽分离蛋白。

葵花籽是重要的油料作物，是我国重要油料之一。我国葵花籽主要产区是东北和内蒙古。

葵花籽仁中含粗脂肪 45%~54%，含蛋白质 21%~31%，绿原酸 1.5%。葵花籽蛋白含有 20% 的清蛋白，55% 的球蛋白，这样的蛋白质组合很适于做工艺助剂和肉类制品的增量剂，也可用于加工乳制品和仿乳制品。葵花籽蛋白制品有很强的吸附脂肪的能力，具有显著的起泡能力和乳化能力，而且这些能力优于大豆蛋白，适用于乳化肉食系统。

当在混合物中添加葵花籽蛋白时，材料的拉丝性增加。而且，只要葵花籽蛋白能保持良好的再水化比率，则成形性能也增加，这一韧化效应显示了葵花籽蛋白的一项重要性质。另外，因为与挤压大豆粉不同，葵花籽蛋白的组织性不受袋罐时蒸煮的影响，而且组织化蛋白质的"可嚼性""可口性"均可以与肉食相仿，所以也作为肉类代用品或肉食添加剂使用。

葵花籽仁中含有 1.5% 绿原酸，绿原酸氧化而变成绿色色素，继续氧化生成绿原醌，它与蛋白质中的极性基团结合后，不但影响蛋白质的色泽，而且降低了蛋白质的营养价值与机能特性。提取的绿原酸可以作为某些高级化妆品的添加剂、植物生长激素及药剂等。由于绿原酸提取及加工技术等问题制约，目前国内市场上还没有葵花籽蛋白制品供应。

通过专用设备制取油脂，采用特殊方法提取绿原酸，制得低的纤维含量、良好的生物学品质和显著功能特性的葵花籽分离蛋白。

一、工艺流程

葵花籽油与葵花籽蛋白生产工艺流程如图 6-5 所示。

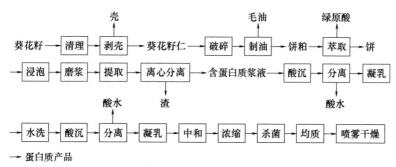

图 6-5　葵花籽油与葵花籽蛋白生产工艺流程

二、加工工艺

葵花籽经筛选除去杂质，剥壳后的仁经特殊工艺制取油脂。其饼粕用专用提取液提取绿原酸。提取绿原酸后的饼粕用一定温度的软化水浸泡一段时间后进行磨浆，调整 pH 为 7.0~7.5。提取蛋白质一定时间后，离心分液去渣，蛋白质液用稀酸调 pH 为 4.0 左右酸沉，离心分出酸水，凝乳再加入 pH 为 4.0 左右的酸水进行洗涤，分离后将蛋白质浆的 pH 调到 7.0 左右进行中和，中和后的蛋白质浆经浓缩、杀菌、均质后，进行喷雾干燥，得到葵花籽分离蛋白制品。制得的毛油经过常规精炼得到葵花籽色拉油。

三、工艺参数

（一）前期处理

葵花籽清理后剥壳，剥壳率达到 90% 以上，仁壳分离后，仁备用。

（二）制油

本方法采用专用设备低温下制取油脂，既可得到油脂，又不破坏仁中蛋白质的性质，饼中残油在 8% 以下，毛油送精炼车间精炼制得葵花籽色拉油。

（三）绿原酸提取

提取油脂后的饼粕利用不同种类提取剂进行提取实验，评价蛋白质颜色等指标。根据选定的提取剂，再用不同浓度的提取剂进行提取实验，确定最后的工艺参数。

1. 萃取液的选择

实验中选择了三种萃取液，萃取液的萃取效果见表 6-10。

表 6-10　　　　　　　　　　　萃取液的萃取效果

萃取液	1 号	2 号	3 号
色泽	深绿	浅黄	淡绿

从表 6-10 结果看，选 2 号萃取液效果好。

2. 萃取液浓度

用不同浓度的萃取液提取绿原酸，萃取浓度对绿原酸提取效果的影响如图 6-6 所示。从图中看出萃取液的浓度越大，绿原酸的提取率越高。由于萃取液会引起蛋白质变性，而且萃取液的浓度越高蛋白质变性越严重。综合这两种因素，萃取液的浓度在 20%~30% 时为宜。

3. 萃取时间

萃取液的浓度确定后，以不同时间提取绿原酸，萃取时间对绿原酸提取效果的影响如图 6-7 所示。在最初的 1h 内提取速率

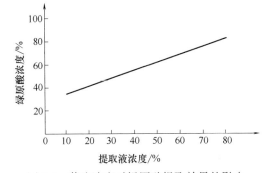

图 6-6　萃取浓度对绿原酸提取效果的影响

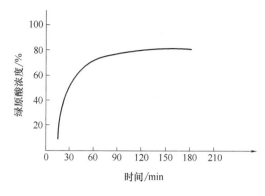

图 6-7 萃取时间对绿原酸提取效果的影响

最大，随着时间的延长，提取速率趋于平缓，因此提取时间在 60~90min 为宜。

4. 蛋白质制取

将提取绿原酸后的饼和水按饼：水 = 1：2 用 50℃的软化热水浸泡 30min。然后将浸泡好的混合物按饼：水 = （1：10）~ （1：12）的比例加入软化热水，调节磨浆机的粒度为 60 目，进行磨浆。在 50℃条件下，搅拌 60min，提取蛋白质。制备的溶液在分离因数 5000 条件下分离为上清液和渣。离心分离后的上清液，加入稀盐酸调节 pH 在 4.2 左右，使蛋白质沉淀，时间为 30min。分离出乳清和凝乳。给凝乳加入 pH 为 4.2 左右的酸水，进行水洗。将水洗后的凝乳调节 pH 为 7.0 左右，然后进行浓缩降低水分，再进入均质机均质，最后进行喷雾干燥，得到葵花籽分离蛋白。

四、产品质量分析

（一）葵花籽分离蛋白质量

葵花籽分离蛋白产品质量的检测见表 6-11。

表 6-11　　　　　　　　　　葵花籽分离蛋白产品质量的检测

项　　目	大豆蛋白企业标准	葵花籽蛋白质量
蛋白质/%（干基×6.25）	≥90	91.2
NSI/%	≥90	90.8
外观		粉状细腻无异味无霉变
水分/%	<6.0	5.2
灰分/%	<4.5	3.8
脂肪/%（石油醚提取物）	<0.5	0.4
粗纤维/%	<0.3	0.2
pH	<7.0±0.1	6
颜色	乳白色、淡黄色	淡黄色
细度	90%通过 100 目	90%通过 100 目

（二）葵花籽分离蛋白中氨基酸成分分析

葵花籽分离蛋白中氨基酸分析见表6-12。

表6-12　　　　　　　　　葵花籽分离蛋白中氨基酸分析

峰号	氨基酸名称	检出值/（mg/100g）	峰号	氨基酸名称	检出值/（mg/100g）
1	门冬氨酸	1651.9	9	异亮氨酸	776.4
2	苏氨酸	666.8	10	亮氨酸	749.4
3	丝氨酸	942	11	酪氨酸	112.2
4	谷氨酸	4184.8	12	苯丙氨酸	512.9
5	甘氨酸	1853.1	13	组氨酸	1397.2
6	丙氨酸	538.2	14	赖氨酸	390.3
7	缬氨酸	1404.0	15	精氨酸	137.8
8	蛋氨酸	162.9			

本工艺采用提取油脂、萃取绿原酸后，制取葵花籽分离蛋白的技术，其特点是工艺简单、投资少、生产安全、原料消耗低、产品质量好、经济效益显著，符合国家高新技术发展的需要，能够使资源合理、充分地得到综合利用，使科技成果转化为生产力。

第五节　葵花籽多肽的制备技术

利用植物蛋白制备生物活性肽的研究受到了越来越多的关注，特别是降血压肽。降血压肽是一类血管紧张素转换酶抑制剂（ACEI），它在动物体内具有降血压作用。本实验用碱性蛋白酶制备葵花籽降血压肽，并且用响应面法优化酶解工艺。

一、工艺流程

原料→过筛→脱脂→脱绿原酸→制备葵花籽蛋白→碱性蛋白酶酶解→葵花籽多肽

二、葵花籽蛋白的制备

脱脂和脱绿原酸的葵花籽粕，干燥至恒定质量，用碱溶酸沉法制备葵花籽粕蛋白。料液比为1：10（$m:V$），用1mol/L的NaOH调pH至9.0，水浴搅拌2.5h后，6000r/min离心20min，取上清液调pH至4.0静置，6000r/min离心20min取沉淀，水洗，冷冻干燥得葵花籽粕分离蛋白，于4℃保存备用。

三、葵花籽蛋白的酶解

称取一定量葵花籽分离蛋白，加去离子水配制成一定浓度的水解底物，调至反应所需温度和 pH，再加入一定量碱性蛋白酶，水解一段时间后于沸水浴中灭酶终止反应，过滤取上清液，测定水解度和 ACE 抑制率。

四、制备葵花籽降压肽的工艺参数

（一）酶活力

实验测得碱性蛋白酶的比活力为 4.75×10^4 U/g。

（二）单因素实验

1. 酶解 pH 对水解度和 ACE 抑制率的影响

酶解 pH 对水解度和 ACE 抑制率的影响如图 6-8 所示。在考察的 pH 范围内，随着 pH 的增大水解度和 ACE 抑制率先增大后减小，在 pH8.5 时达到最大值；pH>8.5 后水解度和 ACE 抑制率均有所减小，这与碱性蛋白酶的最适 pH 是一致的。

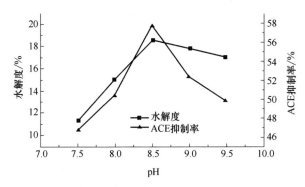

图 6-8　酶解 pH 对水解度和 ACE 抑制率的影响

2. 加酶量对水解度和 ACE 抑制率的影响

加酶量对水解度和 ACE 抑制率的影响如图 6-9 所示。随着加酶量的增多，酶解液的 ACE 抑制率先增大后减小，加酶量为 4000U/g 时 ACE 抑制率达到最大

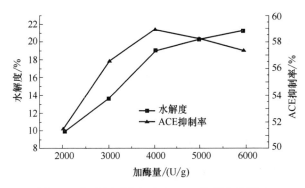

图 6-9　加酶量对水解度和 ACE 抑制率的影响

值，随后反而减小，可能原因是一部分具有 ACE 抑制作用的多肽被进一步酶解。水解度则随着加酶量的增大而增大，5000U/g 后增幅不明显。

3. 底物浓度对水解度和 ACE 抑制率的影响

底物浓度对水解度和 ACE 抑制率的影响如图 6-10 所示。随着底物浓度的增大 ACE 抑制率先增大后减小。原因是在酶解初期底物浓度增大，肽含量增加，降压活性肽含量也相应增加，故 ACE 抑制率也增大，并且在底物浓度为 15g/mL 时达到峰值；当底物浓度的继续增大不利于酶的扩散，对水解反应产生抑制作用。

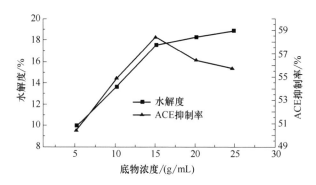

图 6-10　底物浓度对水解度和 ACE 抑制率的影响

4. 酶解温度对水解度和 ACE 抑制率的影响

酶解温度对水解度和 ACE 抑制率的影响如图 6-11 所示。水解度和 ACE 抑制率均呈现先上升后下降趋势，酶解温度 55℃时均达到最大值，这与碱性蛋白酶的最适温度相关。

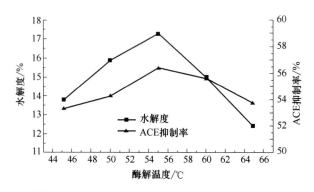

图 6-11　酶解温度对水解度和 ACE 抑制率的影响

5. 酶解时间对水解度和 ACE 抑制率的影响

酶解时间对水解度和 ACE 抑制率的影响如图 6-12 所示。随着时间的延长水

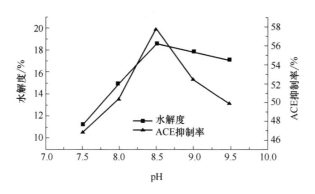

图 6-12 酶解时间对水解度和 ACE 抑制率的影响

解度呈现持续增大的趋势，3h 之前增长速度较快，3h 以后增幅减小；酶解液的 ACE 抑制率先增大后减小，酶解时间 4h 时达到最大值，随后 ACE 抑制率减小，原因可能是 ACE 抑制肽被进一步水解成无活性小肽，综合考虑选择酶解时间为 3h。

第六节 葵花籽植物蛋白饮料技术

葵花籽中蛋白质含量在 20%～28%，氨基酸含量种类齐全，比例合理，且含有多种维生素及 Ca、P、Fe、Zn、K 等对人体有益的微量元素。葵花籽植物蛋白饮料风味独特，营养丰富，它既保留了葵花籽仁的风味又有很好的营养价值，符合消费者对饮料多口味的需求，具有很好的市场前景。

一、工艺流程

葵花籽→去皮→浸泡→磨浆→过滤→调配→均质→杀菌→成品

二、加工工艺

（一）原料挑选
原料直接影响饮料品质，葵花籽仁富含蛋白质和脂肪，要挑选无霉烂变质、无虫蛀、无杂质、成熟度好的原料，并用清水漂洗 2～3 次。

（二）浸泡
将葵花籽仁进行浸泡，可除去绿原酸和提高蛋白质的利用率，使其易于磨浆。

（三）磨浆
浸泡后的葵花籽仁，加适量水用胶体磨磨浆，逐步调节胶体磨的间隙，使其组织内蛋白质及油脂充分析出，提高原料的利用率。

（四）过滤

用 200 目筛过滤胶体磨的磨浆 2 次，使其浆、渣分离，将原料中大颗粒和泡沫去除，保证口感细腻度。经分离得到的浆乳即为生产葵花籽植物蛋白饮料的主要原料。

（五）调配

将预先溶解好的稳定剂，过滤好的糖液等称量好一起加入浆乳中，搅拌均匀，充分混合。

（六）均质

均质是生产植物蛋白饮料不可缺少的工艺，通过均质使脂肪充分细碎、均一，增加成品的光滑度，改善饮料的口感，提高产品的均匀性和稳定性。实验采用二段式均质，第一段 20MPa，第二段 40MPa，温度 60℃，均质前应预热。

（七）杀菌

将调配、均质后的葵花籽植物蛋白饮料进行杀菌。

三、产品质量分析

（一）感官指标

色泽：乳白色，均匀一致，有光泽。

组织状态：表面光滑，均匀，无沉淀，无漂浮物，无气泡。

滋味：有葵花籽仁特有的色味，滑润细腻，酸甜适中，无异味。

（二）理化指标

蛋白质≥1.5%，脂肪≥0.8%，可溶性固形物≥10%。

四、工艺参数

（一）浸泡条件

浸泡可以软化细胞结构，疏松细胞组织，提高葵花籽仁中蛋白质提取率，使磨浆后葵花籽乳中蛋白质含量提高。浸泡的温度、时间、pH 直接影响浸泡结果。因此，只有选择最好的组合条件才能提高蛋白质的提取率。

不同时间、温度、pH 对饮料色泽的影响见表 6-13，随着 pH 升高，饮料颜色加深，温度低会使浸泡时间加长，温度过高又容易使蛋白质变性。通过实验，饮料最佳浸泡条件是：pH 为 8，浸泡温度为 70℃，浸泡时间为 5h。通过这种条件浸泡后，葵花籽乳呈现白色，最终产品从色泽上看也是最好的。

表 6-13 不同时间、温度、pH 对饮料色泽的影响

序号	时间/h	温度/℃	pH	颜色
1	6	60	7	淡白色
2	5	70	8	白色
3	4	80	9	灰白

（二）加水量

磨浆时，随着水量的变化，其脂肪含量也随之变化，不同的加水量，饮料最终的色泽也是不一样的。通过不同的仁水比例，确定合理的加水量，不同加水量对饮料感官的影响见表 6-14。仁水比例影响到饮料的颜色、口味和可溶性固形物，通过比对仁水比例为 1∶12 较为合适。

表 6-14 不同加水量对饮料感官的影响

仁水比例	感官评价	风味评价
1∶10	可溶性固形物适中,颜色发灰	口感好
1∶12	可溶性固形物适中,乳白色	口感好
1∶14	可溶性固形物低,乳白色	口感一般
1∶16	可溶性固形物低,乳色清亮	口感差

（三）柠檬酸与糖用量配比

葵花籽植物蛋白饮料中成分复杂，其中富含的蛋白质、脂肪极易沉淀析出。通过实验，加糖量在 5% 时，用柠檬酸调节饮料中的 pH，其口感和风味更好。

柠檬酸与糖用量对饮料品质的影响见表 6-15，柠檬酸的加入与产品的酸甜度和稳定性有很大的关系。过酸、过甜口感都不好。添加柠檬酸 0.30%，使饮料 pH 在 4.46 以上时，产品偏甜；添加柠檬酸 0.40%，pH 在 3.85 时口感偏酸；添加柠檬酸 0.35%，pH 在 4.12 时，产品酸甜可口，风味独特，口感好且性状稳定。

表 6-15 柠檬酸与糖用量对饮料品质的影响

柠檬酸加入量/%	蔗糖加入量/%	pH	产品滋味
0.25	5	4.83	偏甜
0.30	5	4.46	略偏甜
0.35	5	4.12	酸甜可口
0.40	5	3.85	略偏酸
0.45	5	3.63	偏酸

（四）杀菌条件

饮料均质后要进行杀菌处理，杀菌条件的确定至关重要。加热的温度高可以

缩短杀菌时间，但高温使蛋白质变性，使饮料的稳定性变差。杀菌温度太低，蛋白质不变性，但杀菌时间过长。所以要选择合理适当的杀菌温度。不同杀菌条件对饮料的影响见表6-16。由于温度过高使饮料产生变性沉淀，采用95℃，15min杀菌即可。

表 6-16　　　　　　　　　不同杀菌条件对饮料的影响

杀菌条件	100℃,10min	95℃,15min	90℃,20min
色泽	灰白	白	白
稳定性	沉淀	稳定性好	稳定性好

葵花籽植物蛋白饮料的工艺为：葵花籽仁在 pH8，70℃水温下浸泡5h，仁水比例为1∶12磨浆，加入5%的蔗糖，0.35%的柠檬酸调配，在95℃杀菌15min。

第七章　葵花籽及葵花籽油副产品综合利用

油用型葵花籽油脂的含量高达 30%~40%，蛋白质含量约为 30%，除此之外，葵花籽中还含有绿原酸、磷脂、膳食纤维、各种维生素及微量元素等生物活性物质，葵花籽及其产品的主要成分见表 7-1，这些物质除了能提供人体正常新陈代谢所需的元素外，还具有抗氧化、清除自由基、消炎、预防各种慢性疾病和癌症、提高人类免疫力等作用。

表 7-1　　　　　　　　　　　葵花籽及其产品的主要成分　　　　　　　　单位：%

成分	葵花籽	葵花籽仁	脱脂粕	葵花籽浓缩蛋白	葵花籽分离蛋白
水分	8.0	4.5	8.0	5.7	8.8
粗蛋白	18.1	21.6	51.3	68.2	90.0
粗脂肪	50.3	60.0	1.1	1.0	0.9
粗纤维	18.5	1.5	3.3	0.3	0.6
灰分	3.2	3.1	7.8	9.2	3.4
绿原酸	—	1.5	3.3	0.3	—
可溶性糖	3.2	3.8	9.6	0.5	—

当前葵花籽主要用来生产葵花籽食用油，其次通过炒制加工来生产休闲食品。葵花籽加工过程中产生的大量饼粕通常被直接丢弃或者用于生产动物饲料，使得葵花籽中大量的生物活性物质没有被充分开发和利用，造成了资源的巨大浪费。葵花籽中活性物质的特性和生理功效作用以及副产物的利用，对避免葵花籽生产加工过程中资源浪费，开发葵花籽高附加值产品奠定理论基础，对提高葵花籽产业的经济效益有一定意义。

第一节　绿　原　酸

绿原酸存在于自然界中许多植物中，如咖啡豆、金银花、杜仲等，不同植物中绿原酸的含量不同。与其他植物相比，葵花籽中含有较多的绿原酸（约 3%），占总酚类化合物的 70%，去油后的葵花籽饼粕中的绿原酸更高达 4%。

一、绿原酸的结构及理化性质

绿原酸（chlorogenic acid）是由咖啡酸（caffeic acid）与奎尼酸（quinic acid，1-羟基六氢没食子酸）生成的缩酚酸，是植物体在有氧呼吸过程中经莽草酸途径产生的一种苯丙素类化合物。绿原酸化学结构式如图 7-1 所示。

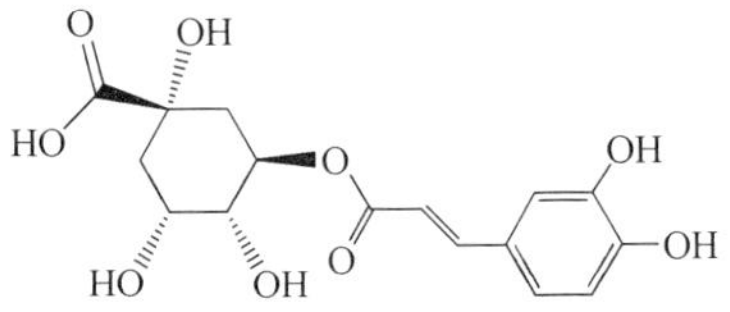

绿原酸又名咖啡鞣酸或者 3-咖啡酰奎尼酸，化学名 3-O-咖啡酰奎尼酸，其分子式为 $C_{16}H_{18}O_9$，相对分子质量为 354.3，它的半水化合物为白色或微黄色针状晶体。

图 7-1　绿原酸化学结构式

绿原酸是一种含有羧基和邻二酚羟基的有机酸，易溶于甲醇、乙醇、丙酮、水等溶剂，微溶于乙酸乙酯等极性溶剂，难溶于氯仿、乙醚、苯等弱极性溶剂，其溶解度随着温度的升高而增大。绿原酸极性较强，化学性质不太稳定，容易受高温、光照等影响，发生氧化和水解，碱性和高温条件下会氧化成绿色醌类，水解过程中，绿原酸也会因分子内酯基迁移而发生异构化。因此从植物内提取的过程中，绿原酸对工艺条件的要求较高，应尽量避免其发生氧化等反应。

二、绿原酸的分布

绿原酸广泛存在于杜仲、金银花等中草药中，据文献报道从高等双子叶植物到蕨类植物中均含有绿原酸，但在忍冬科忍冬属、菊科蒿属植物中含量较高，如金银花中绿原酸含量为 0.2%~11.2%，杜仲中含有 1%~5%，葵花籽中也有较高含量，一般在栽培品种中绿原酸含量要高于野生品种，栽培品种的绿原酸平均含量为 2.8%，主要分布在葵花籽仁的糊粉层中或细胞中的蛋白质颗粒内。

三、绿原酸的功用

绿原酸具有广泛的生物活性，现代科学对绿原酸生物活性的应用已扩展到食品、保健、医药和日用化工等多个领域。绿原酸是一种重要的生物活性物质，具有抗菌、抗病毒、增高白血球、保肝利胆、抗肿瘤、降血压、降血脂、清除自由基和兴奋中枢神经系统等作用。

（一）抗氧化作用

绿原酸是一种有效的酚型抗氧化剂，其抗氧化能力要强于咖啡酸、对羟苯酸、阿魏酸、丁香酸、丁基羟基茴香醚（BHA）和生育酚。绿原酸之所以有抗氧化作用，是因为它含有一定量的 R—OH 基，能形成具有抗氧化作用的氢自由基，以消除羟基自由基和超氧阴离子等自由基的活性，从而保护组织免受氧化作用的损害。

（二）清除自由基、抗衰老、抗肌肉骨骼老化

绿原酸及其衍生物具有比抗坏血酸、咖啡酸和生育酚（维生素 E）更强的自由基清除效果，可有效清除 DPPH 自由基、羟基自由基和超氧阴离子自由基，还可抑制低密度脂蛋白的氧化。绿原酸对有效地清除体内自由基、维持机体细胞正

常的结构和功能、防止和延缓肿瘤突变和衰老等具有重要作用。

（三）抑制突变和抗肿瘤

绿原酸是一种细胞癌变的抑制剂，它能抑制细胞氧化应激反应和细胞癌变过程中的中间产物，也能抑制一些致癌物活化酶等。绿原酸也能诱导慢性粒细胞性白血病细胞凋亡，还能抑制唾液腺瘤细胞和鳞状细胞癌细胞的生长。有研究发现绿原酸可以诱导提高抑癌基因的表达水平，从而减少细胞周期蛋白的表达量，降低该细胞株的端粒酶活性。

（四）对心血管的保护作用

已有大量的试验证明绿原酸是一种自由基清除剂及抗氧化剂，绿原酸的这种生物活性，对心血管系统能产生保护作用。异绿原酸 B 对大鼠具有较强促进前列腺环素（PGI2）的释放和抗血小板凝集作用；对豚鼠肺碎片感应的抗体诱导 SRS-A 释放抑制率达 62.3%。异绿原酸 C 也有促进 PGI2 释放作用。

（五）降压降血脂作用

经多年临床试验证实绿原酸有明显的降压作用，而且疗效平稳，无毒、无副作用。美国威斯康星大学研究发现杜仲绿降血压的有效成分是松脂醇二葡萄糖苷，桃叶珊瑚苷，绿原酸和杜仲绿原酸多糖类。绿原酸能减少脂肪的积累，降低血脂水平。

（六）其他生物活性

由于绿原酸对透明质酸及葡萄糖-6-磷酸酶（Gl-6-Pase）有特殊的抑制作用，所以绿原酸对于创伤的治愈、皮肤健康、润滑关节、防止炎症以及体内血糖的平衡调控等都有一定作用。绿原酸对多种疾病和病毒还有较强的抑制和杀灭作用。绿原酸有降血压、抗菌、抗病毒、消炎、增高白血球、预防糖尿病、显著增加胃肠蠕动和促进胃液分泌等药理作用，对急性咽喉炎症有明显的疗效。研究表明，口服绿原酸能够显著的刺激胆汁的分泌，具有利胆保肝的功效；它还可有效抑制 H_2O_2 引起的大鼠红细胞溶血作用。

四、绿原酸的提取方法

绿原酸是极性有机物，易溶于热水、乙醇、丙酮中，绿原酸的提取方法很多，目前主要的方法有传统水浸提法、超声波辅助提取法、微波辅助回流法、大孔树脂吸附法，还有近期流行起来的酶法提取等。

（一）传统水浸提法

水提法、有机溶剂提取法是目前提取绿原酸的主要传统方法，其原理是绿原酸能溶于水和有机溶剂中。

运用正交试验，采用乙醇浸提法对葵花籽中的绿原酸提取工艺进行了优化。最后得出最佳工艺为温度 55℃，pH6.5，70%乙醇（体积分数），料液比 1∶20，时间为3h。在此条件下葵花籽粕中的提取率达到97.1%，纯度为16.9%。用水提法从葵花籽中提取绿原酸后，进行真空浓缩到固形物含量13%时加入乙醇沉降多糖最后得到纯度为75.9%以上的绿原酸，高锦明用混合溶剂提取杜仲叶中的绿原酸，其得率为3.69%，纯度达58.7%。传统提取工艺简单、投资少，但是能耗较高，生产周期长，而且在提取的过程中大量的水溶性物质如蛋白质、多糖、鞣质、黏液等杂质析出，造成后续纯化困难，另外醇沉过程中吸附夹带绿原酸，造成损失。

（二）微波和超声波辅助提取方法

在传统提取方法的基础上，采用一定的辅助手段促进绿原酸的提取，以提高得率，如超声波提取、微波提取。超声波和微波是利用超声波能或微波能破坏细胞壁，使绿原酸溶出。

何荣海等以微波辅助回流法提取葵花籽粕中绿原酸，研究了微波功率、提取时间、乙醇浓度、料液比等各因素对葵花籽粕绿原酸提取率的影响。在单因素的基础上，以葵花籽粕绿原酸提取率为考察指标，经正交试验得出最佳工艺为：35%乙醇（体积分数）、提取时间为20min、微波功率为390W、料液比为1：18。在此条件下葵花籽粕绿原酸的提取率达到94.6%，得率为2.11%。

田江惠等应用超声波辅助乙醇萃取葵花籽粕中的绿原酸，在单因素的基础上采用正交试验对提取工艺优化，结果表明，其提取的最佳工艺为：浸泡时间24h、提取温度30℃、乙醇浓度为70%、提取时间50min，得到葵花籽粕绿原酸的提取率为4.17%。

（三）绿原酸的其他提取方法

除了上述提取绿原酸的方法外，近年来越来越多的高新提取技术也被用于绿原酸提取，主要有超临界二氧化碳法、酶法、超滤膜萃取法、超高压提取法等。

1. 超临界二氧化碳法

采用超临界二氧化碳联合乙醇溶剂对咖啡豆内绿原酸进行研究，并探究其最佳工艺，得出其最适的条件为：乙醇浓度50%、温度60℃、压强35.2MPa，其产率达到93%。

2. 酶法

向德标等采用甲醇回流法对山银花进行绿原酸提取，在回流之前，用纤维素酶、果胶酶分别进行处理，得出最优酶，并探讨酶解温度、酶解时间、pH、酶用量对山银花绿原酸的影响。采用正交试验得的最优绿原酸提取条件为：时间1.5h、温度79℃、酶用量0.5%、pH4.5。在此条件下绿原酸的得率为2.87%。

运用酶处理工艺对山银花进行预处理，并联合乙醇法对山银花绿原酸进行萃取，通过实验结果可知，最适酶处理温度为40~50℃，在此温度下，山银花绿原酸的提取量达到了最大，为61.5mg/g。

3. 超滤膜萃取法

采用乙醇浸提后加超滤膜萃取的方法，对葡萄籽中绿原酸提取条件进行了探讨，得出最佳工艺为：乙醇浓度 50%、料液比 0.2mg/mL、超滤膜孔径为 2.21nm。在此条件下葡萄籽中绿原酸得到了最大量的回收，为 11.4%。

4. 超高压提取法

田龙采用超高压技术辅助醇提法研究了杜仲叶中绿原酸的工艺参数，并运用正交试验优化了试验结果，优化出的最佳工艺为：乙醇体积分数 60%、压力 400MPa、料液比 1：40、温度 50℃。在此条件下杜仲叶中绿原酸提取率为 1.02%。

以上辅助方法条件温和，污染较小，综合成本低，绿原酸的得率和纯度都有所提高，但受处理量的限制，目前仅限于实验室规模。

5. 醇溶法提取葵花籽中绿原酸的工艺

醇溶法提取葵花籽中绿原酸的最佳工艺参数为温度 40℃，pH6.0，提取时间 2h，乙醇浓度 50%。用醇溶法在最佳工艺参数下提取绿原酸，其得率为 2.46%。醇溶法提取绿原酸的工艺如图 7-2 所示。

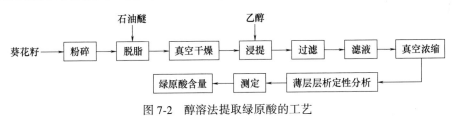

图 7-2　醇溶法提取绿原酸的工艺

五、绿原酸的检测方法

（一）绿原酸薄层定性分析

取样品和绿原酸标准品各 5μL，用毛细管进样器在硅胶 G 板上点样，采用不同展开剂展开，在紫外灯下观察，通过比较以正丁醇-冰醋酸-水（4：2：5）、乙酸乙酯-甲酸-水-乙醇（1：1：1：0.2）、氯仿-乙酸乙酯-甲酸（4：4：2）和乙酸乙酯-甲酸-水（7：3：2.5）作为展开剂，紫外 365nm 下检测斑点情况。

（二）绿原酸含量的测定

采用紫外分光光度测定绿原酸含量。

1. 最大吸收波长的确定

将绿原酸标准溶液用紫外分光光度仪在 200，500nm 处扫描，然后确定最大吸收波长。

2. 绿原酸标准曲线的绘制

精密称取 5.5mg 绿原酸标准品，加 30%甲醇适量溶解后，定容至 50mL 容量瓶中，摇匀后作为标准品溶液。准确吸取标准品溶液 0.00，0.10，0.25，0.50，0.75，1.00，1.25mL 分别置于 10.00mL 比色皿中，加 30% 甲醇稀释至刻度，摇匀，在 325nm 波长处分别测定其吸光度值。以浓度（mg/L）作为横坐标，以吸光度 A 值作为纵坐标，得到一条标准曲线，求其回归方程。

3. 样品中绿原酸含量的测定及得率的计算

吸取适量绿原酸提取液，用甲醇溶液定容，在 325nm 波长下测定吸光度，代入回归方程计算绿原酸含量。

4. 统计分析

实验数据采集后以 ±S 表示，用 DPS6.55 软件进行统计学处理。

六、绿原酸的应用

绿原酸是世界公认的植物黄金，因为其具有广泛的生理活性功能。传统的研究表明，绿原酸具有抗氧化活性、抑制突变和抗肿瘤以及降血压、抗菌、抗病毒、消炎、利胆、增高白血球、缩短血凝和出血时间、预防糖尿病、显著增加胃肠蠕动、促进胃液分泌和兴奋中枢神经系统等多种药用功能。现代科学已经将绿原酸应用到多个领域。

（一）医药保健

1. 清热解毒、抗菌消炎

《中华人民共和国卫生部药品标准》收录具有清热解毒、抗菌消炎的中成药 170 种，均含有绿原酸。目前，在银黄制剂、双黄连制剂等药品的生产中，已将绿原酸作为质量控制的重要指标之一。

2. 绿原酸能减少脂肪的积累，降低血脂水平

对高脂血小鼠模型定期用绿原酸灌胃，同时定量给予高脂膳食，结果显示，小鼠血清中总胆固醇、低密度脂蛋白、胆固醇等浓度水平明显降低，冠心病指数和动脉硬化指数也显著降低。

3. 葵花籽中的绿原酸具有降低血糖的功效

有研究显示，给糖尿病小鼠模型给予定量绿原酸提取物，在 3h 内，测得实验组小鼠血糖水平与对照组（给予格列本脲提取物）两者无统计学差异，说明绿原酸可能影响血糖水平，具有降低血糖功效。

（二）食品行业

天然的食品抗氧化剂越来越受到消费者的欢迎，绿原酸是一种新型高效的酚型抗氧化剂。如在猪油中加入少量绿原酸，可提高猪油的抗氧化稳定性，增长保质期。绿原酸具有增香和护色作用，可用于食品和果品的保鲜。它可在某些食品中取代或部分取代目前常用的人工合成的抗氧化剂。将绿原酸用于鱼片的保鲜后，发现其效果要优于茶叶提取物和 α-生育酚。绿原酸还被用于果汁的保鲜，可

有效防止饮料和食品的腐败变质；还有研究发现，绿原酸可大大提高草莓等新鲜果汁色泽的稳定性。

（三）化妆品行业

Facino 等研究了以绿原酸为代表的天然多酚物质，发现它们可以保护胶原蛋白不受活性氧等自由基的伤害，并能有效防止紫外线对人体皮肤产生的伤害作用。欧洲已有多项添加绿原酸的化妆品、皮肤防晒剂和防止紫外线和染发剂对头发损伤的洗发水的专利。

第二节　亚油酸和共轭亚油酸

一、亚油酸

葵花籽中的亚油酸占不饱和脂肪酸的 60% 以上。亚油酸（linolic acid，LA）因人体自身无法合成或合成很少，必须从食物中获得，故被称为必需脂肪酸。亚油酸由于能降低血液胆固醇，预防动脉粥样硬化而倍受重视。

（一）亚油酸的理化性质

亚油酸的分子式 $C_{18}H_{32}O_2$，亚油酸分子结构式如图 7-3 所示。亚油酸在空气中易发生氧化，溶于乙醇、乙醚、氯仿，能与二甲基甲酰胺和油类混溶，不溶于水和甘油。亚油酸的理化常数见表 7-2。

图 7-3　亚油酸分子结构式

表 7-2 亚油酸的理化常数

项目	指标	项目	指标
性状	无色至稻草色液体	相对密度（20℃，4℃）	0.9022
凝固点/℃	-5	折射率（n_D^{20}）	1.4699
沸点/℃（16×133.3Pa）	229~230	熔点/℃	-12
沸点/℃（0.02×133.3Pa）	129	闪点/℃	>110

亚油酸采用不锈钢或铝桶包装。储存时应加入一定的抗氧化剂维生素 E（或叔丁基对羟基茴香醚）。储存于阴凉通风处，避免日光直接照射，远离热源和氧化剂。按一般化学品储运，储存温度 2~8℃。

（二）亚油酸的作用

（1）亚油酸具有降低胆固醇、预防动脉粥样硬化的作用　如果缺乏亚油酸，胆固醇就会与一些饱和脂肪酸结合，发生代谢障碍，在血管壁上沉积下来，逐步形成动脉粥样硬化，引发心脑血管疾病。此外，在人体内可以转化为γ-亚麻酸、花生四烯酸，尤其是后者在人类大脑中的代谢产物——前列腺素 D_2，具有调节睡眠和体温等功能。亚油酸的缺乏可使婴儿出现湿疹，一些由其衍生的物质也会因合成不足而导致相应的临床症状。

（2）亚油酸主要用作生产油漆和油墨的原料　也可用于生产聚酰胺、聚酯和聚脲等产品。

（3）精制亚油酸经甲醇酯化、加氢制成不饱和脂肪醇，作为各种表面活性原料，供洗涤剂、香波、化妆品用。亚油酸钠盐或钾盐是肥皂的成分之一，并可用作乳化剂。

（4）亚油酸还是共轭亚油酸的原料。

（三）亚油酸的制备方法

亚油酸来源广泛，但由于其含有两个碳碳双键，极易氧化变性，使其分离纯化技术至关重要。目前常用的分离纯化方法有尿素包含法、吸附分离法、脂肪酶浓缩法、超临界流体萃取法以及分子蒸馏法等。

二、共轭亚油酸

自然界中的共轭亚油酸主要来源于反刍动物脂肪和牛乳产品中，葵花籽等植物中含有极少量的共轭亚油酸。但由于葵花籽含有大量的亚油酸，因而在工业中可用来生产制备共轭亚油酸。

（一）共轭亚油酸的结构

共轭亚油酸（conjugated linoleic acid，CLA）是亚油酸的同分异构体，是一系列在碳 9，11 或 10，12 位具有双键的亚油酸的位置和几何异构体，是普遍存在于人和动物体内的营养元素。共轭亚油酸分子式为 $C_{18}H_{32}O_2$，分子结构式如图 7-4 所示。

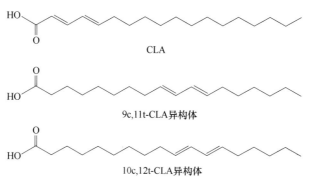

CLA

9c,11t-CLA异构体

10c,12t-CLA异构体

图 7-4　共轭亚油酸分子结构式

共轭亚油酸甘油酯产品是以葵花籽油为原料，通过共轭化反应将其中的亚油酸转化成共轭亚油酸，然后与甘油进行酯化反应，生成共轭亚油酸甘油酯。原中华人民共和国卫生部 2009 年第 12 号公告批准其作为新资源食品，可以直接服用或者添加到脂肪、食用油和乳化脂肪制品中。

（二）共轭亚油酸的作用

共轭亚油酸具有多种保键功能。

（1）具有清除自由基，增强人体的抗氧化能力和免疫能力，促进生长发育，调节血液胆固醇和甘油三酯水平。共轭亚油酸（CLA），是一系列双键亚油酸，可防止动脉粥样硬化，促进脂肪氧化分解，对人体进行全面的良性调节等。

（2）CLA 显著增加人体的心肌肌红蛋白、骨骼肌肌红蛋白含量。肌红蛋白对氧的亲和力比血红蛋白高六倍。由于肌红蛋白的快速增加，大大提高了人体细胞储存及转运氧气的能力，让运动训练更有效，人体活力更充沛。

（3）CLA 能增强细胞膜的流动性，防止血管皮质增生，维持器官微循环的正常功能，维持细胞的正常结构及功能，增强血管的舒张能力，有效防止因严重缺氧造成的人体脏器和大脑的损伤，尤其是显著抑制因严重缺氧造成的肺、脾水肿。

（4）CLA 能发挥"血管清道夫"的作用，清除血管中的垃圾，有效调节血液黏稠度，达到舒张血管、改善微循环、平稳血压的作用。CLA 具有扩张和松弛血管平滑肌、抑制血液运动中枢的作用，降低了血液循环的外周阻力，使血压下降，使舒张压下降更为明显。

（5）免疫调节功能。CLA 会通过以下几种方式改善免疫相关的反应：调节肿瘤坏死因子-A、细胞因子（白细胞介素 1，4，6，8）、前列腺素或氮氧化物，同时减少过敏性免疫反应。

（6）抗癌作用。有研究显示，共轭亚油酸在小鼠前胃肿瘤、皮肤肿瘤以及结肠肿瘤的形成过程中起到一定抑制作用。华伟等研究发现，近年来随着乳制品消费的增加，乳腺癌患病的概率也随之减少，这是由于乳制品中的亚油酸具有抗癌功效。曹树稳等研究发现，亚油酸的异构体（10，12-CLA）对人乳腺癌细胞（MCF-7，MDA.MB-231）和大鼠乳腺癌细胞（F3Ⅱ）均具有较强的抑制性。

（三）共轭亚油酸的制备方法

以葵花籽油为原料，通过共轭化反应将其中的亚油酸转化成共轭亚油酸。然后以食品级脂肪酶为催化剂，将共轭亚油酸脂肪酸与甘油进行酯化，生成共轭亚油酸甘油酯。

1. 碱异构化

杨万政等以葵花籽油为原料，KOH 为催化剂，研究了碱异构化法制备共轭亚油酸。他们以无毒无害聚乙二醇 PEG-400 为溶剂，得出葵花籽油异构化最优条件如下：溶剂比为 1∶3，温度为 120℃，反应时间为 1.5h，加碱量与皂化值比值为 2。碱异构化法可以使共轭反应在较低温度，较短时间内完成，发生副反应少，CLA 在产物中含量比较高。

2. 金属异构化

金属催化异构法以过渡金属作为非均相催化剂或以其过渡金属的有机配合物或羰基化合物为均相催化剂来催化含有亚油酸的植物油异构化制备共轭亚油酸。

金属异构化对 CLA 的选择性低，容易发生氢化反应，使得亚油酸变为油酸或硬脂酸，催化剂寿命较短，但是反应时间较长。此外，过渡金属价格昂贵，需将其转化为相应的配合物，经济性较差而且毒性较大。

3. 光催化法

光催化法是以碘为感光剂在一定的光波辐射下使 LA 发生异构化反应制备 CLA。光催化法对设备要求苛刻，感光剂与反应产物分离困难，反应时间太长，且转化率较低，目前相关研究只停留在实验室阶段。

第三节　葵花籽粕水溶性膳食纤维制备技术

膳食纤维按照溶解性可分成可溶性膳食纤维和不可溶性膳食纤维两大类。可溶性膳食纤维成分主要包括果胶、聚葡萄糖、半乳甘露聚糖等，具有抗氧化作用、调节血压、调节血糖、调节血脂、预防便秘、利于减肥、增强免疫力等生理活性功能。

葵花籽粕是葵花籽在榨油过程中的主要副产品。在我国，葵花籽粕主要用于动物饲料，对其他方面的利用研究几乎为空白。在葵花籽油生产过程中，葵花籽粕经常会大量积压，得不到充分而有效的利用。采用传统水提醇沉法提取葵花籽粕可溶性膳食纤维，为开发葵花籽粕新的经济价值，提高其附加值及综合利用提供一定的理论依据。

一、葵花籽粕可溶性膳食纤维的提取工艺流程

葵花籽粕→ 粉碎过 60 目筛 → 乙醚脱脂 → 抽滤，滤渣 60℃干燥 →脱脂葵花籽粕→ 蒸馏水浸提 → 5000r/min 离心 10min，取上清液 → 60℃减压浓缩 → 4 倍体积 95%乙醇 4℃下沉淀，静置 12h → 5000r/min 离心 10min →沉淀物→ 60℃干燥 →可溶性膳食纤维→ 计算得率
↓
上清液

葵花籽粕可溶性膳食纤维得率=（可溶性膳食纤维质量/葵花籽粕质量）×100%

二、葵花籽粕 sk 溶性膳食纤维提取工艺的优化

分别对影响葵花籽粕可溶性膳食纤维得率的单因素，如 pH、提取温度、料

液比、提取时间、提取次数等，进行优化。对较显著的 4 个单因素分别选取 3 个最优水平，进行正交试验设计以确定葵花籽粕可溶性膳食纤维的最佳提取工艺。

三、理化性质的测定

（一）溶解性

将葵花籽粕可溶性膳食纤维依次加入蒸馏水、乙醇、丙酮、正丁醇中，判断其溶解性。

（二）苯酚-硫酸反应

将葵花籽粕可溶性膳食纤维配制成一定量的样品溶液，依次加入 1.0mL 苯酚溶液（6%）、5.0mL 浓硫酸，静置 10min 后摇匀，室温下 20min 观察其颜色变化。

（三）碘-碘化钾反应

将葵花籽粕可溶性膳食纤维配制成一定量的样品溶液加入 2% 碘-碘化钾溶液，观察颜色的变化。

（四）持水性的测定

取 1g 葵花籽粕可溶性膳食纤维于 50mL 比色皿中，加入 20mL 蒸馏水，先浸泡 12h，然后加入 80mL 无水乙醇进行醇沉，抽滤后称量，计算样品持水性：持水性（g/g）=［样品的湿重（g）-样品的干重（g）］/样品的干重（g）。

（五）溶胀性的测定

取 2g 葵花籽粕可溶性膳食纤维于具塞比色皿中，其体积为溶胀前体积，加入 20mL 蒸馏水混匀，室温下 24h 后加入 80mL 的无水乙醇，静置一定时间，读取的膳食纤维体积为溶胀后的体积，计算溶胀性：溶胀性（mL/g）=［溶胀后的体积（mL）-溶胀前体积（mL）］/样品干重（g）。

（六）乳化能力和乳化稳定性测定

称取一定量的干燥后的样品，分别配成质量分数为 2.0% 的葵花籽粕可溶性膳食纤维溶液，采用单甘酯溶液（质量分数为 2.0%）为对照。取葵花籽粕可溶性膳食纤维溶液 5mL，加入 5mL 的葵花籽油后，在均质机中以 10000r/min 乳化 2min，以 4000r/min 离心 5min 后记录被乳化层的体积，计算乳化能力：乳化能力 =（被乳化层的体积/离心管中样品液体的总体积）×100%。

取乳化后的葵花籽粕可溶性膳食纤维溶液，于 80℃ 水浴中保温 30min，自来水冷却 15min 后以 4000r/min 离心 5min，计算乳化稳定性：乳化稳定性 =（保持乳化状态的液层体积/最初乳化层的体积）×100%。

（七）对饱和或不饱和脂肪的吸附作用的测定

分别取 3.0g（W_1）葵花籽粕可溶性膳食纤维于离心管中，加入猪油或葵花籽油24g，37℃静置1h，以4000r/min离心20min，去掉没有吸附的油（用滤纸吸干游离在样品表面的猪油或葵花籽油）称重为W_2，计算其吸油量：吸油量（g/g）＝（W_2-W_1）/W_1。

（八）对胆固醇的吸附能力测定

取市售鲜鸡蛋的蛋黄加入9倍体积的蒸馏水搅拌制成稀释蛋黄液。称取0.2g葵花籽粕可溶性膳食纤维于试管中，加入5mL稀释蛋黄液搅拌后37℃振荡2h，以4000r/min离心20min，取0.01mL上清液，采用邻苯二甲醛法在550nm下测定胆固醇的含量：对胆固醇的吸附量（mg/g）＝（吸附前蛋黄液中胆固醇含量－吸附后上清液中胆固醇含量）/可溶性膳食纤维的质量。

四、可溶性膳食纤维最佳提取条件

（一）pH

称取5g脱脂葵花籽粕，初始提取温度60℃，料液比1:15，提取60min条件下，对pH5，6，7，8，9，10，11，12进行优化，提取1次，计算可溶性膳食纤维得率。pH对葵花籽粕可溶性膳食纤维得率的影响如图7-5所示。随着pH的提高，可溶性膳食纤维得率逐渐增加，于pH12时达到最高。

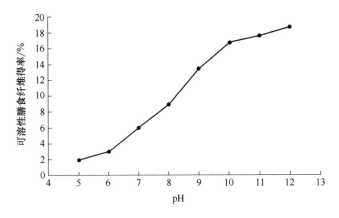

图7-5　pH对葵花籽粕可溶性膳食纤维得率的影响

（二）提取温度

称取5g脱脂葵花籽粕，根据上一步结果，选择可溶性膳食纤维得率最高的pH，初始料液比1:15，提取60min条件下，对不同提取温度40，50，60，70，80，90℃进行优化，提取1次，计算可溶性膳食纤维得率。提取温度对葵花籽粕可溶性膳食纤维得率的影响如图7-6所示，提取温度从40~70℃，可溶性膳食纤维得率逐渐增加，70℃时得率达到最高，但在温度进一步提高后得率有所下降，可能是因为提取温度较高会导致一部分可溶性膳食纤维发生降解。

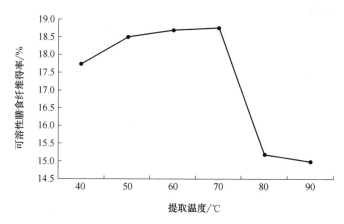

图 7-6　提取温度对葵花籽粕可溶性膳食纤维得率的影响

(三) 料液比

称取 5g 脱脂葵花籽粕，根据上一步结果，选择可溶性膳食纤维得率最高的提取 pH 和提取温度，提取 60min 条件下，对料液比 1∶10，1∶15，1∶20，1∶25，1∶30，1∶35，1∶40，1∶45，1∶50，1∶55，1∶60 进行优化，提取 1 次，计算可溶性膳食纤维得率。料液比对葵花籽粕可溶性膳食纤维得率的影响如图 7-7 所示，料液比从 (1∶10) ~ (1∶45)，可溶性膳食纤维得率逐渐增加，1∶45 时得率达到最高，但料液比进一步提高后得率有所下降。可能由于料液比较低时，底物浓度相对较高，液体流动相缩小导致葵花籽粕可溶性膳食纤维得率较低。料液比提高，底物浓度相对降低，这种阻碍作用逐渐减小，葵花籽粕可溶性膳食纤维得率随之提高。料液比进一步提高后，葵花籽粕可溶性膳食纤维得率反而有所下降。考虑到提高料液比后续浓缩及醇沉工艺，料液比选择 1∶45。

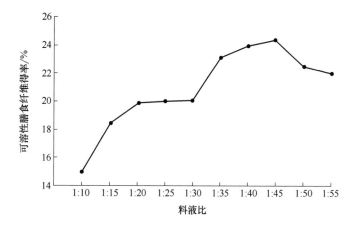

图 7-7　料液比对葵花籽粕可溶性膳食纤维得率的影响

（四）提取时间

称取 5g 脱脂葵花籽粕，根据上一步结果，选择可溶性膳食纤维得率最高的 pH，提取温度和料液比，对提取时间 30，45，60，75，90min 进行优化，提取 1 次，计算可溶性膳食纤维得率，提取时间对葵花籽粕可溶性膳食纤维得率的影响如图 7-8 所示。

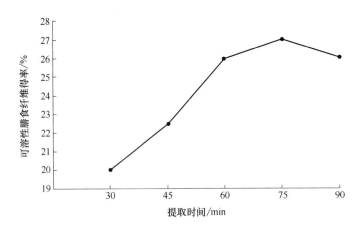

图 7-8　提取时间对葵花籽粕可溶性膳食纤维得率的影响

随着提取时间从 30min 延长至 75min，可溶性膳食纤维得率随之提高，提取时间在 75min 时达到最高，为 27.14%。但进一步延长时间发现，可溶性膳食纤维得率不再增长，反而有所下降。可能是由于提取时间过长，会导致部分可溶性膳食纤维发生一定的水解。

（五）提取次数

称取 5g 脱脂葵花籽粕，根据上一步结果，选择可溶性膳食纤维得率最高的 pH，提取温度，料液比，提取时间，对不同提取次数（第 1 次、第 2 次、第 3 次）进行优化，计算可溶性膳食纤维得率。提取次数对葵花籽粕可溶性膳食纤维得率的影响如图 7-9 所示。

随着提取次数的增加，可溶性膳食纤维得率随之提高。但第 2 次、第 3 次的得率无明显增加。从节省能源的角度考虑，确定可溶性膳食纤维最佳提取次数为 1 次。

单因素实验结果显示，可溶性膳食纤维最佳提取条件为：pH12，提取温度 70℃，料液比 1 : 45，提取时间 75min，提取 1 次。

五、葵花籽粕可溶性膳食纤维的基本理化性质

葵花籽粕可溶性膳食纤维的基本理化性质见表 7-3。

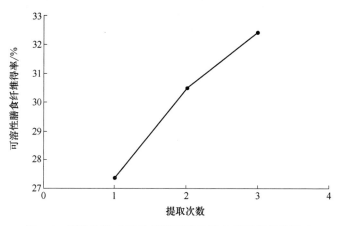

图 7-9 提取次数对葵花籽粕可溶性膳食纤维得率的影响

表 7-3   葵花籽粕可溶性膳食纤维的基本理化性质

基本理化性质指标	实验结果
溶解性	溶于蒸馏水,不溶于乙醇、丙酮、正丁醇
苯酚-硫酸反应	微涂红色,半透明
碘-碘化钾反应	无色变
持水性/(g/g)	13.14
溶胀性/(mL/g)	15.42
乳化能力/%	79.13,低于单甘酯溶液(93.71)
乳化稳定性/%	78.34,低于单甘酯溶液(91.96)
吸油量/(g/g)	饱和脂肪(猪油)吸油量3.65;不饱和脂肪(葵花籽油)吸油量1.72
对胆固醇的吸附量/(mg/g)	97.70

经测定,葵花籽粕可溶性膳食纤维溶于蒸馏水,不溶于乙醇、丙酮、正丁醇;苯酚-硫酸反应为微土红色,半透明;碘-碘化钾反应无色变。研究表明,葵花籽粕可溶性膳食纤维具有一定的持水性(13.14g/g)和溶胀性(15.42mL/g),进入人体消化道后吸水膨胀,增加食物体积,使人产生饱腹感,促进排便并能控制对食物的摄取量,还具有一定的乳化能力(79.13%)和乳化稳定性(78.34%),可以作为食品的乳化剂进行使用;此外,葵花籽粕可溶性膳食纤维对脂肪具有一定的吸附作用,对饱和脂肪吸油量为3.65g/g,不饱和脂肪吸油量为1.72g/g,可以降低人体脂肪含量,减少肥胖症、动脉硬化的发病率,并对胆固醇具有一定的吸附能力(97.70mg/g),可以降低"三高"人群因过量食用高胆固醇食品带来的风险。

采用传统水提醇沉法提取葵花籽粕可溶性膳食纤维,研究结果显示,对葵花籽粕可溶性膳食纤维得率影响次序为:pH>提取温度>提取时间>料液比,因此最佳提取工艺为 pH12，提取温度 60℃，料液比 1：40，提取时间 90min。经多次验证实验，单因素实验最佳条件得率为 28.33%，正交试验最优组合得率达 29.40%，提高 1.07% 对葵花籽粕可溶性膳食纤维的基本理化性质研究表明，葵花籽粕可溶性膳食纤维具有一定的持水性、溶胀性、乳化能力、乳化稳定性、吸附脂肪能力和吸附胆固醇能力。结果显示，葵花籽粕中可溶性膳食纤维具有良好的理化性质，可作为吸附剂、乳化剂、稳定剂等进行利用。因此，它不仅可以增加食品的营养，也可以作为食品添加剂或功能性保健品，从而提高葵花籽粕的经济附加值。

第四节　葵花籽油在油条煎炸过程中的品质变化

葵花籽油富含人体必需的不饱和脂肪酸，将其作为煎炸油，探讨煎炸过程中油脂的热氧化裂变及品质质量变化。

一、葵花籽油原料指标分析

对原料进行理化指标分析，原料质量指标分析结果见表 7-4。

表 7-4　　　　　　　　　　原料质量指标分析结果

项　　目	质量指标
酸价(KOH)/(mg/g)	0.26
过氧化值/(mmol/kg)	4.40
丙二醛含量/(mg/100g)	0.25
羰基值/(mmol/kg)	8.39
维生素 E 含量/(mg/100g)	39.52
反式脂肪酸含量/%	0.45
极性成分含量/%	3.80

二、葵花籽油煎炸过程中酸价、过氧化值、羰基值的变化

(一) 酸价

油脂在煎炸过程中，将发生热氧化分解、水解等一系列反应，导致油脂中游离脂肪酸含量增加，即酸价（AV）增高。酸价反映了油脂中游离脂肪酸的含量，是评价油脂品质的重要指标。在 190℃ 条件下煎炸 6，12，18，24h，探究煎炸时间对葵花籽油酸价的影响，葵花籽油煎炸过程中酸价的变化如图 7-10 所示。

葵花籽油随着煎炸时间延长，酸价逐渐升高。煎炸 24h 后酸价由 0.26mg/g 增加至 0.89mg/g，但仍远低于 GB 2716—2018 关于煎炸油酸价的限定（<5.0mg/g）。酸价升高是由于甘油三酯水解和热降解反应生成游离脂肪酸。在绝大多数植物油

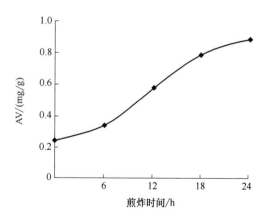

图7-10　葵花籽油煎炸过程中酸价的变化

煎炸过程中，油脂水解产生的游离脂肪酸很少，结果表明煎炸时间对酸价的影响较大。

（二）过氧化值

过氧化值（POV）是指油脂在氧化过程中生成氢过氧化物的含量，也是衡量油脂酸败的灵敏指标，其值的大小与油脂的新鲜程度有着密切的关系。按同样方法在190℃条件下煎炸油条6，12，18，24h，探究煎炸时间对葵花籽油过氧化值的影响，葵花籽油煎炸过程中过氧化值的变化如图7-11所示。

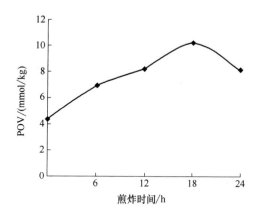

图7-11　葵花籽油煎炸过程中过氧化值的变化

在煎炸初期随煎炸时间延长过氧化值逐渐升高，至18h过氧化值由原先的4.40mmol/kg增加至最大值10.17mmol/kg，说明此过程生成了大量的氢过氧化物，且氢过氧化物的生成量大于其分解和聚合量。24h时为8.20mmol/kg，其值降低主要是高温煎炸过程中生成的氢过氧化物不稳定，有部分分解成醛类、酮类小分子物质或部分聚合造成，且氢过氧化物分解和聚合的量大于其生成量，虽有下降但仍高于葵花籽油原料的过氧化值，由此可见过氧化值只能合理地评价氧化初期的指标变化。

（三）羰基值

羰基值（CV）主要是评定油脂氧化反应产物中碳基类有害化合物的含量，反映了油脂氧化反应的裂变程度。按同样方法在190℃条件下煎炸6，12，18，24h，探究煎炸时间对葵花籽油羰基值的影响，葵花籽油煎炸过程中羰基值的变化如图7-12所示。

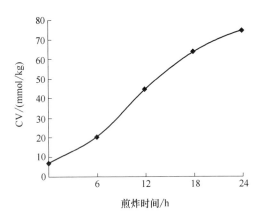

图7-12　葵花籽油煎炸过程中羰基值的变化

随着煎炸时间延长，羰基值逐渐增加，煎炸至12h葵花籽油的羰基值达到44.44mmol/kg，已经接近GB 2716—2018关于煎炸油羰基值的限定（50mmol/kg），煎炸18h葵花籽油的羰基值达到63.51mmol/kg，已经超过限定标准，煎炸24h时羰基值由原来的8.39mmol/kg增大至74.47mmol/kg，增大至近原来的8.9倍。因此，葵花籽油煎炸时间不宜超过12h。

三、葵花籽油煎炸过程中丙二醛含量、极性成分含量、维生素E含量的变化

（一）丙二醛含量

测定油脂中不饱和脂肪酸氧化分解产生丙二醛的含量（TBA值）。按同样方法在190℃条件下煎炸6，12，18，24h，探究煎炸时间对葵花籽油中丙二醛含量的影响，葵花籽油煎炸过程中丙二醛含量的变化如图7-13所示。

丙二醛含量高易在生物体内引起蛋白质、核酸等大分子的交联聚合，使生物体细胞中毒。由图7-13可知，丙二醛含量随煎炸时间的延长逐渐增加，葵花籽油煎炸24h后，丙二醛的含量由0.25mg/100g上升至2.07mg/100g。因此含不饱和脂肪酸较多的葵花籽油不宜在高温条件下长时间煎炸。

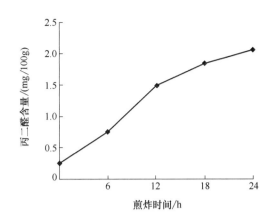

图 7-13　葵花籽油煎炸过程中丙二醛含量的变化

（二）极性组分

极性组分指油脂在煎炸食品的过程中发生了热氧化反应、热聚合反应、热氧化聚合反应、热裂解反应和水解反应，产生了比正常植物油分子极性大的一些成分，是甘油三酯的热氧化产物、热聚合产物、热氧化聚合产物、热裂解产物和水解产物的总称。按同样方法在190℃条件下煎炸 6，12，18，24h，探究煎炸时间对葵花籽油极性成分含量的影响，葵花籽油煎炸过程中极性成分含量的变化如图 7-14 所示。

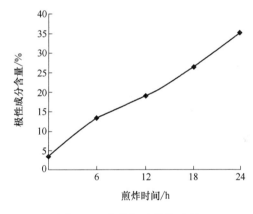

图 7-14　葵花籽油煎炸过程中极性成分含量的变化

极性成分含量随着煎炸时间的延长而逐渐增加，欧洲许多国家规定，煎炸油中极性组分含量限量为 25%～27%，超过该值的食用油必须强制性废弃。GB 2716—2018 中规定极性成分含量不得超过 27%。在煎炸 18h 时极性成分的含量由原来的 3.80% 增加至 26.70%，已经接近 27%，且随着煎炸时间延长，总极性成分含量显著增加。因此，葵花籽油在 190℃下煎炸时间不宜超过 18h。

（三）维生素 E

维生素 E 是生育酚异构体的总称，具有很强的抗氧化性，是一种很好的天然抗氧化剂。为测定葵花籽油煎炸过程中维生素 E 的含量变化，按同样方法在190℃条件下煎炸 6，12，18，24h，探究煎炸时间对葵花籽油维生素 E 含量的影响，葵花籽油煎炸过程中维生素 E 含量的变化如图 7-15 所示。

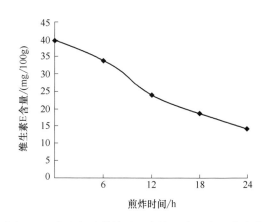

随着煎炸时间的延长，葵花籽油中维生素 E 含量逐渐降低，在高温条件下维生素 E 极易氧化，煎炸 24h 后，葵花籽油中维生素 E 含量由原来的 39.52mg/100g 下降到 14.23mg/100g。结果表明，煎炸时间对葵花籽油中维生素 E 的含量影响很大，且煎炸时间越长维生素 E 氧化破坏越多，含量越低。

图 7-15　葵花籽油煎炸过程中维生素 E 含量的变化

四、葵花籽油煎炸过程中反式脂肪酸组成的变化

在高温条件下，富含多不饱和脂肪酸的油脂易氧化裂变，由顺式脂肪酸转变成反式脂肪酸，同时分解成小分子的饱和脂肪酸，如果长期食用含反式脂肪酸的油脂，将会影响人的身体健康。按同样方法在 190℃ 条件下煎炸 0，6，12，18，24h，探究煎炸时间对葵花籽油脂肪酸组成的影响，不同煎炸时间下葵花籽油脂肪酸组成的变化见表 7-5。

表 7-5　　　　　　不同煎炸时间下葵花籽油脂肪酸组成的变化　　　　　　单位：%

脂肪酸	煎炸 0h	煎炸 6h	煎炸 12h	煎炸 18h	煎炸 24h
$C_{14:0}$	0.08	0.08	0.09	0.10	0.15
$C_{14:1t}$	0.01	0.01	0.01	0.01	0.02
$C_{14:1}$	0.02	0.01	0.01	0.01	0.01
$C_{16:0}$	6.78	6.44	6.72	7.32	7.49
$C_{16:1t}$	0.01	0.02	0.01	0.01	0.01
$C_{16:1}$	0.08	0.08	0.08	0.08	0.09
$C_{18:0}$	3.14	3.33	3.40	3.67	3.86
$C_{18:1t}$	—	—	0.05	0.09	0.12
$C_{18:1}$	27.36	28.36	28.86	29.94	31.24
$C_{18:2t}$	0.43	0.65	0.70	0.98	1.25
$C_{18:2}$	60.89	60.4	59.38	57.37	55.11
$C_{18:3t}$	—	0.07	0.05	0.01	—
$C_{18:3}$	0.12	0.06	0.06	0.01	—
$C_{20:0}$	0.20	0.22	0.23	0.22	0.23
$C_{20:1t}$	—	0.01	0.03	0.01	—
$C_{20:1}$	0.13	0.14	0.14	0.13	0.13
$C_{22:0}$	0.05	0.09	0.12	0.15	0.17
总反式酸	0.45	0.76	0.85	1.11	1.40

注：表中"—"指含量小于 0.01%。

由表 7-5 可知，葵花籽油中的脂肪酸以油酸（$C_{18:1}$）和亚油酸（$C_{18:2}$）为主，不饱和脂肪酸含量多达 90%，饱和脂肪酸主要是棕榈酸（$C_{16:0}$）和硬脂酸（$C_{18:0}$），葵花籽油在 190℃煎炸时产生的反式脂肪酸以 $C_{18:1t}$ 和 $C_{18:2t}$ 为主，且随着煎炸时间的延长，$C_{18:1t}$，$C_{18:2t}$ 的含量逐渐增加，煎炸 24h 后含量与原样相比煎炸葵花籽油中 $C_{16:0}$，$C_{18:0}$，$C_{18:1}$ 增加，$C_{18:2}$，$C_{18:3}$ 含量明显降低。高温长时间煎炸不但易使顺式不饱和脂肪酸转变为相应的反式脂肪酸，而且使必需脂肪酸 $C_{18:2}$，$C_{18:3}$ 的含量降低。

五、葵花籽油在油条煎炸过程中的品质

通过葵花籽油在 190℃条件下煎炸油条实验，对不同煎炸时间所取油样质量指标进行分析，煎炸后葵花籽油的酸值、过氧化值、羰基值、TBA 值、极性成分含量、维生素 E 含量、脂肪酸组成等品质指标均发生变化，其中羰基值、过氧化值、TBA 值、极性成分含量以及维生素 E 的含量变化较为明显。随着煎炸时间的延长，葵花籽油的酸值、羰基值、TBA 值、极性组分含量以及总反式酸的含量均逐渐升高，过氧化值先升高后降低，维生素 E 的含量逐渐降低。对照 GB 2716—2018 相关规定，葵花籽油煎炸 24h 后酸价（KOH）仍符合限量（5mg/g），煎炸 12h 后羰基值接近限量（50mmol/kg），18h 后极性组分含量接近限量（27%）。因此，葵花籽油在 190℃条件下煎炸不宜超过 12h。

第五节　葵花籽油基油凝胶在面包及冰淇淋产品中的应用

液态植物油凝胶化是一种非传统油脂改性策略，向植物油中添加一种或多种凝胶剂，凝胶因子通过结晶或自组装模式捕集液体油形成多种形态（如带状、纤维状）的结构，继而形成三维网络结构，阻止液态油的流动，这种凝胶化作用使液体植物油在凝胶剂的帮助下结构化，产生具有固态脂肪特性的油凝胶，在食品工业中具有代替或部分代替固态脂肪的潜力。油凝胶中使用的凝胶剂有植物蜡、植物甾醇、神经酰胺、羟基脂肪酸、长链脂肪酸、长链脂肪醇、单甘酯等。按照种类和功能，不同凝胶剂分类见表 7-6。在各种凝胶剂中，植物蜡为食品级原料，由于其来源广泛，凝胶性能优良，形成凝胶所需要的添加量低，蜡基油凝胶具有代替或部分代替固态脂肪的潜力，又由于植物蜡由复杂的分子混合物组成，包括蜡酯、烃、脂肪酸和脂肪醇，不同来源的植物蜡显示出不同的物理化学特性，食品应用性能差异较大，因此，使用不同的蜡基油凝胶作为烘烤体系中的固体脂肪替代物具有实际意义。本节探究了 7%（质量分数）植物蜡（米糠蜡、蜂蜡、棕榈蜡）油凝胶与葵花籽油制备的油凝胶在面包和冰淇淋中的应用性能，为植物蜡基油凝胶的应用提供参考。

表 7-6	不同凝胶剂及其功能
凝 胶 剂	功能/性能
天然蜡	连续相中的结晶网络；Pickering 稳定的界面
气相二氧化硅	在连续相中团聚颗粒的网络
生物聚合物(蛋白质和多糖)	水相结构(提供纹理)和稳定油水界面；油相结构(通过间接路线)
脂肪酸/脂肪醇	连续相中的结晶网络；Pickering 稳定的界面
甾醇酯/固醇酯	通过自组装结构化油相
蔗糖酯	油气界面稳定化；油相结构
卵磷脂	通过自组装结构化油相
纤维素衍生物	通过直接分散(乙基纤维素)结构化油相；通过间接途径构建油相(羟丙基甲基纤维素和甲基纤维素)

一、油凝胶样品的制备

将装有适量葵花籽油的烧杯预先放到多点磁力搅拌仪上以 110℃加热，分别按葵花籽油质量的 7% 称取米糠蜡、蜂蜡和棕榈蜡，加入葵花籽油中，使用转子以 350r/min 搅拌至蜡熔化，溶液变得澄清后继续搅拌 15min，然后冷却至室温，放入 4℃恒温培养箱 24h，分别得到米糠蜡油凝胶、蜂蜡油凝胶和棕榈蜡油凝胶。

二、面包烘焙试验

(一) 面包制作

1. 面包配方

高筋粉 500g，酵母 5g，绵白糖 100g，盐 5g，乳粉 20g，改良剂 1.5g，水 270g，蛋液 50g，油脂 75g（分别为起酥油、黄油、葵花籽油和油凝胶）。

2. 制作步骤

将面包配方中所有干性物料混匀，加入蛋液和水，用和面机搅至成团，使其拉开呈锯齿状，然后加入对应的油脂搅拌均匀，再快搅至拉开呈薄膜状，取出，放置室温下醒发 30min，翻面继续醒发 30min，然后切成约 50g 的面团，搓圆松弛 15min，再放入醒发箱继续醒发 1h，取出进行烘烤。

醒发条件为：温度 38℃，湿度 75%～85%。

烘烤条件为：上火温度 200℃，下火温度 200℃。

(二) 面包特性的测定

1. 外观形态观测

将面包用切片机进行切片，对切片的面包进行拍照，观察其外观形态。

2. 烘焙损失率测定

烘焙前称取约 50g 面团，准确记录质量，记为 m_1，烘焙后称取面包的质量，

记为 m_2，计算面包的烘焙损失率：

$$烘焙损失率 = (1 - m_2/m_1) \times 100\%$$

3. 质构特性测定

用面包切片机将面包切成厚度约为 10mm 的薄片，置于 P/36 探头下测定面包全质构。测定条件：测试前速度 5mm/s，测试速度 2mm/s，测试后速度 5mm/s，压缩程度 70%，触发力 5g。每组面包测定 3 次，取平均值。

4. 比容测定

按照 GB/T 20981—2007，取 1000mL 烧杯，将小米加入烧杯中至装满，用直尺将小米刮平，将小米倒入量筒中测量体积，记为 V_1。倒出小米，取待测面包样品，称重，记为 m，放入烧杯，然后加入小米装满烧杯并填满烧杯与面包之间的缝隙，取出面包，用量筒测量使用的小米的体积，记为 V_2，计算比容：

$$比容 = (V_1 - V_2)/m$$

5. 水分测定

将面包撕碎放入水分分析仪进行测定，每组面包进行 3 次平行实验，取平均值。

6. 感官评定

感官评定员对面包的形态、色泽、组织、滋味气味和状态进行感官评定。使用模糊数学 h 函数法对感官评定的结果进行分析。论域为 G，$G = \{g_1, g_2, g_3, g_4, g_5\} = \{形态，色泽，组织，滋味气味，状态\}$。权重向量为 t，$t = \{t_1, t_2, t_3, t_4, t_5\} = \{0.2, 0.2, 0.2, 0.3, 0.1\}$。使用公式 $h = g_1 t_1 + g_2 t_2 + g_3 t_3 + g_4 t_4 + g_5 t_5$ 计算 h 值。h 值越大，说明样品面包的综合评分越高，即感官性能越好。

7. 脂肪酸组成测定

将面包撕碎放入烧杯，加入 100mL 正己烷提取其中的油脂，用旋转蒸发仪浓缩至干，残留物为脂肪提取物。分别取 6 个面包样品的脂肪提取物以及 6 种面包的原料油约 20mg，加入 2mL0.5mol/L 的 KOH-CH$_3$OH 溶液，65℃水浴振荡 30min 进行皂化，然后加入 2mLBF$_3$-CH$_3$OH 溶液，放入 70℃水浴中反应 10min，取出加入 2mL 正己烷，剧烈振荡 3~4min，待其静置分层后取上清液于小离心管中，加入无水硫酸钠脱除其中的少量水分，过膜到气相进样小瓶中，用气相色谱分析测定脂肪酸组成及含量。

三、冰淇淋试验

(一) 冰淇淋制作

1. 冰淇淋配方

冰淇淋配方见表 7-7。

表 7-7	冰淇淋配方		单位: g
项目	淡奶油配方	黄油配方	7%植物蜡油凝胶配方
脱脂牛乳	280	357.4	357.4
淡奶油	120	0	0
黄油	0	42.6	0
油凝胶	0	0	42.6
蛋黄	30	300	300
绵白糖	80	800	800

2. 制作步骤

将蛋黄和绵白糖混合进行打发，打发至蓬松发白备用。牛乳加热煮沸，加入蛋黄和绵白糖的混合物中，边加边搅打，然后过筛至小锅，小火加热，搅拌防止糊底，待混合物能在刮刀上薄薄挂上一层时加入油相，搅拌均匀，停止加热，并放入 4℃冰箱进行冷藏老化，然后倒入冰淇淋机搅拌 1.5h 成型，再放入-18℃冰箱进行硬化。

（二）冰淇淋特性的测定

1. 外观形态观测

将冰淇淋放入容器中，进行俯拍，观察其形态。

2. 浆液黏度测定

取经 4℃老化的冰淇淋浆液，选用 LV-03（63）转子，用黏度计测量剪切速率 150r/min 时的黏度，测定温度为 19.6℃。

3. 融化性测定

取硬化 48h 以上的冰淇淋样品称重，同时取干净烧杯称重。将冰淇淋放在预先保存在 37℃恒温箱的布氏漏斗中，将布氏漏斗放在烧杯上使融化的冰淇淋浆液流入烧杯，45min 后取出烧杯称重，计算融化率：

$$融化率 = 融化的冰淇淋浆液质量 / 冰淇淋总质量 \times 100\%$$

4. 膨胀率测定

冰淇淋凝冻前后分别称量相同体积的冰淇淋浆液和冰淇淋成品的质量，分别计为 $m_{浆液}$、$m_{成品}$，计算膨胀率：

$$膨胀率 = (m_{浆液} - m_{成品}) / m_{成品} \times 100\%$$

5. 硬度测定

采用物性分析仪进行测定，测定条件：使用 P/5 探针，测试前速度 8mm/s，测试速度 2mm/s，测试后速度 8mm/s，下压深度 15mm，触发力 5g。每个样品进行 3 次平行对照，取平均值。

6. 感官评定

对冰淇淋进行感官评定。

四、面包试验结果分析

（一）外观形态

将黄油、起酥油、葵花籽油、米糠蜡油凝胶、蜂蜡油凝胶、棕榈蜡油凝胶制成的面包，切成1cm的薄片，对其剖切面进行拍摄，6种面包的切片如图7-16所示。

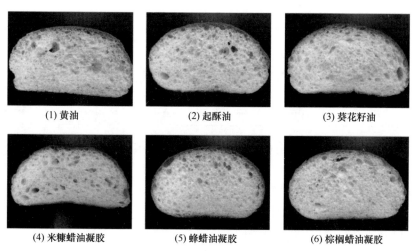

(1) 黄油   (2) 起酥油   (3) 葵花籽油

(4) 米糠蜡油凝胶   (5) 蜂蜡油凝胶   (6) 棕榈蜡油凝胶

图7-16　6种面包的切片

用黄油、起酥油制作的面包，气泡较小而均匀，用蜂蜡油凝胶和棕榈蜡油凝胶制作的面包次之，而用葵花籽油和米糠蜡油凝胶制作的面包气泡较大且不均匀。总体来说，用本实验油凝胶制作的面包外观可以达到市售面包的要求。

（二）烘焙损失率

面包的烘焙损失是在烘烤过程中由于面包心和外部表皮水分蒸发而导致面团质量的减少。不同面包的烘焙损失率如图7-17所示，用葵花籽油和油凝胶制作的面包损失率均比黄油和起酥油制作的面包小，这在工业上具有一定的优势。

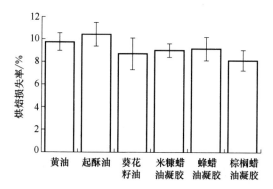

图7-17　不同油脂制备的面包的烘焙损失率

（三）质构特性

面包的弹性和回复性与其品质成正相关，数值越大，面包越柔软筋道；硬度、胶着性和咀嚼性与面包品质成负相关，数值越大，面包越硬，缺乏弹性与绵软感。不同油脂制备的面包的质构特性见表7-8。

185

表 7-8 不同油脂制备的面包的质构特性

项目	黄油	起酥油	葵花籽油	米糠蜡油凝胶	蜂蜡油凝胶	棕榈蜡油凝胶
硬度/g	1318.53± 283.64	1027.03± 361.58	1373.19± 340.4	1386.94± 489.03	1087.31± 112.95	1000.02± 112.60
胶着性	422.47± 159.86	367.51± 164.88	356.07± 85.87	501.05± 174.95	432.22± 69.540	370.22± 26.540
咀嚼性	342.27± 108.70	331.89± 125.23	317.96± 93.73	467.88± 176.22	383.94± 77.960	330.67± 39.790
弹性	0.82± 0.1000	0.92± 0.0700	0.87± 0.050	0.93± 0.0700	0.88± 0.0500	0.89± 0.0600
回复性	0.08± 0.0200	0.10± 0.0100	0.10± 0.020	0.10± 0.0200	0.11± 0.0100	0.10± 0.0100

　　6 种面包在全质构评价指标上差异不大，说明油凝胶具有替代或部分替代烘焙用油脂的性能。

（四）比容

　　黄油和起酥油在面包的充气中起着重要的作用。空气在原材料的混合阶段进入脂肪相中，然后于烘烤过程中黄油和起酥油熔化时释放到水相中，从而产生泡沫结构。通过测定面包的比容，可分析油凝胶对面包充气的影响。不同面包的比容如图 7-18 所示。

　　起酥油面包的比容最大，葵花籽油面包的比容最小，黄油面包和 3 种油凝胶面包介于中间。用油凝胶全部替代起酥油会导致较少的空气掺入到面包中。在 3

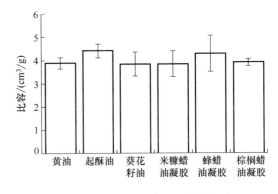

图 7-18　不同油脂制备的面包的比容

种油凝胶面包中，蜂蜡油凝胶面包的比容相对较大，具有替代传统烘焙油脂制作面包的潜力。

（五）水分含量

　　不同油脂制备的面包的水分含量如图 7-19 所示。用黄油和起酥油制作的面包水分含量更高，而用葵花籽油和 3 种油凝胶制作的面包水分含量均比传统烘焙脂肪制作的面包低。其中，蜂蜡油凝胶制作的面包在水分保持方面稍显优势。

（六）感官评定

　　由不同油脂制备的 6 种面包，在形态上均完整，丰满，无黑泡，无明显焦

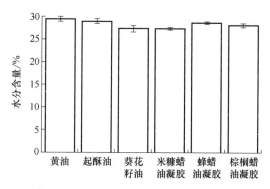

图 7-19　不同油脂制备的面包的水分含量

斑；在色泽上，均具有面包应有的正常色泽（金黄色、淡棕色或棕灰色），其中，蜂蜡油凝胶和棕榈蜡油凝胶制备的面包色泽更为金黄，而其余 4 个样品呈淡棕色；在滋味气味方面，均具有发酵和烘焙后面包的香味，松软适口，无异味，但黄油和起酥油制备的面包香味更为浓郁，其余样品滋味气味较为寡淡；在状态方面，均无霉变、无生虫、无其他正常视力可见的外来异物。不同油脂制备的面包的感官评分见表 7-9，黄油面包在各项指标上均取得了最高的分数，而对比起酥油面包和葵花籽油面包，3 种油凝胶面包在各项评价指标上均无太大劣势，在有些性质上甚至更好（如色泽和形态）。说明在感官方面，油凝胶也具有替代或部分替代传统烘焙油脂的潜力。

表 7-9　　　　　　　　　不同油脂制备的面包的感官评分

面包样品	形态	色泽	组织	滋味气味	状态	综合
黄油	19	18	18.5	26.25	9.25	91
起酥油	12.5	15	17.5	23.25	9.25	77.5
葵花籽油	15.5	15	15.5	24.75	9.25	80
米糠蜡油凝胶	12	13	16.5	21.75	9.25	72.5
蜂蜡油凝胶	16	18	13.5	22.5	9.25	79.25
棕榈蜡油凝胶	18	17	13.5	21	9.25	78.75

（七）脂肪酸组成

面包烘焙用原料油及油凝胶脂肪酸组成见表 7-10。面包脂肪酸组成见表 7-11。由植物蜡油凝胶制备的面包中，饱和脂肪酸含量远低于不饱和脂肪酸含量，而黄油和起酥油制备的面包中，饱和脂肪酸含量均高于不饱和脂肪酸含量，这与原料油中的含量趋势相同。因此，用油凝胶制备的面包比传统烘焙用起酥油和黄油制备的面包，更具有低饱和脂肪酸的特性，有助于降低饱和脂肪酸对健康的不利影响。然而，由于其不饱和脂肪酸含量高，油凝胶面包在储存期间可能存在与氧化稳定性相关的质量问题。因此，需要进一步研究用油凝胶替代黄油或起酥油对面包货架期的影响。

表 7-10 面包烘焙用原料油及油凝胶脂肪酸组成 单位:%

脂肪酸	黄油	起酥油	葵花籽油	米糠蜡油凝胶	蜂蜡油凝胶	棕榈蜡油凝胶
$C_{8:0}$	2.34	0.34	—	—	—	0.03
$C_{11:0}$	4.08	4.66	—	—	—	0.03
$C_{14:0}$	14.26	2.69	0.05	—	0.05	0.05
$C_{14:1}$	2.16	—	—	—	—	—
$C_{16:0}$	43.91	44.12	6.41	6.58	7.36	6.48
$C_{16:1}$	2.69	0.2	0.02	—	0.03	0.03
$C_{18:0}$	15.81	6.58	3.64	4.11	—	4.01
$C_{18:1}$	4.69	37.74	0.02	27.26	31.14	28.36
$C_{18:2}$	4.84	0.83	87.93	56.99	58.55	58.23
$C_{22:1}$	0.11	1.06	0.95	2.23	0.98	1.35
SFA	80.4	58.39	10.1	10.69	7.41	10.6
UFA	14.49	39.83	88.92	86.48	90.7	87.97

表 7-11 面包脂肪酸组成 单位:%

脂肪酸	黄油	起酥油	葵花籽油	米糠蜡油凝胶	蜂蜡油凝胶	棕榈油蜡凝胶
$C_{8:0}$	2.3	0.34	—	—	—	—
$C_{11:0}$	3.76	4.94	0.07	—	—	—
$C_{14:0}$	12.12	2.47	0.13	0.06	0.08	0.07
$C_{14:1}$	1.09	—	—	—	—	—
$C_{15:0}$	1.33	—	—	—	—	—
$C_{16:0}$	36.24	36.68	8.55	7.9	8.63	7.75
$C_{16:1}$	1.45	0.26	0.27	0.19	0.16	0.29
$C_{18:0}$	11.88	5.11	4.1	3.82	4.08	3.8
$C_{18:1}$	20.73	35.23	29.27	28.74	28.38	27.78
$C_{18:2}$	5.09	12.77	55.65	57.61	55.8	57.48
$C_{22:1}$	—	0.6	0.94	0.78	0.96	1.09
SFA	67.63	49.54	12.85	11.78	12.79	11.62
UFA	28.36	48.86	86.13	87.32	85.3	86.64

五、冰淇淋试验结果分析

(一) 外观

如图 7-20 所示,从左往右分别为用淡奶油、黄油、米糠蜡油凝胶、蜂蜡油凝胶、棕榈蜡油凝胶制备的冰淇淋。从外观来看,所有冰淇淋样品均呈现软式冰淇淋应该具备的外观形态。从色泽上来看,淡奶油制备的冰淇淋发白,而其余冰淇淋样品均呈淡黄色。用油凝胶制作的冰淇淋均能达到市售冰淇淋的外观要求。

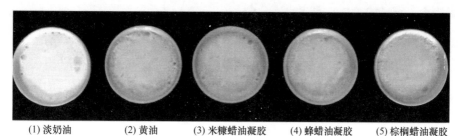

(1) 淡奶油　　(2) 黄油　　(3) 米糠蜡油凝胶　　(4) 蜂蜡油凝胶　　(5) 棕榈蜡油凝胶

图 7-20　不同油脂制备的冰淇淋的外观

（二）浆液黏度

不同油脂制备的冰淇淋浆液的黏度如图 7-21 所示，黄油制备的冰淇淋浆液黏度最低，而淡奶油制备的冰淇淋浆液黏度最高，油凝胶制备的冰淇淋浆液的黏度处于两者之间。

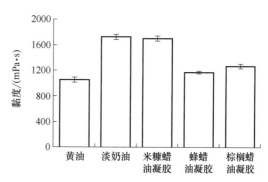

图 7-21　不同油脂制备的冰淇淋浆液的黏度

189

（三）融化性

对于冰淇淋产品来说，融化性是一项非常重要的指标，可以用融化率来表示。融化率越高，说明冰淇淋的抗融化性能越差，而冰淇淋的外观必须靠其抗融化性能来支撑。因此，本实验测定了不同冰淇淋样品的融化率。

结果如图 7-22 所示，淡奶油制备的冰淇淋融化率最低，米糠蜡油凝胶冰淇淋的融化率最高，5 种冰淇淋抗融化性能大小为：淡奶油冰淇淋>蜂蜡油凝胶冰淇淋>棕榈蜡油凝胶冰淇淋>黄油冰淇淋>米糠蜡油凝胶冰淇淋。说明在抗融化性能方面，油凝胶

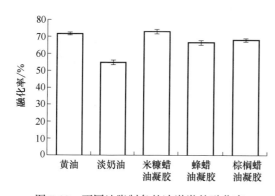

图 7-22　不同油脂制备的冰淇淋的融化率

冰淇淋总体上来说与市售冰淇淋相比无太大劣势，其中，蜂蜡油凝胶冰淇淋和棕榈蜡油凝胶冰淇淋的抗融化性能甚至比黄油冰淇淋好。

（四）膨胀率

在软冰淇淋凝冻过程中，冰淇淋中的脂肪、蛋白质结合形成三维网络结构，在搅拌过程中空气不断充入与网络结构结合。本实验测定了不同油脂制备的冰淇淋

的膨胀率，结果如图 7-23 所示。

油凝胶冰淇淋膨胀率≫黄油冰淇淋膨胀率≫淡奶油冰淇淋膨胀率。淡奶油膨胀率能达到 100% 以上，这是由于凝冻过程中的搅拌使淡奶油打发所致。黄油冰淇淋膨胀率为 45% 左右，油凝胶冰淇淋膨胀率甚至不足 20%，这或许是因为与油凝胶在冰淇淋浆液中的乳化效果不好，

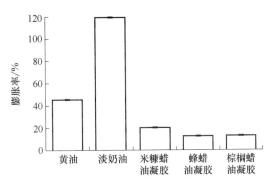

图 7-23　不同油脂制备的冰淇淋的膨胀率

导致脂肪蛋白质网络结构受影响，从而进一步减弱结合空气的能力。

（五）不同冰淇淋的硬度

不同油脂制备的冰淇淋的硬度如图 7-24 所示，淡奶油冰淇淋硬度<黄油冰淇淋硬度<油凝胶冰淇淋硬度，这与冰淇淋的膨胀率有关。膨胀率的增大意味着冰淇淋中混入了更多的空气，因此冰淇淋的结构会更为疏松绵软。

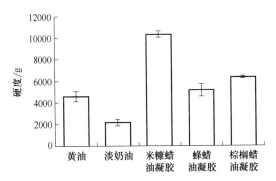

图 7-24　不同油脂制备的冰淇淋的硬度

（六）感官评定

不同油脂制备的冰淇淋的感官评分见表 7-12。表 7-12 总结了感官评定员对不同冰淇淋样品各项指标的评定分数。从总体上来说，5 种冰淇淋样品的感官评分差异不大，从形态、色泽、组织状态上来说，油凝胶冰淇淋完全具有替代市售冰淇淋的潜力，但在口感上会有少许的蜡感，因此可以通过减少油凝胶的使用量来改善这一问题。

表 7-12　　　　　　　　　　不同油脂制备的冰淇淋的感官评分

样　品	形态	色泽	组织	滋味气味	状态	综合
黄油	13.2	13.6	12.0	19.8	8.2	66.8
淡奶油	15.2	14.4	14.8	24.6	9.0	78.0
米糠蜡油凝胶	15.2	16.0	12.4	20.4	8.6	73.0
蜂蜡油凝胶	14.4	15.6	12.4	19.2	8.2	69.8
棕榈蜡油凝胶	13.2	15.2	12.0	15.0	9.2	64.6

六、不同油脂制备的面包和冰淇淋的物理特性

以液态植物油葵花籽油为基料油，选取具有较大食品工业应用前景的植物蜡

（米糠蜡、蜂蜡、棕榈蜡）作为凝胶剂形成油凝胶，以黄油、起酥油、葵花籽油作对照烘焙面包，以黄油、淡奶油作对照制作冰淇淋，探究不同油脂制备的面包和冰淇淋的物性，结果如下。

（1）在面包烘焙评价中，油凝胶制作的面包在感官评定和质构方面，与对照组相比均无太大劣势，同时，烘焙损失率小，且饱和脂肪酸含量较低。

（2）在冰淇淋应用评价中，油凝胶冰淇淋从组织状态和色泽来看，符合软式冰淇淋外观要求，但从口感来说，油凝胶冰淇淋会有少许蜡感。在抗融化性能方面，油凝胶冰淇淋对比黄油冰淇淋和淡奶油冰淇淋无劣势，蜂蜡油凝胶冰淇淋和棕榈蜡油凝胶冰淇淋的抗融化性能好于黄油冰淇淋，但在膨胀率方面，油凝胶冰淇淋膨胀率较低，不利于冰淇淋形成疏松绵软结构，导致产品硬度变大，还需进一步改进。

第六节　环氧葵花籽油加工技术

环氧化植物油由于具有环氧键和不饱和双键等有机反应中极为有用的基团而具有很高的商业价值。环氧化植物油是一种新型环保增塑剂，是一种无毒、无味的聚氯乙烯增塑剂兼稳定剂，它能有效地替代邻苯二甲酸二辛酯（DOP），与聚氯乙烯的相容性好，挥发性低，对光和热有良好的稳定作用，可适用于所有的聚氯乙烯塑料制品，并可改善制品的光热稳定性。葵花籽油具有较高的碘值，可制备具有较高环氧值的环氧化植物油。研究开发环氧葵花籽油，为发展我国塑料工业具有明显的现实意义。

碳碳双键环氧化的方法较多，因反应物的性质和催化剂而异，较为常用的有4种。

（1）采用过氧羧酸在无机酸或酶的催化下制备环氧基，此法是现今最常用的方法。

（2）用有机或无机过氧化物在过渡金属元素催化剂催化下制备环氧基。

（3）用次氯酸或次溴酸（HOX）和它们的盐类等进行环氧化。

（4）用分子氧制备环氧基。

国内已有较多报道用植物油制备环氧化植物油，但是环氧化植物油通常是用过氧化氢、乙酸在强质子酸的催化下制备，用这种方法过氧酸容易发生分解，反应过程大量放热，温度变化幅度大，造成环氧化反应稳定性较差，促进环氧基开环，副产物增加，产品环氧值降低。环氧反应在酸性体系进行，导致产品色泽较深，反应釜及管道被酸严重腐蚀。在无强质子酸条件下，对葵花籽油双键进行环氧化的工艺。

一、加工原理

甲酸先与过氧化氢反应生成过氧化甲酸，过氧化甲酸再与葵花籽油中的双键进行环氧化反应，得到环氧葵花籽油，同时环氧基在酸的作用下会发生副反应。在环氧化反应中，过氧化氢提供氧源，甲酸起到转移活性氧的作用。

二、工艺参数

（一）搅拌速度

过氧化氢制备环氧植物油属多相反应，反应传质过程受扩散控制。称取 100g 葵花籽油，加入 15g 甲酸（每摩尔双键加 0.56mol 甲酸），在 1.5h 内滴加 36g 过氧化氢（每摩尔双键加 1.05mol 过氧化氢），控温至 30℃，在不同的搅拌速度下考察传质阻力的影响。剧烈的搅拌会增加两相界面面积，从而减少双键的环氧化反应受传质阻力的影响。另外，界面面积的增加也会减少环氧基的水解开环反应受传质阻力的影响。为减少反应受传质阻力影响的同时又减少环氧基的水解，搅拌速度应控制在 300~400r/min。

（二）甲酸用量

称取 100g 葵花籽油，加入不同量的甲酸并在 1.5h 内滴加 36g 过氧化氢，控温至 30℃，搅拌速度控制在 350r/min，考察甲酸用量（每摩尔双键所加入的甲酸量）对环氧化反应的影响。为使产品环氧值达到最佳水平，甲酸用量应考虑环氧化反应和环氧基的水解开环反应，经综合考虑甲酸的最佳用量为 0.5mol。

（三）过氧化氢用量

称取 100g 葵花籽油，加入 13g 甲酸（每摩尔双键加 0.5mol 甲酸）并在 1.5h 内滴加不同量的过氧化氢，控温至 30℃，搅拌速度控制在 350r/min，考察过氧化氢用量对环氧化反应的影响。过氧化氢的最佳用量为 2.0mol。

（四）反应温度

称取 100g 葵花籽油，加入 13g 甲酸并在 1.5h 内滴加 64g 过氧化氢（每摩尔双键加入 2.0mol 过氧化氢），滴加过程中温度保持在 30℃，搅拌速度控制在 350r/min，升温至所需的温度，考察温度对环氧化反应的影响。反应的最佳温度为 60~70℃。

（五）反应时间

在温度低于 60℃时，反应时间在 6~10h 内环氧化效率基本保持不变，而双键的转化率则不断提高。由于环氧葵花籽油具有高的环氧值和低的碘值，被认为是高品质的增塑剂。因此，若将环氧葵花籽油作增塑剂用，反应时间控制在 8~9h 内为宜，以降低产品的碘值，提高产品质量。

在过氧化氢（提供氧源）、甲酸（起到转移活性氧的作用）催化下制备的环氧葵花籽油具有较高的环氧值和较低的碘值，特别适合用作增塑剂。环氧葵花籽油的最佳制备工艺条件为：甲酸用量 0.5mol，过氧化氢用量 2.0mol，反应温度 60℃，反应时间 6h。甲酸、过氧化氢的用量过高，反应温度过高或反应时间过长都会增加环氧基的水解反应，降低产品的环氧值。同时过氧化氢的滴加速度不能过快，通过控制过氧化氢的滴加速度来控制温度，滴加速度过快则温度难以控制。反应温度过高会使产品的颜色加深，而且反应温度比其他影响因素对环氧化反应的影响更大，因此必须控制好反应过程中的温度。

第七节　葵花籽油制备烷醇酰胺表面活性剂技术

烷醇酰胺通式为 RCON $(C_nH_{2n}OH)_2$（$n=2\sim3$），通常为淡黄色液体，无毒，无刺激性，溶解度随碳原子数的增加而降低，随温度升高而增大，无浊点，具有良好的表面活性和优良的生物降解性能，是非离子表面活性剂中最重要的品种之一，是现代合成洗涤剂中重要的活性物单体，广泛应用于洗涤剂、泡沫稳定剂、增稠剂、柔软剂、防锈剂、抗静电剂等。烷醇酰胺含有酰胺基团和羟基，对皮革纤维具有一定的亲和力，对纤维有很好的润滑能力，也可以作为有效物成分用于皮革加脂剂复配。葵花籽油脂肪酸烷醇酰胺也可以充当助表面活性剂用于各种皮革助剂的复配，还可以进一步合成其他表面活性剂，用于各种皮革助剂的生产。改变葵花籽油脂肪酸甲酯与乙醇胺物质的量比，可制备性能各异的烷醇酰胺。

一、反应时间对酰胺化反应的影响

反应时间对酰胺化反应的影响如图 7-25 所示，在固定葵花籽油脂肪酸甲酯与乙醇胺的物质的量比（$n_{脂}:n_{胺}$）为 1.0:1.3，反应温度为 130℃，反应所需

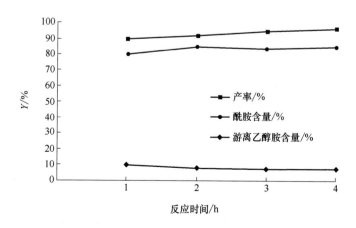

图 7-25　反应时间对酰胺化反应的影响

193

催化剂用量为葵花籽油脂肪酸甲酯质量的 0.9% 时，随着反应的进行，葵花籽油烷醇酰胺产率逐渐增加，但反应达 3.0h 时，影响逐渐变小，烷醇酰胺的产率几乎不变。而游离乙醇胺的含量随着时间的增加而降低，当反应时间为 3.0h，其含量达到最低，反应混合物中烷醇酰胺的含量也达到最大。可确定酰胺化反应的最佳反应时间为 3.0h。

二、催化剂用量对酰胺化反应的影响

固定葵花籽油脂肪酸甲酯与乙醇胺的物质的量的比（$n_{脂} : n_{胺}$）为 1.0 : 1.3，反应温度为 130℃，反应时间为 3.0h。

催化剂用量对酰胺化反应的影响如图 7-26 所示，随着催化剂用量的增加，烷醇酰胺的产率和含量均逐渐增大，当催化剂用量达（葵花籽油脂肪酸甲酯质量的）0.9%，烷醇酰胺的产率和含量均达到最大。而游离乙醇胺的含量随着催化剂用量的增加而逐渐降低，当催化剂用量大于 0.9% 后，游离乙醇胺的含量几乎不再改变。在酰胺化反应中，选择催化剂 KOH 的用量为 0.9%。

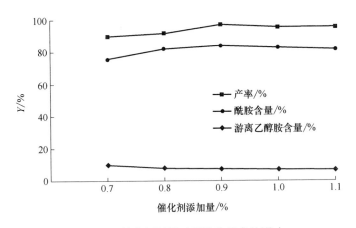

图 7-26　催化剂用量对酰胺化反应的影响

三、反应温度对酰胺化反应的影响

固定葵花籽油脂肪酸甲酯与乙醇胺物质的量的比（$n_{脂} : n_{胺}$）为 1.0 : 1.3，反应时间为 3.0h，反应所需催化剂用量为（葵花籽油脂肪酸甲酯质量的）0.9%。考察反应温度对酰胺化反应的影响。

反应温度对酰胺化反应的影响如图 7-27 所示，随着反应温度的升高，烷醇酰胺的产率及其含量都逐渐增大，但当反应温度超过 130℃后，烷醇酰胺的产率和含量开始下降，而且反应产物的色泽很差，说明温度太高，副反应产物增多，产品质量下降。另外，游离乙醇胺的含量曲线在反应温度达 130℃后趋于平缓。

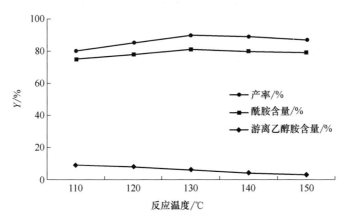

图 7-27　反应温度对酰胺化反应的影响

由此可以看出，酰胺化反应的最佳反应温度为 130℃。

四、投料比对酰胺化反应的影响

固定酰胺化反应时间为 3.0h，反应温度为 130℃，反应所需催化剂用量为（葵花籽油脂肪酸甲酯的）0.9%，考察葵花籽油脂肪酸甲酯与乙醇胺物质的量比对酰胺化反应的影响。

物质的量的比对酰胺化反应的影响如图 7-28 所示，从酰胺化反应方程式可知，葵花籽油脂肪酸甲酯与乙醇胺物质的量比（$n_{脂}:n_{胺}$）应为 1.0:1.0（理论）。由于未反应的葵花籽油脂肪酸甲酯的残留会给下一步反应带来不良的影响，为提高葵花籽脂肪酸甲酯的转化率，同时考虑到产品中游离胺不能过高，采用单乙醇胺投料稍过量较为合适。本实验对物质的量比（$n_{脂}:n_{胺}$）在（1.0:1.2）～（1.0:1.6）进行实验，由图 7-28 可以看出，随投料比的增大，烷醇酰胺收率和其含量均增加，

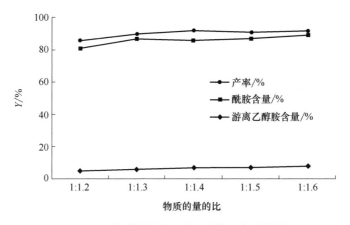

图 7-28　物质的量的比对酰胺化反应的影响

但大于 1.0∶1.3 时，增加缓慢。因此，酰胺化反应的最佳物质的量比（$n_{脂}$∶$n_{胺}$）确定为 1.0∶1.3。

五、葵花籽油烷醇酰胺水溶液的表面张力的测定结果

将提纯的葵花籽油烷醇酰胺配制成不同浓度的溶液，分别测定其表面张力，并与十二烷基硫酸钠进行比较。葵花籽油烷醇酰胺水溶液的表面张力测定结果如表 7-13 所示，葵花籽油烷醇酰胺有较好的降低水溶液表面张力的能力。

表 7-13　　　　　　　　葵花籽油烷醇酰胺水溶液的表面张力

样品的浓度/%	0.1	0.3	0.5	0.8	$K_{12}(0.1\%)$	$K_{12}\&(1\%)$	蒸馏水
表面张力	42.6	40.5	38.9	37.4	43.5	37.2	72.1

六、表面性能测定结果

测得产品的 HLB 值为 6.60，分散能力较强，分散指数为 24.2%，乳化能力相对较好，分出 5ml 水的时间为 265min。烷醇酰胺对 AES（脂肪醇聚氧乙烯醚硫酸盐）泡沫性能的影响：AES 泡沫高度 164mm（瞬时），158mm（5min）。加本实验制得的烷醇酰胺后泡沫高度为 173mm（瞬时），169mm（5min）。

七、红外光谱（IR）分析结果

对改性葵花籽油和酰胺化产物分别进行了红外光谱分析。比较葵花籽油脂肪酸甲酯和烷醇酰胺的红外光谱图可知，葵花籽油改性产物脂肪酸甲酯仍存在 C═C（1653cm^{-1}）键和 C═O（1743cm^{-1}）双键的特征吸收峰，而 C—O（1022cm^{-1}）键的对称伸缩峰向低波数移动了 77cm^{-1}、不对称伸缩振动峰（1171cm^{-1}）向高波数移动了 7cm^{-1}，属脂肪酸甲酯的特征吸收峰。由于形成酰胺键，酰胺化产物 IR 中的 $V_{C—O}$ 基本消失，并出现了 $V_{—OH}$（3386cm^{-1}）、$V_{C—N}$（3299cm^{-1}）等烷醇酰胺的特征吸收峰，且发现产品在 1640cm^{-1} 处出现强吸收峰，说明了产物中酰胺键的存在。由以上分析知反应所得产物应为目的产物。

八、烷醇酰胺表面活性剂

（1）改性葵花籽油酰胺化的适宜反应条件：物质的量比（$n_{脂}$∶$n_{胺}$）为 1.0∶1.3，反应时间为 3.0h，反应温度为 130℃，催化剂用量为（葵花籽油脂肪酸甲酯质量的）0.9%，在该条件下重复实验，烷醇酰胺的收率均大于 96%。

（2）通过性能分析知，本实验制得的葵花籽油脂肪酸烷醇酰胺具有较好的乳化力、稳泡性和分散性。

（3）葵花籽油脂肪酸烷醇酰胺是重要的非离子表面活性剂，也是重要的精

细有机化学品的中间体，若将其再与磷酸化试剂反应可制得新型表面活性剂磷酸酯盐，可应用于制备磷酸酯类皮革加脂剂。实验工艺路线合理，反应设备简单，反应条件温和，不污染环境，容易实现工业化生产。

第八节　葵花籽壳的利用

一、葵花籽壳的组成成分

葵花籽壳含有 5.17% 的类脂（包括 2%~3% 的蜡质、油、固醇），4% 的蛋白质，50% 的碳水化合物（主要纤维素、木质素），25.7% 的还原糖（52% 木糖、27% 阿拉伯糖、12% 的半乳糖醛酸和 9% 的半乳糖），8.2% 的水分和 2.1% 的灰分。戊糖即木糖、阿戊糖，可水解产生糠醛。壳中糠醛理论含量为 14.9%~17.1%。

二、葵花籽壳的用途

（1）葵花籽壳可用作饲料　由于葵花籽壳含有较多纤维素和木质素，不容易消化，用作饲料时，需将葵花籽壳磨细并与其他饲料配料混合。

（2）葵花籽壳是生产糠醛很好的原料　葵花籽壳中的纤维素经水解，可做纤维板，经发酵处理可以培育蘑菇。

（3）葵花籽壳是很好的燃料　葵花籽的燃烧热值为 19.2MJ/kg，吨壳的出水蒸汽量 3.3t。有些工厂将壳作燃料发电，所发电量不仅供工厂自身使用，还可输出，取得收益。

（4）其他用途　葵花籽壳可以用于生产建筑材料和隔热板，由于其灰分中钾的含量较高，还可当作肥料使用。

三、木质素的提取

葵花籽壳是许多粮油厂、食品厂的加工副产品，年产量大约 70 万 t。葵花籽壳中的木质素含量很高，因此以葵花籽壳为原料提取木质素，对木质素的结构进行解析，为葵花籽壳木质素的进一步的应用提供结构基础，并评价其抗氧化活性，对提高葵花籽壳高的经济附加值具有实际意义。

（一）木质素的结构

木质素由苯丙烷类结构单元组成，分子结构中存在酚羟基、醇羟基、羰基、甲氧基、羧基和共轭双键等活性基团，具有应用于化妆品和食品行业做抗氧化剂的潜力。

（二）木质素的提取方法

木质素的提取主要有无机溶剂提取法和有机溶剂提取法，其中醋酸法提取木质素具有可在常压下进行，对设备要求低，醋酸溶液易挥发，可回收利用等特点，可有效降低提取成本，且提取的木质素有较低的相对分子质量和较高反应活性，被广泛应用于木质素提取研究。

采用醋酸法提取葵花籽壳木质素得率达到 70.12%（相对于原料中 Klason 木质素的含量），纯度为 88.54%，提取的木质素中结合有少量碳水化合物，总量为 2.92%。利用凝胶渗透色谱、紫外光谱、红外光谱、核磁共振氢谱和热重分析对提取的木质素进行结构表征，结果表明葵花籽壳木质素的平均分子质量较低，分散系数低，均一性较好，含有较多的活性官能团，如酚羟基、甲氧基等。提取的木质素是以愈创木基为主的 GS 型木质素，结构单元之间的连接键以 $\beta\text{-}O\text{-}4$ 结构为主，木质素样品主要降解温度在 200~400℃，葵花籽壳木质素在 DPPH 自由基清除指数 RSI 值为 1.54，显著高于商业合成的抗氧化剂二丁基羟基甲苯（RSI 值为 0.94）。

四、葵花籽壳栽培香菇技术

用粉碎了的葵花籽壳和少量棉籽壳混合栽培香菇，菌丝生长旺盛，出菇早，子实体质地好，产量高。用葵花籽壳栽培香菇生物有效率达 100% 以上。现将其栽培技术简介如下。

（一）菌株

菌株采用香菇 7402（引自上海农科院微生物所）。

（二）材料

材料为葵花籽壳（主料）。

（三）菌种制作

1. 母种制作

采用 PDA 培养基，在原有配方中，每 1000mL 培养液加 2g 酵母膏，0.5g 硫酸镁，pH 调至 6.5，高压灭菌 30min。超净工作台接种。

2. 原料制作

采用小麦粒作培养基，先用清水将麦粒浸泡 24h，用锅煮 20~30min，切开麦粒内部没有生心即可，捞出控去多余水分，瓶装高压灭菌 2h。超净工作台接种。

3. 栽培种制作

栽培种培养料采用棉籽壳 40%，杂木屑 40%，麸皮 15%，玉米面 3%，糖 1%，石膏 1%，加水 60% 左右，将料拌匀，pH 调至 6.8，瓶装常压灭菌 8~10h，出锅后，温度降至 30℃ 以下。无菌操作接种。置于室内常温（18~26℃）下发菌。

（四）栽培方法

1. 原料加工

用粉碎机将葵花籽壳加工成（筛目为 110~120 目）木屑状备用。

2. 原料的配比

葵花籽壳 50%，棉籽壳 30%，麸皮 18%，糖 1%，石膏 1%，维生素 B$_2$ 按每百斤料加 50mg 计。将各种培养料混拌在一起，用水化开糖和维生素 B$_2$ 拌入料中，使料含水达 60% 左右，pH 调至 6.5~6.3。装袋（28cm×40cm）。常压灭菌，袋中间用木棒打孔，两头接种，用大头针封口。

（五）发菌管理

栽培袋接种后，移入培养室，墙式垒放发菌，室内保持干燥、通风、阴暗，温度控制在 18~26℃。发菌到七天左右，进行全面检查，发现污染袋及时处理。发菌中后期出现黄水时，可拉开袋口的一角（不露培养料）进行通风，促使菌丝生长。菌丝发满袋后，发现有乳头状突起时，开始脱袋转色。

（六）出菇前转色

在出菇前料面上有小原基形成及局部有转色时，表明菌丝已开始成熟，可以脱袋促使转色。脱袋后从袋中间横切开，接菌种的面朝上，埋入地下，菌种面露出地面 3.3~6.7cm。上盖地膜，在 3~5 天内保持高温环境，温度高出 25℃，每天要揭膜 1~2 次，通风降温。脱袋后由于菌丝体全面接触空气，菌丝发育很快，长成绒毛状菌丝。在条件适宜时，开始分泌色素，由白色逐步转为棕褐色，最后形成树皮状的褐色菌膜。这种菌膜能抵抗不良环境和杂菌污染，促进菌丝体内部养料转化，有利菇蕾的形成。用此菌丝体转色是香菇栽培管理的关键，是栽培成败，产量高低的重要一环。

（七）出菇管理

出菇期菇场相对湿度要保持在 85%~90%，温度控制在 10~25℃，以利于子实体生长。香菇子实体的生长，要求昼夜温差达 10℃ 以上，以促进子实体形成。加强管理，控制温湿度是提高产量的有力措施。

（八）采收与加工

要提高香菇的产值和经济效益，除了掌握栽培技术，实行科学种菇外，适时的采收和妥善的保管、储藏是不可忽视的。香菇子实体采收早了则影响产量，采收晚了影响质量，采收的标准是菇盖未完全张开，边缘稍向内卷，呈"铜锣状"，菌褶伸直，大约八成熟即可采收。此时采收香味浓、产质优。

采收时，用拇指和食指掐住菇柄基部，左右旋转后，轻轻连根拔起，不要碰着周围的菇蕾和幼菇。采完一潮菇后，清除菇脚和死菇，停止喷水，让菌丝生长 2~3 天再进行出菇管理。采下的菇不能堆放，以防腐烂，要及时加工，太阳晒干的味道不浓，出口要求采用烘干，以保持原色不变，香味更浓。

五、葵花籽壳制备红色素技术

食用色素主要为合成色素和从无毒无害的天然产物中提取的天然色素。合成色素虽然具有成本低、着色性好的优点，但合成色素除了改善食品的外观外，色素本身并无营养价值，且过多食用某些合成色素会严重影响人体健康，因其可能在人体代谢过程中产生有害物质，以及在合成过程中可能被砷、铅等重金属污染等缺陷。天然色素因安全无毒，稳定性能良好，色调自然，颜色逼真且具有相当的营养和医疗保健作用而备受人们推崇，因此寻找和开发更多种类的天然色素已成为食用色素发展的总趋势，如红色素主要为花色素苷类，属于类黄酮化合物，具有抑制血小板凝固、预防血栓、抗癌等作用。通过超声法辅助溶剂优化葵花籽壳红色素的提取条件，并利用乙醚沉淀法研究葵花籽壳红色素的纯化条件，研究光照、温度、pH、氧化剂、还原剂以及食品添加剂对红色素稳定性的影响以获得葵花籽壳红色素的适用范围。

（一）提取条件的优化

称取 10.0g 葵花籽壳，在料液比 1∶16、超声温度 55℃、超声时间 10min 的条件下，对葵花籽壳进行色素的提取，得 0.82g 紫红色的色素粗品，则色素粗品的得率为 8.2%。

（二）葵花籽壳红色素稳定性

1. 温度、光照对葵花籽壳红色素稳定性的影响

温度对葵花籽壳稳定性的影响如图 7-29 所示。

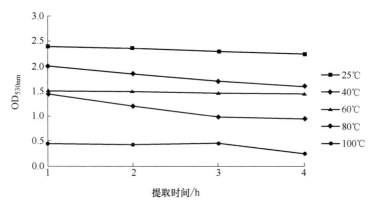

图 7-29　温度对葵花籽壳稳定性的影响

在同一 pH 和时间条件下，当温度<80℃，OD_{530nm} 变化较小，颜色为深红紫色；而温度≥80℃时 OD_{530nm} 变化较大，颜色由深红紫色变为红紫色最后变为淡红色。因此可知，温度<80℃时，葵花籽壳红色素的稳定性较好，即在温度<80℃条件下葵花籽壳红色素的耐热性较好。

光照对葵花籽壳红色素稳定性的影响如图 7-30 所示。在一定实验环境条件下，光照时间越长，OD_{530nm} 值越小，颜色越淡，也就是说葵花籽壳红色素的耐

光性较差。因此，葵花籽壳红色素应避光储藏。

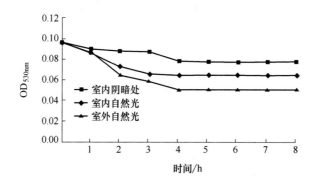

图 7-30　光照对葵花籽壳红色素稳定性的影响

2. pH 对葵花籽壳红色素的影响

pH 对葵花籽壳红色素稳定性影响如图 7-31 所示。当 pH 在 1.0~2.0 时，葵花籽壳红色素的颜色正常，OD_{530nm} 值变化不大；当 pH3.0~14.0 时 OD_{530nm} 值变化较大且 pH 在 3.0~6.0 时，颜色变为淡紫色；当 pH 在 7.0 时，变为无色；pH 在 8.0~11.0 时，变为黄绿色。故 pH 在 1~2，葵花籽壳红色素的稳定性最好。

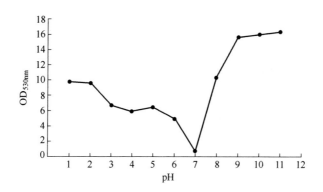

图 7-31　pH 对葵花籽壳红色素稳定性影响

3. 金属离子对葵花籽壳红色素稳定性的影响

金属离子对葵花籽壳红色素稳定性的影响如图 7-32 所示。以图 7-32 为基础，分别将不同浓度下的同一金属离子的 OD_{530nm} 值与之相对应的对照组的 OD_{530nm} 值相比可知，随着加入金属离子 Ca^{2+}、Na^+、Al^{3+}、Cu^{2+}、Mg^{2+} 的浓度的增加，加入金属离子前后的 OD_{530nm} 值变化不大，且颜色变化不大，说明金属离子对葵花籽壳红色素稳定性的影响不大。

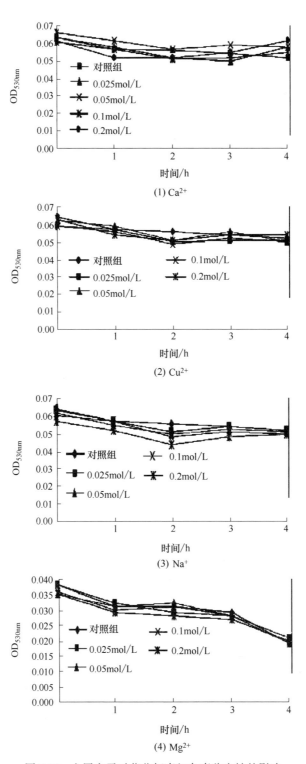

图 7-32 金属离子对葵花籽壳红色素稳定性的影响

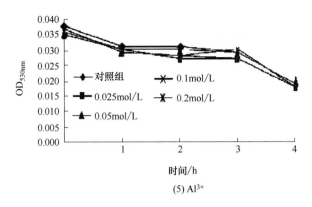

(5) Al^{3+}

图 7-32　金属离子对葵花籽壳红色素稳定性的影响（续）

4. 氧化剂、还原剂对葵花籽壳红色素稳定性的影响

氧化剂、还原剂对葵花籽壳红色素稳定性的影响如图 7-33 所示。

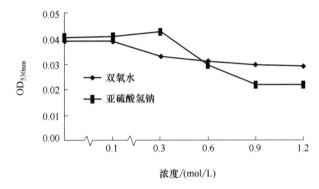

图 7-33　氧化剂、还原剂对葵花籽壳红色素稳定性的影响

5. 食品添加剂对葵花籽壳红色素稳定性的影响

食品添加剂对葵花籽壳红色素稳定性的影响如图 7-34 所示。当向葵花籽壳红色素中加入食品添加剂，如 NaCl、蔗糖、葡萄糖等，颜色均未发生变化，OD$_{530nm}$ 值变化不大，即以上食品添加剂对葵花籽壳红色素的影响不大。

（三）葵花籽壳红色素初步纯化

乙醚倍数对葵花籽壳红色素纯化影响见表 7-14。

表 7-14　　　　　　　乙醚倍数对葵花籽壳红色素纯化影响

温度/℃	1	2	3	4	5
纯化产品质量/g	0.349	0.384	0.570	0.633	0.589
提纯率/%	3.49	3.84	5.70	6.33	5.89

由表 7-14 分析可得，4℃时葵花籽壳红色素纯化率相对较高，5℃时提纯率

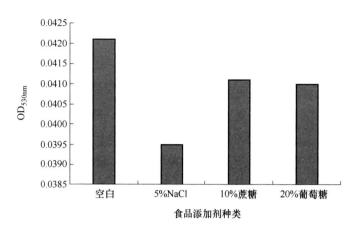

图 7-34 食品添加剂对葵花籽壳红色素稳定性的影响

低于4℃，这可能是高于5℃时沉淀不完全造成葵花籽壳红色素的损失，故选取4℃作为葵花籽壳红色素浓浆静止于冰箱中的温度。

（四）置于冰箱中温度的影响

置于冰箱中的温度对葵花籽壳红色素的最终纯化结果，温度对葵花籽壳红色素纯化影响见表7-15，加入乙醚的倍数对葵花籽壳红色素的纯化有一定影响，但葵花籽壳红色素纯化时加入乙醚3~5倍所得的纯化色素几乎相等，这可能是随着加入乙醚的倍数的增加，某些未来得及与葵花籽壳红色素发生反应的乙醚与空气中的氧气生成过氧化乙醚造成乙醚的损失，也有可能所加入的盐酸-甲醇混合溶液，未完全溶解葵花籽壳红色素粗提物，使得加入乙醚倍数为3~5倍时数据几乎相等，考虑到成本，本实验在纯化过程中可加入乙醚3~5倍。

表 7-15　　　　　温度对葵花籽壳红色素纯化影响

温度/℃	1	2	3	4	5
纯化产品质量/g	0.349	0.384	0.570	0.633	0.589
提纯率/%	3.49	3.84	5.70	6.33	5.89

（五）结论

（1）根据正交试验可以知，影响葵花籽壳红色素提取的因素次序为超声温度>料液比>超声时间，葵花籽壳红色素的最佳提取条件为超声温度55℃，料液比1：16（m：V），提取时间10min，根据此条件提取20.0g葵花籽壳并将葵花籽壳粗提后过滤的提取液浓缩至浓浆（呈膏状），纯化所得色素为深紫红色粉末状固体色素1.26g，提纯率为6.30%。

（2）据稳定性实验分析，温度、光照、pH、金属离子、氧化剂、还原剂、食品添加剂对葵花籽壳红色素的稳定性也会产生不同程度的影响。当温度为80℃时，葵花籽壳红色素的稳定性较好；在一定光照条件下，光照时间越长，

OD$_{530nm}$ 值越低，葵花籽壳红色素就越不稳定；pH1.0~2.0，葵花籽壳红色素稳定性较好；在同一金属离子不同浓度的条件下，OD$_{530nm}$ 值变化不大，说明金属离子对葵花籽壳红色素稳定性的影响较小；不同浓度的氧化剂和还原剂的条件下，OD$_{530nm}$ 值变化均不大，说明氧化剂和还原剂对葵花籽壳红色素的稳定性影响较小；不同种类的食品添加剂对葵花籽壳红色素的影响也较小。

第九节 葵花油蜡的精制与特性研究

一、葵花籽油蜡的精制

葵花油蜡的精制即蜡糊的脱脂，葵花油蜡的精制过程如图 7-35 所示。准确称取 50g 葵花油蜡糊置于圆底烧瓶中，按一定料液比加入溶剂，在一定温度下用搅拌器搅拌混合萃取一定时间。将萃取后的混合溶液在 5℃条件下冷却 1~2h，之后以 5000r/min 离心 10min，将离心分离后得到的含溶剂湿蜡倒入表面皿，于真空干燥箱中脱溶得到脱脂葵花油蜡，混合溶剂经旋蒸回收溶剂和中性油。

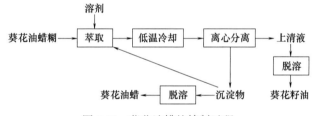

图 7-35 葵花油蜡的精制过程

（一）脱脂葵花油蜡丙酮不溶物含量测定

准确称取蜡样品 0.2~0.3g 于具塞离心管中，加入丙酮（AR）10mL，30℃条件下浸泡 1h 以上，不时摇动，再离心分离，倾出丙酮层，继续用丙酮洗涤，离心分离数次至丙酮液于滤纸上无油迹为止，吹干丙酮后，置烘箱中于 100℃烘干至恒质量，计算见式（7-1）。

$$蜡的回收率=(M_2 \times N_2)/(M_1 \times N_1) \qquad (7-1)$$

式中 M_1——葵花油蜡糊质量

N_1——葵花油蜡糊丙酮不溶物含量

M_2——脱脂葵花油蜡质量

N_2——脱脂葵花油蜡丙酮不溶物含量

（二）葵花油蜡成分分析

（1）样品准备 称取约 20mg 葵花油蜡，用 5mL 色谱氯仿溶解，加入硬脂酸十八醇酯（C$_{36}$）作为内标，过 0.45μm 滤膜后用于气相色谱分析。

（2）色谱条件 DB-1HT 熔融石英毛细管柱（30m×0.25mm，0.10μm）；载气为高纯氮气；流速 40mL/min；进样量 1μL。进样口温度 300℃；检测器温度350℃；升温程序：柱温 150℃，保持 1min，以 25℃/min 速率升温至 270℃，再以 5℃/min 速率升温至 360℃，保持 10min。

（三）葵花油蜡傅里叶红外光谱（FTIR）分析

取 1~2mg 的葵花油蜡样品与 20~30mg 干燥的粉末 KBr 混合，制样方式为KBr 压片法（压成均一透明的薄膜），置于 WQF-510 型傅里叶变换红外光谱仪下选择扫描透光率模式，记录样品的 FTIR 透光率谱图。测量范围为 4000~400cm^{-1}，扫描 8 次，精度为 4cm^{-1}。

（四）葵花油蜡差示量热扫描（DSC）分析

精确称取葵花油蜡 8~10mg，程序控温，以 30℃/min 的速率快速将其从室温加热至 90℃，并保持 10min 以消除结晶，再以 5℃/min 的速率降到 20℃，并保持 20min 使其充分结晶，再升温至 90℃，升温速率为 5℃/min，氮气流速为100mL/min，记录结晶及熔化过程中的热变化曲线。

二、蜡糊脱脂溶剂

采用单次萃取方式，对蜡糊进行处理，溶剂对葵花油蜡糊脱脂效果的影响如图 7-36 所示。就产物的丙酮不溶物含量而言，溶剂的萃取效果由好到差的顺序为：正己烷>丙酮>乙酸乙酯>异丙醇，经正己烷处理得到的产物的丙酮不溶物含量可达 45%，而异丙醇处理的产物的丙酮不溶物含量则为 18%；就蜡的回收率而言，溶剂的萃取效果由好到差的顺序为：异丙醇>丙酮>乙酸乙酯>正己烷，经异丙醇处理得到的产物中，蜡的回收率约为 90%，而正己烷处理时蜡的回收率为60%。综合考虑，选择异丙醇作为后续研究的溶剂。

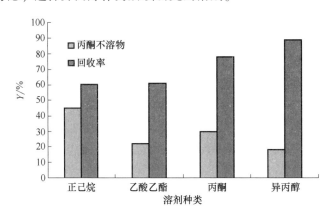

注：萃取时间 50min，温度 50℃，料液比 1:10（蜡糊:溶剂，$m:V$）。

图 7-36 溶剂对葵花油蜡糊脱脂效果的影响

三、异丙醇脱脂效果的影响因素

(一) 搅拌时间

时间对脱脂效果的影响如图 7-37 所示，随着搅拌时间的延长，所得产物的丙酮不溶物含量在前 50min 呈上升趋势，而后维持在 13%左右；而产物回收率则随着搅拌时间的增减先增加后降低，在 50min 达到极大值 86%。这可能是由于葵花油蜡中的油脂以及其他可溶于异丙醇中的物质在开始阶段并未与异丙醇充分接触，未达到溶解平衡。随着油脂在异丙醇中的不断溶解，异丙醇的极性不断下降，使得蜡在溶剂（油脂/异丙醇混合物）中的溶解量增加，导致蜡的损失量增加，表现为 50min 后回收率下降。

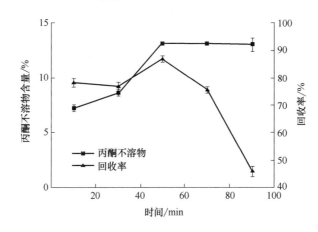

注：温度 50℃，料液比 1∶10（蜡糊∶溶剂，$m∶V$）。

图 7-37　时间对脱脂效果的影响

(二) 温度

温度对脱脂效果的影响如图 7-38 所示，随着温度的升高，脱脂葵花油蜡的丙酮不溶物含量呈不断上升的趋势，70℃和 80℃时分别达到 14%和 13%。在 40~60℃，蜡的回收率无明显变化，约为 94%；但当温度高于 60℃时，蜡的回收率迅速下降，从 50℃时的 96%降到 80℃时的 72%。原因可能是油脂在异丙醇中的溶解度随着温度的上升而逐渐升高，同时葵花油蜡在异丙醇中的溶解度也会随着温度的上升而升高。

(三) 料液比

料液比对脱脂效果的影响如图 7-39 所示，随着料液比的不断增加，脱脂葵花油蜡的丙酮不溶物含量增加，回收率则逐渐下降。料液比 1∶6 增加到 1∶16 时，产物的丙酮不溶物含量由 7%增加到 47%，回收率由 96%降到 86%。原因可能是随着异丙醇的用量越来越多，其中所能溶解的油脂的量也越来越多，因而纯

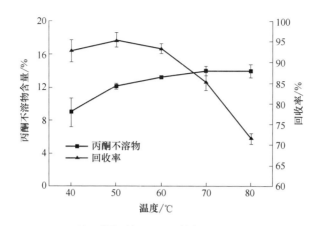

注：萃取时间 50min，料液比 1：10。

图 7-38　温度对脱脂效果的影响

度逐渐升高，同时其所能溶解的葵花油蜡的量也逐渐上升。

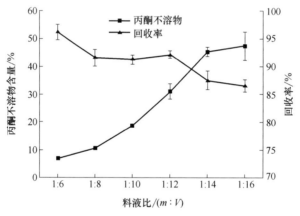

注：萃取时间 50min，温度 50℃。

图 7-39　料液比对脱脂效果的影响

（四）萃取次数

萃取次数对葵花油蜡中丙酮不溶物含量的影响如图 7-40 所示，采用单次萃取脱脂，当料液比达到 1：16 时，脱脂所得的葵花油蜡中的丙酮不溶物含量较低。考虑到实际生产，单次萃取若想获得纯度达到 95% 以上的产品，溶剂消耗过大，会大大增加生产成本。因此考虑多次萃取，以异丙醇为溶剂，料液比为 1：6，进行多次萃取。

通过多次分步萃取可以使葵花油蜡的丙酮不溶物含量得到很大的提高，通过 4 次萃取，可以使丙酮不溶物含量达到 95% 以上，蜡的回收率达到 90% 以上，脱脂效果较好。

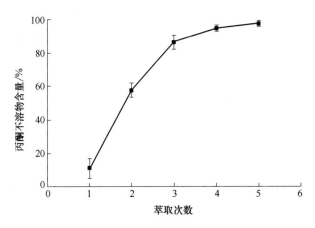

注：萃取时间 50min，温度 50℃，料液比为 1∶6。

图 7-40　萃取次数对葵花油蜡中丙酮不溶物含量的影响

四、精制葵花油蜡红外光谱分析

精制葵花油蜡傅里叶红外图谱如图 7-41 所示，在 3200~2700，1733，1463，1300~1100，719cm⁻¹ 处出现了 5 个特征吸收峰。说明精制的葵花油蜡样品中存在 $CH_3—(CH_2)_n—(n \geqslant 4)$ 基团，推断混合物中存在长碳链碳氢化合物。在 3200~2700cm⁻¹ 的宽峰是 C—H 的伸缩振动，1733cm⁻¹ 处出现的特征吸收为羧酸酯 C ═ O 的特征峰，1463cm⁻¹ 处出现的尖锐峰是—CH₂—的 C—H 的特征吸收，1300~1100cm⁻¹ 处的宽峰为 C—O 的特征峰，表明有长碳链的脂肪醇存在。1178cm⁻¹ 处吸收峰同时可证明酯结构的特征吸收峰，结合 1733cm⁻¹ 处的 C ═O 推测样品中可能还含有长碳链饱和酯，并可以得知该酯由一元醇和一元羧酸缩合而成。葵花

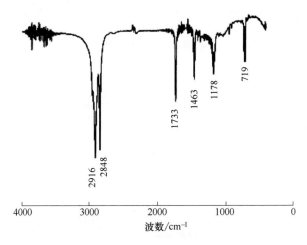

图 7-41　精制葵花油蜡傅里叶红外图谱

油中的不饱和脂肪酸尤其是油酸和亚油酸含量很高，$C=C$ 和 $C=C—C—C=C$ 的特征吸收为 $1600cm^{-1}$，而图 7-41 在 $1600cm^{-1}$ 处仅有微弱的吸收，说明精制得到葵花油蜡纯度很高。

五、精制葵花油蜡成分分析

精制葵花油蜡的高温气相色谱如图 7-42 所示，精制葵花油蜡的成分为 C_{40} ~ C_{56} 的酯，主要是偶数碳的酯，也有少量奇数碳的酯，主要为 C_{42} ~ C_{52} 的偶数碳的酯，其中含量较高的有 C_{44}、C_{46}、C_{48}，含量分别为 30.60%，25.37%，13.75%。这与前人的研究结果存在较小差异，可能是由于原料产地差异所致。有研究表明，粗蜡的 GC 分析结果中检测出的蜡组分中只有小于 C_{48} 的，因为保留时间大于 C_{50} 的组分主要是固醇、甲基甾醇、萜烯醇酯等成分，它们的存在使得碳数大于 C_{48} 的蜡检测不出。但精制的葵花油蜡中可以检测出碳数大于 C_{48} 的蜡，因为溶剂的萃取过程可以除去这些成分。这也从另一个角度说明了采用溶剂萃取法可以有效地脱除葵花油蜡糊中的非蜡酯组分，精制的葵花油蜡产品质量较好。精制葵花油蜡成分见表 7-16。

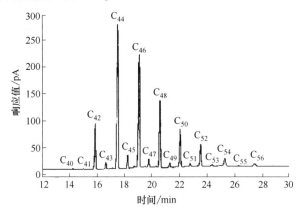

图 7-42　精制葵花油蜡的高温气相色谱

表 7-16　　　　　　　　　精制葵花油蜡成分　　　　　　　　单位：%

蜡酯碳链	质量分数	蜡酯碳链	质量分数
C_{40}	0.12±0.03	C_{41}	0.08±0.01
C_{42}	8.02±0.06	C_{43}	1.10±0.01
C_{44}	30.60±0.24	C_{45}	2.46±0.02
C_{46}	25.37±0.06	C_{47}	1.40±0.01
C_{48}	13.75±0.38	C_{49}	0.87±0.02
C_{50}	7.17±0.06	C_{51}	0.58±0.01
C_{52}	4.89±0.04	C_{53}	0.36±0.01
C_{54}	2.11±0.02	C_{55}	0.16±0.02
C_{56}	0.88±0.01		

六、精制葵花油蜡热力学性质分析

不同料液比脱脂（异丙醇）得到的粗葵花油蜡和精制葵花油蜡的 DSC 熔化结晶曲线如图 7-43 所示，异丙醇不同料液比脱脂得到粗葵花油蜡和精制葵花油蜡的热性质见表 7-17，包括熔化和结晶的起始温度 T_o，结束温度 T_s，峰值温度 T_p、$\Delta T_{1/2}$ $[=(T_o-T_s)/2]$ 和焓值 ΔH。

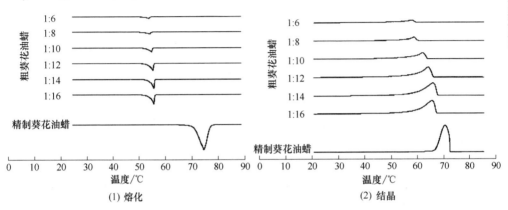

图 7-43 不同料液比脱脂（异丙醇）得到的粗葵花油蜡和精制葵花油蜡的 DSC 熔化结晶曲线

表 7-17 异丙醇不同料液比脱脂得到粗葵花油蜡和精制葵花油蜡的热性质

葵花油蜡样品			$T_o/℃$	$T_s/℃$	$\Delta T_{1/2}/℃$	$T_p/℃$	$\Delta H/(J/g)$
粗葵花油蜡	1:6 脱脂	熔化	51.68	63.13	5.73	61.02	-14.79
		结晶	59.70	48.31	5.70	58.22	15.16
	1:8 脱脂	熔化	56.01	66.10	5.05	62.41	-17.17
		结晶	60.34	50.08	5.13	58.97	18.60
	1:10 脱脂	熔化	57.17	66.24	4.54	65.43	-35.06
		结晶	63.89	54.48	4.71	62.48	35.94
	1:12 脱脂	熔化	60.77	69.55	4.39	67.56	-57.69
		结晶	65.94	57.02	4.46	64.58	58.44
	1:14 脱脂	熔化	62.81	71.11	4.15	68.93	-74.50
		结晶	67.12	58.95	4.09	66.08	75.35
	1:16 脱脂	熔化	62.98	71.17	4.10	69.29	-75.88
		结晶	67.40	59.02	4.19	66.45	78.30
精制葵花油蜡		熔化	70.92	76.77	2.93	74.45	-224.00
		结晶	72.63	67.11	2.76	70.61	223.70

从图 7-43 和表 7-17 可以看出，精制葵花油蜡熔化/结晶峰为单峰，熔化和结晶的峰值温度分别为 74.45℃ 和 70.61℃，熔融焓和结晶焓分别为 -224.0J/g 和 223.7J/g，熔化和结晶的 $\Delta T_{1/2}$ 分别为 2.93℃ 和 2.76℃，这些数据与高纯度葵花

油蜡的分析结果基本一致，说明本实验所得的葵花油蜡纯度很高。与异丙醇单次萃取制得的葵花油粗蜡相比，精制葵油蜡熔化/结晶过程的峰值和熔值要高于葵花油粗蜡。同时，随着异丙醇用量的增大，所得到蜡制品的 T_p 和熔值也逐渐增大，说明其中蜡含量越来越高。单次萃取所得的葵花油粗蜡熔化峰值和结晶峰值之所以较低，是因为粗蜡中含有一定量的低熔点组分，如甘油三酯、固醇、甲基甾醇、萜烯醇酯等。溶剂萃取法可以有效地去除这些低熔点组分，因此精制的葵花油蜡有较高的融化结晶峰值。

$\Delta T_{1/2}$ 能够反映物质的纯度，在单次萃取时，随着料液比的增加，所得到的蜡制品的 $\Delta T_{1/2}$ 逐渐减小（表7-17），熔化时由 5.73℃ 降到 4.10℃，说明随着料液比的增加，得到的蜡制品中蜡的含量越来越高。

采用溶剂萃取法，以异丙醇为溶剂，分步多次萃取可以有效地去除葵花油蜡糊中的非蜡组分，得到精制的葵花油蜡。通过傅里叶红外光谱和热分析证实精制葵花油蜡纯度很高，主要成分是高级脂肪酸和高级脂肪醇酯化形成的酯，碳原子数介于 $C_{40} \sim C_{56}$，其中主要是偶数碳链的酯，也发现了少量奇数碳链的酯。葵花油蜡纯度与其热力学参数有一定的关系，精制葵花油蜡的熔化温度和结晶点较高，粗蜡则相对较低。

第十节　葵花籽油脚制取皂粉技术

对葵花籽加工，除生产葵花籽油和葵花籽粕外，还产生大量的葵花籽油脚（后文简称油脚），但这些油脚绝大多数并未得到充分利用，且放置一段时间后极易腐败发臭，对油厂周围环境和油厂的正常生产都带来不利影响。为合理利用这部分资源，作者经反复实践，对油脚制取优质复合肥皂粉取得了成功。

一、生产原理

利用油脚中的油脂与纯碱的皂化反应，生成肥皂和甘油。

油脚经皂化即可形成皂基，由皂基制成皂粉的关键在于调和工序，选择一种 BA 调和剂，并加入 Na_2CO_3，再经干燥、粉碎、筛选、加香和复配制取优质复合肥皂粉。

二、工艺流程与操作步骤

（一）工艺流程

葵花籽油脚→ 皂化 → 盐析 → 水洗 → 整理 → 调和 → 干燥 → 粉碎 → 筛选 → 加香 → 复配 →复合肥皂粉

（二）操作步骤

（1）称取 80g 油脚，加入 20g 中性油（机榨或浸出毛油，或废油均可），搅拌均匀，加入 50mL 热水，升温至 90℃。

（2）按油脚重的 20%～40%，分 3～4 次加入 50% 的 NaOH 液至烧杯中，加碱时，开始投入总碱量的 1/4，反应时间 30min，待原料形成乳化状时，再加入总碱量的 2/4，反应 20min 后，再加入剩余碱液。加碱过程中应不断搅拌，同时检验 pH 是否在 9～10，过 30min 后，再检查 pH，若为 9～10，说明皂化完全。另应注意在皂化过程中水分的不断蒸发，并适当补充。

（3）皂粒或皂胶形成后，按油脚重的 100%，均匀加入 NaCl 不断搅拌并煮 15min，使其完全溶于皂中。停止加热，静置沉淀 3～4h 后排出底部黑水。

（4）按油脚重的 10% 加水搅拌水洗，加水完毕后停止加热。静置沉淀 4h 后放出废液，要求废液清晰无黏稠现象。再进行二次水洗，使皂基游离碱含量不高于 0.15%。

（5）将皂基称重，一般按皂基重加 10%～20% 的水在电炉上加热熔化。升温至 70～80℃时，再加入皂基重的 50%～70% 的 Na_2CO_3，加速搅拌，并加入皂基重的 4%～10% 的 BA 调和剂。自然存放干燥。

（6）将干燥物粉碎，并经 30 目钢丝网筛分。按粉碎料重加入 5% 量的 PAA 有机助剂，10% 量的滑石粉，5% 量的十二烷基苯磺酸钠，2～3 滴日用香精进行复配，搅拌均匀，即制成复合肥皂粉。

三、皂粉的制取与复配方案

（1）皂粉的制取方案见表 7-18。

表 7-18 皂粉的制取方案

材 料	用量			
	方案 1	方案 2	方案 3	方案 4
油脚/g	80	80	40	100
中性油/g	20	20	10	—
水/mL	50	60	30	50
30%碱液/mL	40	45	15	50
盐/g	8	8	4	10
皂基/g	60	61	41	102
Na_2CO_3/g	33	32	22	53
BA 调和剂/mL	3	4	2	5
皂粉重量/g	100	100	65	160

（2）由于葵花籽油脚很难皂化，一般在盐析之后还要加碱进行补充皂化。

（3）在表 7-18 的方案 1～方案 3 中，加入中性油目的是提高皂化率。

（4）在盐析时，要防止乳化现象产生，若已产生乳化现象，可适量补加

NaCl 破乳。

（5）皂粉的复配方案见表 7-19。

表 7-19　　　　　　　　　　**皂粉的复配方案**　　　　　　　　单位：g

材　　料	用量			
	方案 1	方案 2	方案 3	方案 4
皂粉	51	53	72	100
滑石粉	5.1	5.3	7.2	10
十二烷基苯磺酸钠	2.5	2.6	3.6	5
PAA 有机助剂	2.5	2.6	3.6	5
日用香精,滴数	2	2	3	5
复合肥粉	61.1	63.5	89.4	125

（6）推荐的皂粉制取与复配的最佳配方（按质量比）见表 7-20。

表 7-20　　　　　　　　**皂粉制取与复配的最佳配方**

材　　料	用　　量	材　　料	用　　量
中性油	20%	PAA 有机助剂	5%
葵花籽油脚	80%	十三二烷基苯磺酸钠	5%
Na_2CO_3	50%	滑石粉	10%
BA 调和剂	5%	日用香精	2 滴
30%NaOH	35%	干燥方式	自然干燥

四、产品质量

产品外观呈白色，泡沫度适中，溶解性好，易于漂洗，去污能力强，尤其是对重油污的清洗效果较好，且对人体皮肤无刺激，不损坏织物，可达到市场上中高档洗衣粉的洗涤效果，产品质量参考标准见表 7-21。

表 7-21　　　　　　　　　　**产品质量参考标准**

项　　目	指　　标	项　　目	指　　标
乙醇不溶物	<35%	含纯皂	>50%
游离碱	<0.4%	pH	10~11

第八章　葵花籽油中的有害物质

食用油品是国民生活的必需品，随着经济发展和人们生活水平的提高，食用油的消费量呈现稳步上升的趋势。而随着大众对健康关注程度的持续攀升，关于食用油的品质、营养价值以及质量安全问题受到越来越多的关注。由于原料以及生产加工过程的影响，食用油中会含有一些有害物质，主要包括：真菌毒素、污染物、农药残留、反式脂肪酸、缩水甘油脂肪酸酯和氯丙醇脂肪酸酯等。同时，近年来，食用油掺假、地沟油事件的报道屡见不鲜，针对食用油掺假情况的鉴别也尤为重要。

第一节　葵花籽油中常见的有害物质

一、真菌毒素

真菌毒素是指真菌在生长繁殖过程中产生的次生有毒代谢产物。食用了含有真菌毒素的食物会导致中毒。据联合国粮食及农业组织（FAO）估算，全球每年有1/4的农产品受到相关真菌毒素污染，油料及食用油中污染严重。食用油中的真菌毒素主要来源于油料作物生长过程中感染病原真菌，还有就是油脂在加工、储存、运输过程中受到真菌霉素污染。食用油中常见的真菌毒素为黄曲霉毒素、赭曲霉毒素A、呕吐毒素以及玉米赤霉烯酮。其中，黄曲霉毒素具有强烈毒性，是目前人类发现的最强致癌物质，油料作物储存不当时易产生霉变。我国对于食用油中的黄曲霉毒素含量有严格限制（GB 2761—2017）。

常见的检测方法包括薄层色谱法、液相色谱法、液相色谱-质谱联用法、酶联免疫法等。薄层色谱法步骤较多，预处理过程较烦琐，灵敏度、重现性都较差，现在使用率较低。液相色谱法灵敏度较高、检测限低，是目前国内测定真菌毒素使用最多的方法。

二、重金属

重金属污染对人体健康有着严重危害，在油脂的加工过程中，一些加工辅料的使用及设备的锈损有可能会将少量重金属带入油中，所以检测食用油中重金属含量也是十分必要的。食用油中重金属元素的检测方法有：光度法、比浊法、斑点比较法、色谱法、光谱法、电化学分析法、中子活化分析等。

三、农药残留

农药的毒性作用体现在两方面：一方面农药能够有效消灭和控制病虫害的生长；另一方面农药的使用和滥用会导致环境污染，使生态失衡，食品中农药残留会危害人体健康。畜牧生产中主要使用的兽药包括抗生素类、激素类和驱寄生虫剂。常用的定性、定量分析的检测手段主要有气相色谱法、液相色谱法、红外光谱法、荧光光谱法、拉曼光谱法等。特别是农药残留检测中，根据农药的种类和性质，气相色谱连接不同的检测器，如氢火焰离子化检测器，氮磷检测器，电子捕获检测器和质谱检测器，均是检测的有效手段。国标中对食用油中农药最大残留限量均有相关规定（GB 2763—2019）。

随着现有农药残留检测的要求越来越高，传统的一些检测方法已经不能满足要求。现在气相色谱-质谱法、液相质谱-色谱法以及串联质谱法都越来越多地应用在农药残留的检测中。

四、反式脂肪酸

反式脂肪酸是在人造奶油和起酥油等加工油脂中和以它们为原料制造的食品中以及在反刍动物的肉和脂肪中所含的具有反式双键特有结构的脂肪酸的总称。反式脂肪酸可增加对人不利的低密度胆固醇，减少对人有利的高密度胆固醇。大量摄取反式脂肪酸会增加患动脉硬化和心脏疾病的危险。2003年丹麦开始禁止反式脂肪酸超过2%的油品上市，是最早立法的国家，接着加拿大、澳大利亚、美国和巴西等国家也相继建立法规，并开始在食品标签中标示反式脂肪酸的含量，世界卫生组织（WHO）与联合国粮食及农业组织（FAO）建议，反式脂肪酸的摄取量应在日均能量的1%以下。反式脂肪酸多存在于氢化油中，但在脱臭操作过程中，为了将油脂固有的游离脂肪酸、醛类、酮类等的异味及油脂在脱胶、脱酸、脱色等前期精炼工艺过程中由于添加酸、碱、白土等化学品而产生的肥皂味及白土等的异味去除干净，通常需要250℃以上高温保持2h，在这一过程中，也会产生一定数量的反式脂肪酸。反式脂肪酸在结构上更加稳定，所以顺式结构只要吸收一定能量，就会转为反式结构，使反式脂肪酸含量增加。有研究表明，反式脂肪酸的含量与脱臭的温度和时间有关，而且随着温度的升高和时间的延长而增加。虽然高温有利于脱臭，但由于有反式脂肪酸产生，所以选择合适的工艺参数非常重要。

五、缩水甘油脂肪酸酯和氯丙醇脂肪酸酯

氯丙醇（chloropropanols）具有肾脏毒性、生殖毒性，某些氯丙醇还具有遗传毒性，已被列为食品添加剂联合专家委员会（Joint FAO/WHO Expert Committee on Food Additives）优先评价的项目，氯丙醇污染已成为国际性的食品安全问题。

缩水甘油脂肪酸酯和氯丙醇脂肪酸酯由于代谢过程中是氯丙醇潜在的前体物质，所以越来越受关注。2006 年捷克的 Zelinkovà Z. 等人首先发现在食用油中存在氯丙醇脂肪酸酯。2007 年 Seefelder W. 等人研究发现天然油脂及未精炼油脂中氯丙醇脂肪酸酯的含量无法检出或只能检出痕量；在精炼油脂中氯丙醇脂肪酸酯的含量范围在 $0.2 \sim 20 mg/kg$，其中精炼植物油按照菜籽油、大豆油、葵花籽油、红花油、核桃油和棕榈油的顺序递增。脱臭工序是产生氯丙醇脂肪酸酯的关键步骤，几乎所有的氯丙醇脂肪酸酯都是在脱臭工序中形成的。有研究发现，在精炼油脂中存在缩水甘油脂肪酸酯，其中含量最高的是棕榈油。日本花王公司因为产品中的缩水甘油脂肪酸酯问题而召回甘油二酯产品。其检测方法可依据 GB 5009.191—2016《食品安全国家标准 食品中氯丙醇及其脂肪酸酯含量的测定》。

六、苯并芘

（一）苯并芘的理化性质

苯并芘又称苯并［a］芘、3,4-苯并芘，英文缩写为 BaP，是一种常见的高活性间接致癌物和突变原。苯并芘的分子式是 $C_{20}H_{12}$，其结构式如图 8-1 所示，为多环芳烃。苯并芘为无色至淡黄色、针状的晶体（纯品），相对分子质量为 252.32，熔点为 179℃，沸点为 475℃，不溶于水，微溶于乙醇、甲醇，溶于苯、甲苯、二甲苯、氯仿、乙醚、丙酮等。

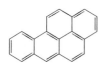

图 8-1 苯并芘结构式

BaP 被认为是高活性致癌剂，但并非直接致癌物，必须经细胞微粒体中的混合功能氧化酶激活才具有致癌性。BaP 不但广泛存在于环境中，而且与其他多环芳烃的含量有不确定的相关性，长期生活在含 BaP 的空气环境中会造成慢性中毒。许多国家的动物试验证明，BaP 具有致癌、致畸、致突变性等。危险特性，遇明火、高热可燃，受高热分解放出有毒的气体。

（二）苯并芘的来源

苯并芘存在于煤焦油、各类炭黑和煤石油等燃烧产生的烟气、香烟烟雾、汽车尾气中，以及焦化、炼油、沥青、塑料等工业污水中。地面水中的 BaP 除了工业排污外，主要来自洗刷大气的雨水和储水槽及管道涂层淋溶。

食品中苯并芘化合物主要来源有：熏烤或高温烹调时使食品受到污染；食品加工过程中受到污染；沥青污染；包转材料污染；环境污染等。

（三）防范苯并芘污染的措施

（1）减少环境污染 食品中苯并芘的污染源主要来自环境。

（2）改进食品加工方法 熏制和烘烤食品时，改进燃烧过程，避免食品直接接触炭火，改进熏烟工艺等。

（3）去毒　对已经造成苯并芘污染的食品可采取不同的措施去毒，如活性炭吸附去毒。

（4）制定食品中苯并芘的限量标准。

七、食用油的鉴别

随着现在消费需求的日益多样化、细分化和高档化，食用油的市场也变得非常复杂。目前市场上流通的食用油不仅有各种植物油和动物油，还有各种植物调和油。由于植物油价格往往与其种类和营养价值有关，一些不法商家为了追求暴利，以相对廉价的植物油或勾兑高端植物油制成产品，以降低成本。同时许多调和油标签上标注的成分和比例往往与实际不符。食用油的掺假造假不仅扰乱市场秩序、侵犯消费者权益，甚至会危害消费者的身体健康。面对频频曝光的植物油安全事件，针对食用油的掺假鉴别，也是现在食用油检测行业的一项重要工作。

相关的检测手段主要包括利用质谱、色谱、光谱等技术通过特有成分或者整体信息对食用油进行区分的理化方法，和基于 DNA 判别的分子生物学方法以及电子鼻、电子舌等智能感官仿生鉴别方法。

通过色谱法（包括气相色谱以及液相色谱）对食用油中脂肪酸进行分析，根据掺假后植物油脂肪酸组成、含量及结构的变化来鉴别掺伪种类。可以应用多种模型识别特定的食用油的含量。

通过质谱法（包括 GC-MS、LC-MS、飞行时间质谱、傅里叶变换质谱）进行鉴别。有研究人员利用气相色谱同位素比值质谱研究食用油的脂肪酸成分以及每种脂肪酸中稳定 C 同位素的 $^{12}C/^{13}C$ 比值来鉴别食用油的种类及优劣。

光谱法是一种"指纹识别"技术，主要是分析食用油中化学基团的总特征光谱，然后结合化学计量学进行数据处理以达到识别的目的。按照检测时所用波谱范围，主要可分成近红外光谱、中红外光谱以及拉曼光谱。利用光谱技术对植物进行区分，不需要复杂的预处理，操作简单迅速，但必须建立有效的数据库并结合化学计量学对数据进行统计分析才能用于实际样品的定性或定量识别。

第二节　葵花籽油中多环芳烃及色泽的吸附脱除

多环芳烃（polycyclic aromatic hydrocarbons，PAHs）是最早发现具有"致癌、致畸、致突变"作用并广泛存在的一类有机污染物。对于不吸烟和非职业暴露人群，饮食是接触 PAHs 的主要途径，尤其因 PAHs 的亲脂性使其来自食用油的摄入占食物摄入量的比例较大。油料作物生长过程中的环境富集作用，以及油料加工过程中不当工艺条件的影响，均可能造成食用植物油中 PAHs 的含量增加。GB 2716—2018《食品安全国家标准　植物油》规定苯并［a］芘（BaP）限量 $\leqslant 10\mu g/kg$，欧盟 No 835/2011 法规中规定苯并［a］芘、苯并［a］蒽、苯并

[a] 荧蒽和屈（即 PAH4）的总含量不超过 10μg/kg、BaP 含量不超过 2μg/kg。在植物油精炼生产中，吸附脱色工序对油脂中 PAHs 有一定的脱除效果。不同的吸附剂对食用油中 BaP 和 PAHs 的脱除效果有明显差别，活性炭的脱除效果明显优于活性白土，但活性白土对油脂的脱色效果要优于活性炭。如何达到既能高效脱除油脂中 PAHs 又能满足油脂脱色的工艺要求从而适用于实际的食用植物油精炼生产值得研究。以葵花籽油为原料油（葵花籽仁制油过程中不当的炒籽条件容易产生 BaP），以 PAHs 脱除率和脱色率为考察指标，研究混合吸附剂（活性白土+活性炭）及吸附条件对 PAHs 和色泽脱除效果的影响，以期为食用植物油精炼工艺技术的优化发展提供支持。

一、油脂中多环芳烃的吸附脱除

称取（50.00±0.01）g 油样置于三口烧瓶中，开启真空泵，搅拌至油样气泡消失（搅拌时不得引起油脂飞溅），加热至指定温度，随即加入吸附剂进行吸附反应，达到设定的反应时间后，离心分离和过滤出吸附剂，得到吸附脱色油。对吸附反应前后的油脂进行多环芳烃组分含量测定及吸光度测定，并计算多环芳烃脱除率，见式（8-1）。

$$T = \frac{\omega_0 - \omega_1}{\omega_0} \times 100\% \tag{8-1}$$

式中　T——多环芳烃脱除率，%

　　　ω_0——吸附脱除前葵花籽油的多环芳烃含量，μg/kg

　　　ω_1——吸附脱除后葵花籽油的多环芳烃含量，μg/kg

二、多环芳烃的组分含量测定

本实验采用乙腈超声提取、硅胶 SPE 柱净化、同位素稀释法定量、气质联用（GC-MS）检测食用油中 16 种多环芳烃的方法，16 种多环芳烃在 1~100μg/kg 线性关系良好，线性相关系数为 0.9989~0.9999，检出限为 0.0~0.17μg/kg，定量限为 0.18~0.56μg/kg。16 种目标物在 2，5，10μg/kg 加标水平下的各组分回收率在 84.36%~114.35%，相对标准偏差在 0.12%~10.36%。定量结果准确、可靠。

三、油脂色泽测定和脱色率计算

油脂色泽测定参照 GB/T 22460—2008《动植物油脂　罗维朋色泽的测定》；葵花籽油色泽等级标准参照 GB 10464—2017《葵花籽油》。

参照钟海燕等和付元元等利用紫外可见分光光度计表征茶籽油和大豆油色泽可行性的研究结果。本实验用紫外可见分光光度计在 400~800nm 处测定葵花籽油的吸光值，结果在 428nm 和 455nm 处有 2 个明显的吸收峰，在 428nm 处的吸光度值最大，为 0.502。对 6 种葵花籽油在 428nm 波长处吸光度值（Abs）与罗维朋色值进行线性回归分析，$R^2 = 0.9671$，相关系数 $r = 0.9834$，说明两指标之间有较高的相关性，因此选取 428nm 波长处吸光度作为葵花籽油色泽的表征，并以此计算脱色率，见式（8-2）。

$$T = \frac{A_0 - A_1}{A_0} \times 100\%$$ (8-2)

式中　T——葵花籽油的脱色率，%

　　　A_0——脱色前葵花籽油的吸光度值

　　　A_1——脱色后葵花籽油的吸光度值

四、活性白土对葵花籽油中多环芳烃脱除效果的影响

选择吸附温度 100℃，吸附时间 25min，活性白土添加量分别为油重的 1%，2%，3%，4%，5%，进行葵花籽油中多环芳烃的吸附脱除，活性白土添加量对葵花籽油中 BaP、PAH4、HPAHs（重质多环芳烃）、LPAHs（轻质多环芳烃）及 PAH16（16 种常见的多环芳烃）的含量及脱除率的影响如图 8-2 所示。

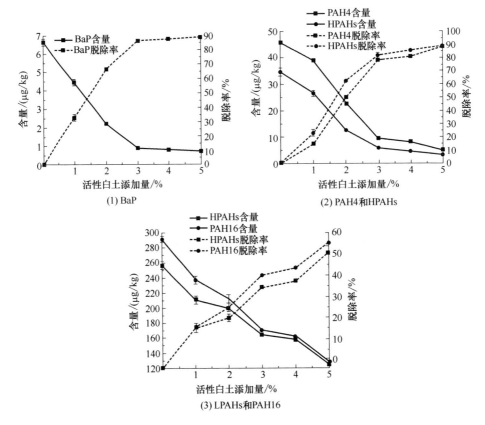

图 8-2　活性白土对葵花籽油中多环芳烃含量及脱除率的影响

如图 8-2 所示，活性白土对 BaP、PAH4、HPAHs、LPAHs 及 PAH16 的脱除效果随活性白土添加量的增加而增加，当白土添加量达到 5% 时，各考察指标的残留量为（0.73±0.01），（5.28±0.01），（3.61±0.19），（124.71±1.12），（128.31±5.24）μg/kg，脱除率分别达到 88.98%，88.74%，89.71%，51.60%，51.60%。白土添加量为 3% 时，BaP 和 PAH4 含量分别降到（0.90±0.06）μg/kg 和（9.68±0.01）μg/kg，达到了欧盟的限量标准（BaP ≤ 2μg/kg，PAH4 ≤ 10μg/kg），但是 PAH4 的含量处于临界水平，残留量依然较高；当白土添加量为 2% 时，油脂色泽 Y15，R1.2，已经达到了一级油的标准。综合考虑各项指标，选取 3% 为混合吸附剂中白土的配比量。

五、WY 活性炭对葵花籽油中多环芳烃脱除效果的影响

选取吸附温度为 100℃，吸附时间为 25min，WY 活性炭添加量分别为油重的 0.2%，0.5%，1%，2%，进行葵花籽油中多环芳烃的吸附脱除，WY 活性炭对 BaP、PAH4、HPAHs、LPAHs 及 PAH16 的含量及脱除率的影响如图 8-3 所示。

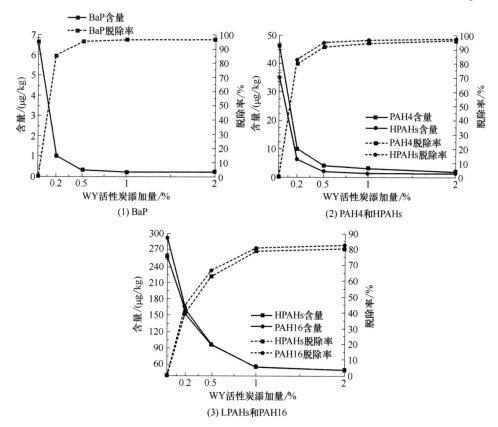

图 8-3　WY 活性炭对葵花籽油中多环芳煤含量及脱除率的影响

如图 8-3 所示，葵花籽油中 BaP、PAH4、HPAHs、LPAHs 及 PAH16 的含量随着 WY 活性炭用量的增加而降低。当 WY 活性炭添加量为 0.2%时，BaP 和 PAH4 的含量分别降至（1.00±0.01）μg/kg 和（9.44±0.09）μg/kg，达到欧盟的限量标准，但 PAH4 的含量处于临界水平；当添加量为 1%时，各指标含量分别降至（0.24±0.01）、（2.77±0.05）、（1.25±0.10）、（54.70±2.26）、（55.95±1.72）μg/kg，脱除率分别为 96.39%、94.01%、96.43%、78.77%、80.89%；当添加量超过 1%时，各考察指标的含量不再有明显降低。

六、混合吸附剂配比对葵花籽油中多环芳烃及色泽脱除效果的影响

选择吸附温度 100℃，吸附时间 25min，混合吸附剂［活性白土+活性炭（即 WY 活性炭）］的添加量为油质量的 3%+0.2%，3%+0.5%，3%+1%，3%+2%，进行葵花籽油中多环芳烃的吸附脱除和脱色，混合吸附剂对葵花籽油中多环芳烃含量及脱除率的影响如图 8-4 所示，混合吸附剂对葵花籽油吸光度和脱色率的影响如图 8-5 所示。

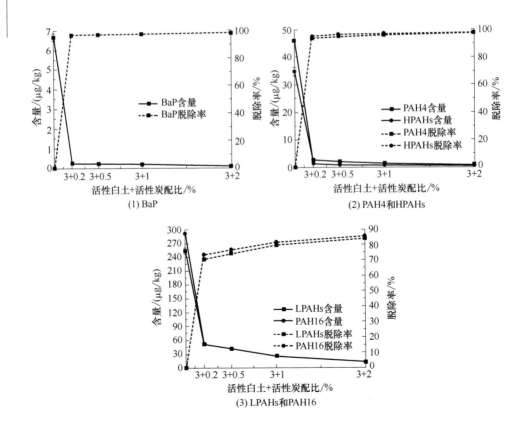

图 8-4　混合吸附剂对葵花籽油中多环芳烃含量及脱除率的影响

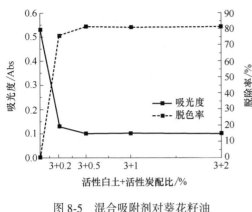

图 8-5　混合吸附剂对葵花籽油
吸光度和脱色率的影响

如图 8-4 所示，虽然随着混合吸附剂用量的增加，葵花籽油中 BaP、PAH4、HPAHs、LPAHs、PAH16 的含量逐渐降低，但至 3%+0.2% 之后，BaP、PAH4 和 HPAHs 含量的降低幅度已经很小，在混合吸附剂添加量为 3%+0.2% 时，各考察指标的含量分别降至 （0.26±0.00）、（2.67±0.01）、（1.45±0.01）μg/kg，脱除率分别为 96.03%，94.22%，95.86%，明显高于单独使用 3% 活性白土、0.2% 活性炭的脱除率。从图 8-5 可以看出，葵花籽油的脱色率在 3%+0.5% 时达到最大，之后又稍有降低。综合考虑 PAHs 脱除率及脱色率，选取混合吸附剂最佳的添加量为 3%+0.5%，此时 BaP 和 PAH4 的残留量为 （0.26±0.01）μg/kg 和 （2.20±0.06）μg/kg，脱除率分别为 96.07%，95.25%，与单独使用 3% 的活性白土相比脱除率提高了 9.62% 和 16.16%，与单独使用 0.5% 的活性炭相比脱除率提高了 0.91% 和 3.38%。此时油脂色泽为 Y15，R0.8。

七、吸附温度对葵花籽油中多环芳烃及色泽脱除效果的影响

选取混合吸附剂添加量为 3%+0.5%，吸附时间为 25min，吸附温度分别为 90，100，110，120℃进行葵花籽油的吸附处理，探究吸附温度对葵花籽油多环芳烃的脱除效果及脱色效果的影响，吸附温度对葵花籽油中多环芳烃含量及脱除率的影响如图 8-6 所示，吸附温度对葵花籽油吸光度及脱色率的影响如图 8-7 所示。

如图 8-6 所示，LPAHs 和 PAH16 的脱除率随吸附温度的升高而增加；BaP、PAH4、HPAHs 的脱除率随吸附温度的升高先增加再降低，在 110℃各指标的脱除率达到最大；由图 8-7 可知脱色率随温度的升高呈现出先增加后降低的趋势，在 100℃时脱色率达到最大。遵循油脂安全优先原则，选择 110℃为最佳脱色温度，此时 BaP、PAH4、HPAHs、LPAHs、PAH16 含量及吸光度分别为 （0.18±0.01），（2.00±0.00），（0.83±0.03），（66.43±0.68），（67.26±5.17）μg/kg 及 （0.12±0.01）Abs，脱除率及脱色率分别为 97.29%，95.69%，97.64%，74.22%，77.02%，76.79%，油脂色泽为 Y15，R0.6。

八、吸附时间对葵花籽油中多环芳烃脱除效果的影响

选取混合吸附剂添加量为 3%+0.5%，吸附温度为 110℃，吸附时间分别为

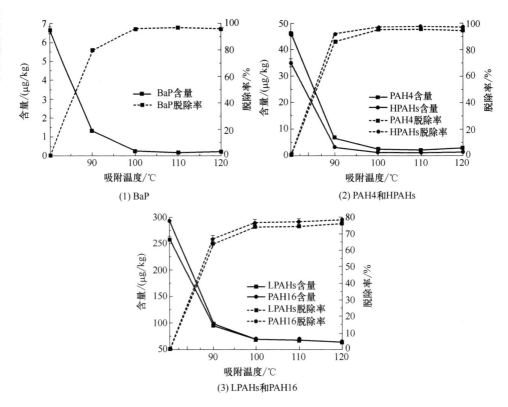

(1) BaP

(2) PAH4和HPAHs

(3) LPAHs和PAH16

图 8-6 吸附温度对葵花籽油中多环芳烃含量及脱除率的影响

15，25，35，45min，进行葵花籽油吸附处理，吸附时间对葵花籽油中多环芳烃含量及脱除率的影响如图 8-8 所示，吸附时间对葵花籽油吸光度及脱色率的影响如图 8-9 所示。

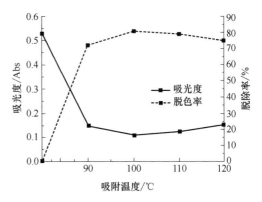

图 8-7 吸附温度对葵花籽油吸光度及脱色率的影响

如图 8-8 所示，葵花籽油中 PAH16 的残留量随吸附时间的增加呈现出先降低后增加的趋势，在 25min 时，BaP、PAH4、HPAHs 含量达到最小值，BaP、PAH4、HPAHs、LPAHs 和 PAH16 含量分别为(0.18±0.00)，(2.00±0.07)，(0.83±0.03)，(66.43±3.77)，(67.26±5.54) μg/kg；在 35min 时，LPAHs 和 PAH16 的含量达到最小值，BaP、PAH4、HPAHs、LPAHs 和 PAH16 含量分别为 (0.89±0.01)，(3.68±0.09)，(2.20±0.07)，(58.61±4.74)，(60.81±1.11) μg/kg。

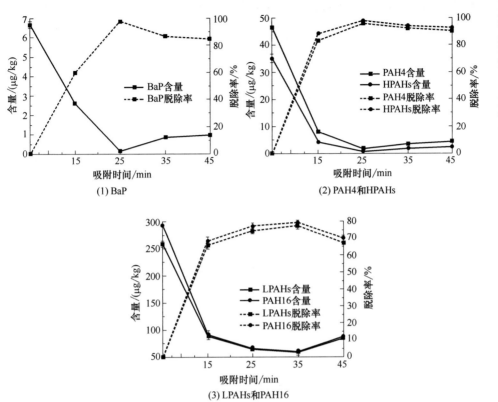

(1) BaP

(2) PAH4和HPAHs

(3) LPAHs和PAH16

图 8-8　吸附时间对葵花籽油中多环芳烃含量及脱除率的影响

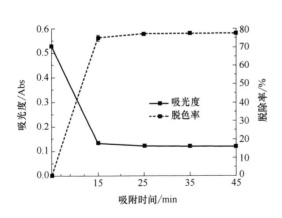

图 8-9　吸附时间对葵花籽油吸光度及脱色率的影响

如图 8-9 所示，葵花籽油的吸光度随吸附时间的延长呈现降低并趋于稳定的趋势，25min 后，吸光度值基本不再变化。由于 HPAHs 的危害程度远远高于 LPAHs，且现行国家标准及欧盟标准只考察 BaP 和 PAH4 含量，因此，选取 25min 为最佳的吸附脱除时间，此时 BaP、PAH4、HPAHs、LPAHs 和 PAH16 的脱除率分别为 97.27%，95.68%，97.63%，74.22%，77.02%，脱色率为 76.79%，油脂色泽为 Y15，R0.6。

综合分析各个指标的影响因素，以保证 BaP、PAH4、HPAHs 的脱除效果为优先，确定采用混合吸附剂用量为3%+1%，吸附温度110℃，吸附时间35min的方案。经验证，BaP、PAH4、HPAHs、LPAHs、PAH16的脱色率分别为99.88%、95.49%、97.63%、83.63%及79.43%，它们的残留量分别为（0.02±0.02）、（2.09±0.12）、（0.83±0.06）、（42.18±1.21）、（43.01±2.09）μg/kg，油脂色泽为Y15，R0.1。若仅考虑BaP和PAH4的残留量达到欧盟的限量，使用2%活性白土+0.2%WY活性炭作为混合吸附剂并采用以上方案，即可满足要求，所得BaP和PAH4的含量为（0.15±0.02）μg/kg和（2.25±0.38）μg/kg，油脂色泽为Y15，R1.2，可达到一级葵花籽油的色泽指标。同时BaP及PAH4的残留量都显著优于欧盟的限量指标（BaP≤2μg/kg，PAH4≤10μg/kg），BaP含量几乎为0。

若仅考虑BaP和PAH4的残留量达到欧盟的限量，使用2%活性白土+0.2%WY活性炭作为混合吸附剂，吸附温度110℃，吸附时间35min就可以满足要求，此时BaP和PAH4的含量为（0.15±0.02）μg/kg和（2.25±0.38）μg/kg，油脂色泽达到一级油指标。

附录一 SN/T 1963—2007
《进出口南瓜籽仁、葵花籽仁感官检验方法》

1 范围

本标准规定了进出口南瓜籽仁、葵花籽仁的抽样和检验方法。

本标准适用于进出口南瓜籽仁、葵花籽仁的检验。

2 规范性引用文件

下列文件中的条款通过本标准的引用而成为本标准的条款。凡是注日期的引用文件，其随后所有的修改单（不包括勘误的内容）或修订版均不适用于本标准，然而，鼓励根据本标准达成协议的各方研究是否可使用这些文件的最新版本。凡是不注日期的引用文件，其最新版本适用于本标准。

GB/T 8170—1987 数值修约规则

SN/T 0188 进出口商品重量鉴定规程 衡器鉴重

SN/T 0798 进出口粮油、饲料检验 检验名词术语

3 术语和定义

SN/T 0798 规定的以及下列术语和定义适用于本标准。

3.1 纯度 purity
去除杂质后的南瓜籽仁、葵花籽仁质量占试验样品质量的百分比。

3.2 杂质 foreign matte

3.2.1 一般杂质 general foreign matter
本批货物中含有的南瓜籽仁、葵花籽仁以外的植物茎、叶、无毒子实和碎体、泥土和已失去使用价值的本品颗粒及外壳等。

3.2.2 有害杂质 harmful foreign matter
本批货物中含有的一切有毒有官、有损人畜健康和加工机械的杂质，如金属物、石块、玻璃、鼠鸟粪便、有害植物种子、人畜毛发等。

3.3 不完善粒 imperfect kernel

3.3.1 破碎粒 broken kernel
子叶破碎残缺，失去部分达到或大于本品完整颗粒体积二分之一的仁粒（不含2片子叶分离的仁粒）。

3.3.2 未熟粒 immature kernel

子叶发育不全，仁粒显著皱疮、畸形，不足正常仁粒休积二分之一或仁肉不饱满显薄片状，尚有使用价值的本品仁粒。

3.3.3 损伤粒 damaged kernel

3.3.3.1 虫蚀粒 weevilled kernel

被虫蛀蚀并伤及子叶的本品仁粒。

3.3.3.2 霉变粒 mould kernel

由于受冻、受热、浸油发霉致使子叶部分变色、变质的本品仁粒。

3.3.3.3 病斑粒 spotted kernel

粒面有病斑并伤及子叶的本品粒。

3.3.3.4 出芽粒 sprout kernel

种胚萌动发育的本品仁粒。

3.3.3.5 轻泛油粒 lightoliy kernel

子叶受损浸油，口味微变，颜色呈浅黄色变化的仁粒。

3.3.3.6 重泛油粒 heavyoliy kernel

子叶受损浸油，口味辛辣，颜色呈黄褐色变化的仁粒。

3.3.3.7 黄粒 stained kernel

由于日晒、水渍等原因引起子叶明显变乾并失光泽的葵花籽仁粒。

3.3.4 其他不完善粒 other imperfect kernel

不属上述各项，但在生长期间或储运过程中遭受天气或不良境和因影响，并已不同程度影响到其内在品质，尚有使用价值的本品粒。

3.4 带壳粒 unshell kernel

脱壳加工不完全，附带有全部或部分籽壳的本品仁粒。

3.5 半壳粒 semi-inshell-kernel

无壳南瓜籽仁的变异品种，打磨后籽粒中部显无壳南瓜籽仁正常颜色，边缘呈白壳，且白壳面积大于整粒二分之一的籽粒。

3.6 浅色粒 light-color-kernel

南瓜籽仁仁粒颜色明显浅于本品正常颜色的饱满籽粒。

3.7 脏板 dirty kernel

3.7.1 轻脏板 light drily kernel

无壳南瓜籽仁表面外来物质或瓜瓤粘附轻微影响外观的仁粒。

3.7.2 重脏板 heavy drily kernel

无壳南瓜籽仁表面外来物质或瓜瓤粘附，面积达整个仁粒二分之一以上或虽不足二分之一但严重影响外观的仁粒。

3.8 水分 moisture

试验样品按本标准 5.6 规定的方法，经烘干后测得的质量损失百分率。

3.9 千粒重 1000kernel weight

1000 粒籽仁的质量。

4 抽样

4.1 作批

同一检验批的商品应具有相同的特征，如包装、标记、产地、规格和等级等。

以不超过 100t 为一检验批。

4.2 抽样工具

取样铲、盛样袋、混样盘、分样板。

4.3 抽样数量

100 件及以下：抽取 5 件。

100 件以上按式（1）计算应抽件数。

$$n= \sqrt{N/2} \tag{1}$$

式中 n——应抽取的件数；

N——一批货物的总件数。

计算抽样件数时取整数，小数部分向上修约。每件取样数量应基本一致，并不得少于 50g，每批平均样品不得少于 2kg。

4.4 抽样方法

4.4.1 开始抽样前，应根据报检单与合同对商品的品名、等级、批号、标记、件数、堆垛位置等逐一核对无误后，再抽取样袋（箱）。

4.4.2 抽取的样袋（箱）应均匀地分布在堆垛内外和四周。

4.4.3 将样袋（箱）移到洁净明亮处，拆开袋（箱）口，检查货物品质、外观、色泽和气味。

4.4.4 确认品质无显著异常后，按样袋（箱）量 10% 的比例（每批一般不少于 3 袋）进行倒袋（箱）检查。若发现包间差异明显或其他异常情况，应增加倒袋（箱）件数。

4.4.5 用取样铲在样袋（箱）中抽取不同部位的样品，及时放入盛样袋，全部抽取完毕将盛样袋内的样品倒入混样盘，充分混合后，以四分法缩分成平均样品不少于 2kg，连同记载有报检号、品名、抽样点、日期等情况的标识签一起装入盛样袋内，密闭后携回，进行室内检验。

4.4.6 在抽样同时，要检验有无活虫，如有发现应及时通知报检人做熏蒸杀虫处理，并确认熏蒸效果。

4.4.7 抽样工作也可在加工生产过程中或实施装卸作业时进行，依据作批数量随机采取甩件抽样方法。

5 检验

5.1 检验程序

参照附录 A、附录 B 所示品质条件进行品质检验，检验程序见图 1。

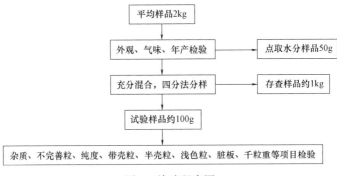

图 1 检验程序图

5.2 外观、气味、年产检验

5.2.1 外观、气味、年产检验在抽样现场进行检验的基础上，对平均样品做进一步的检验，综合判定。

5.2.2 打开装有平均样品的盛样袋，立即以感官鉴定气味是否正常。

5.2.3 将平均样品倒在洁净的检验台或白检验盘中混匀、摊平，于无炫目光线明亮处综合鉴定光泽、颜色、颗粒匀整、洁净程度和年产。

5.3 杂质、不完善粒、带壳粒及脏板等项目检验

5.3.1 仪器用具

感量 0.01g 天平、白检验盘、镊子、盛样皿。

5.3.2 检验方法

将定量的试验样品倾入白检验盘中，根据 3.2、3.3、3.4、3.5、3.6、3.7 的定义，按其子项分别仔细拣出各类杂质、各种不完善粒、带壳粒、半壳粒、浅色粒及脏板，分别放入盛样皿内，在感量 0.01g 天平上分别称量。

5.3.3 结果计算

按式（2）、式（3）、式（4）、式（5）、式（6）、式（7）分别计算含量百分率：

$$A = m_1 / m \times 100\%$$ （2）

式中 A——杂质或其子项的含量百分率，%；

m_1——杂质或其子项的质量，g；

m——试验样品的质量，g。

$$B = m_2/m \times 100\%$$ （3）

式中　*B*——不完善粒或其子项的含量百分率，%；

　　　m_2——不完善粒或其子项的质量，g；

　　　m——试验样品的质量，g。

$$C = m_3/m \times 100\%$$ （4）

式中　*C*——带壳粒或其子项的含量百分率，%；

　　　m_3——带壳粒或其子项的质量，g；

　　　m——试验样品的质量，g。

$$D = m_4/m \times 100\%$$ （5）

式中　*D*——半壳粒或其子项的含量百分率，%；

　　　m_4——半壳粒或其子项的质量，g；

　　　m——试验样品的质量，g。

$$E = m_5/m \times 100\%$$ （6）

式中　*E*——浅色粒或其子项的含量百分率，%；

　　　m_5——浅色粒或其子项的质量，g；

　　　m——试验样品的质量，g。

$$F = m_6/m \times 100\%$$ （7）

式中　*F*——脏板或其子项的含量百分率，%；

　　　m_6——脏板或其子项的质量，g；

　　　m——试验样品的质量，g。

5.4　千粒重检验

5.4.1　仪器用具

感量 0.01g 天平、白检验盘、镊子、盛样皿等。

5.4.2　检验方法

由试验样品中随机顺数出完整粒约 500 粒，准确称量，折算成千粒重。

5.4.3　结果计算

按式（8）计算千粒重。

$$E = m_4 \times 1000/L$$ （8）

式中　*E*——千粒重；

　　　m_4——样品的质量单位为克，g；

　　　L——样品的粒数。

5.5　纯度检验

按式（9）计算纯度百分率：

$$G = (100-A)\%$$ （9）

式中　G——纯度百分率，%；

　　　A——杂质含量百分率，%。

5.6　水分检验

5.6.1　仪器用具

5.6.1.1　电热恒温烘箱

在80~150℃能自动控制温度稳定在±2℃范围内的装置+附有50~200℃，刻度为1℃的水银温度计，其长度应合于水银球保持在中层搁板上2~2.5cm处的要求。

5.6.1.2　天平：感量0.001g。

5.6.1.3　带盖称量皿：铝制，直径50~70mm，高15~25mm。

5.6.1.4　装有干燥剂的玻璃干燥器。

5.6.2　试样制备

按5.1于平均样品中点取水分试验样品约5g，并拣除杂质（南瓜籽仁用剪刀剪成宽约2mm的小条）及时装入密闭的样品瓶中备用。

5.6.3　称取试样

用角勺将样品瓶中的样品充分搅拌均匀后从中挖取放入烘至恒重的带盖称量皿内，在感量0.001g天平上精确称取试样约6g，晃平加盖待烘，并记录质量。

5.6.4　烘干方法

5.6.4.1　105℃恒重法（基准法）

将装有试样的称量皿盖揭开，连同皿盖一起放入预热至105℃的电热恒温烘箱内的中层搁板上，上烘箱门，待温度回升至105℃起开始计时，以105℃±2℃烘烤90min后，开箱加盖，取出称量皿，置于干燥器内，冷至室温，称量。重复此过程，直到两次连续称量质量之差不超过0.005g，取较小的一次读数，按式（10）计算水分百分率。

5.6.4.2　130℃快速法（常用法）

将装有试样的称量皿盖揭开，连同皿盖一起放入热至130℃的热恒温烘箱内的中搁板上，关上烘箱门，待温度回升至130℃起开始计时，以130℃2℃烘烤40min后，开箱加盖，取出称量皿，置于干燥器内，冷至室温，称量。按式（10）算本分含百分率。

5.6.5　结果计算

$$H=\frac{m_1-m_2}{m_1-m_0}\times100\%$$ （10）

式中　H——水分含量百分率，%；

　　　m_0——称量皿盒质量，g；

　　　m_1——前试样及称量皿盒质量，g；

m_2——烘后试样及称量皿盒质量，g。

5.6.6 其他方法

南瓜籽仁、葵花籽仁水分测定也可采用符合规定程序并经过实验验证能得到与基准方法测定结果一致的仪器法进行测定。各种仪器操作方法按仪器说明书规定执行。

5.7 检验结果的有效数字规定

根据 GB/T 8170—1987 规定如下：

——水分：0.1%；

——杂质及子项：0.01%；

——不完善粒：0.1%；

——不完善粒子项：0.01%

——纯度：0.01%；

——带壳粒：0.1%；

——半壳粒：0.1%；

——浅色粒：0.1%；

——脏板：0.1%；

——千粒重：0.01g。

5.8 包装检验

按照对外贸易合同和保障运输安全的要求进行包装检验。

5.8.1 包装材质

5.8.1.1 检查外包装是否坚固，能否保证商品不受污染。

5.8.1.2 检查内包装是否完好，质地是否符合卫生要求，能否保证商品质量及卫生。

5.8.2 包装标记：检查标记是否齐全无误，各自位置是否适当，字迹是否清晰，有无杂乱标记。

5.8.3 包装封口：检查封口质量是否牢固整齐。

5.9 重量鉴定

按 SN/T 0188 的规定执行。

6 存查样品

经检验合格的商品，按 5.1 条逐批从平均样品中分取存查样品，注明报检号、品名、等级、日期，妥善保存至少 6 个月。

附录 A
(资料性附录)
南瓜籽仁的品质条件

表 A.1　　　　　　　　　　　南瓜籽仁的品质条件

项　　目			要　　求
籽仁结构			籽粒饱满、坚实
籽仁颜色			雪白、光板南瓜籽仁,深绿色 毛边南瓜籽仁;浅黄绿色 无壳南瓜籽仁,墨绿色
味道及气味			典型南瓜籽仁味道,无任何异常气味及味道
纯度/%			≥99.5
水分/%			5.0~8.0
杂质	一般杂质/%		≥0.5
	有毒有害杂质		不得检出
不完善粒/%	破碎粒	南瓜籽仁、葵花籽仁	AA 级≤3.0;A 级≤5.0
		无壳南瓜籽仁、葵花籽仁	≤3.0
	损伤粒	虫蚀粒	≤0.5
		未熟粒	≤1.0
		发芽粒	≤0.5
		霉变粒	AA 级≤0.1;A 级≤0.3;无壳南瓜籽仁、葵花籽仁≤0.3
		病斑粒	≤0.5
		重泛油粒	AA 级≤0.5;A 级≤1.0
		轻泛油粒	AA 级≤2.0;A 级≤8.0
带壳粒			AA 级:不得检出;A 级≤0.1%
半壳粒/%			无壳南瓜籽仁≤1.0
浅色粒/%			无壳南瓜籽仁≤3.0;AA 级≤5.0
脏板/%			无壳南瓜籽仁≤1.0

附录 B

（资料性附录）
葵花籽仁的品质条件

表 B. 1   葵花籽仁的品质条件

项　　目			要　　求
籽仁结构			籽粒饱满、坚实
籽仁颜色			灰白、微灰
味道及气味			典型葵花籽仁味道,无任何异常气味及味道
纯度/%			≥99.5
水分/%			5.0~8.0
杂质	一般杂质/%		≥0.5
	有毒有害杂质		不得检出
不完善粒/%	破碎粒		≤10
	未熟粒		≤1.0
	损伤粒	虫蚀粒	≤0.5
		霉变粒	≤0.3
		病斑粒	≤0.5
		重泛油粒	≤2.5
		轻泛油粒	≤3.0
		黄仁	≤1.0
带壳粒/%			≤0.2

附录二 GB/T 10464—2017
《葵花籽油》

1 范围

本标准规定了葵花籽油的术语和定义、分类、质量要求、检验方法及规则、标签、包装、贮存、运输和销售等要求。

本标准适用于成品葵花籽油和葵花籽原油。

葵花籽原油的质量指标仅适用于葵花籽原油的贸易。

2 规范性引用文件

下列文件对于本文件的应用是必不可少的。凡是注日期的引用文件，仅注日期的版本适用于本文件。凡是不注日期的引用文件，其最新版本（包括所有的修改单）适用于本文件。

GB 2716　食用植物油卫生标准

GB 2760　食品安全国家标准　食品添加剂使用标准

GB 2761　食品安全国家标准　食品中真菌毒素限量

GB 2762　食品安全国家标准　食品中污染物限量

GB 2763　食品安全国家标准　食品中农药最大残留限量

GB/T 5009.37—2003　食用植物油卫生标准的分析方法

GB 5009.168　食品安全国家标准　食品中脂肪酸的测定

GB 5009.227　食品安全国家标准　食品中过氧化值的测定

GB 5009.229　食品安全国家标准　食品中酸价的测定

GB 5009.236　食品安全国家标准　动植物油脂水分及挥发物的测定

GB 5009.262　食品安全国家标准　食品中溶剂残留量的测定

GB/T 5524　动植物油脂　扦样

GB/T 5525　植物油脂　透明度、气味、滋味鉴定法

GB/T 5526　植物油脂检验　比重测定法

GB/T 5531　粮油检验　植物油脂加热试验

GB/T 5533　粮油检验　植物油脂含皂量的测定

GB 7718　食品安全国家标准　预包装食品标签通则

GB/T 15688　动植物油脂　不溶性杂质含量的测定

GB/T 17374　食用植物油销售包装

GB/T 20795　植物油脂烟点测定

GB 28050　食品安全国家标准　预包装食品营养标签通则

GB/T 35877　粮油检验　动植物油脂冷冻试验

3　术语和定义

下列术语和定义适用于本标准。

3.1　葵花籽原油　crude sunflowerseed oil

采用葵花籽制取的符合本标准原油质量指标的不能直接供人食用的油品。

注：又称葵花籽毛油。

3.2　成品葵花籽油　finished product sunflowerseed oil

经加工处理符合本标准成品油质量指标和食品安全国家标准的供人食用的葵花籽油品。

3.3　压榨葵花籽油　pressing sunflowerseed oil

葵花籽经蒸炒或焙炒处理后利用机械压力挤压制取的或再经精炼生产的符合本标准质量指标的油品的统称。

注：其中，全部剥壳脱、色选的葵花籽仁经焙炒、蒸炒等处理后，采用压榨法制取的油品可称为葵花仁油（sunflower-seed kerne oil）。

3.4　浸出葵花籽油　solvent extraction sunflowerseed oil

利用溶剂溶解油脂的特性，从葵花籽料坯或预榨饼中制取的葵花籽原油经精炼加重制成的符合本标准质量指炼的油品。

4　分类

葵花籽油分为葵花籽原油和成品葵花籽油两类。

5　基本组成和要物理参数

葵花籽油的基本组成和主要物理参数见表1，这些组成和参数表示了葵花籽油的基本特性，当被用于真实性判定时，仅作参考使用。

表1　　　　　　　　　　　葵花籽油基本组成和主要物理参数

项　　　目			指　　　标
相对密度（d_{20}^{20}）			0.918~0.923
脂肪酸组成/%	豆蔻酸（$C_{14:0}$）	≤	0.2
	棕榈酸（$C_{16:0}$）		5.0~7.6
	棕榈油酸（$C_{16:1}$）	≤	0.3
	十七烷酸（$C_{17:0}$）	≤	0.2

表1(续)

项　目			指　标
脂肪酸组成/%	十七烷一烯酸(C₁₇:₁)	≤	0.1
	硬脂酸(C₁₈:₀)		2.7~6.5
	油酸(C₁₈:₁)		14.0~39.4
	亚油酸(C₁₈:₂)		48.3~74.0
	亚麻酸(C₁₈:₃)	≤	0.3
	花生酸(C₂₀:₀)		0.1~05
	花生一烯酸(C₂₀:₁)	≤	0.3
	山嵛酸(C₂₂:₀)		0.3~1.5
	芥酸(C₂₂:₀)	≤	0.3
	二十二碳二烯酸(C₂₂:₂)	≤	0.3
	木焦油酸(C₂₄:₀)	≤	0.5

注:上列指标和数据与 CODEX-STAN 210—2009(2015)的指标和数据一致。

6　质量要求

注:质量要求中项目的术语和定义见 GB/T 1535。

6.1　葵花籽原油质量指标

葵花籽原油质量指标见表2

表2　　　　　　　　　　葵花籽原油质量指标

项　目		质量指标
气味、滋味		具有葵花籽原油固有的气味和滋味,无异味
水分及挥发物含量/%	≤	0.20
不溶性杂质含量/%	≤	0.20
酸价(KOH)/(mg/g)		按照 GB 2716 执行
过氧化值/(mmol/kg)		
溶剂残留量/(mg/kg)	≤	100

6.2　成品葵花籽油质重指标

成品葵花籽油质量指标见表3、表4

表3　　　　　　压榨葵花籽油（包括葵花仁油）质量指标

项目	质量指标	
	一级	二级
色泽	淡黄色至橙黄色	橙黄色至棕红色
透明度(20℃)	澄清、透明	允许微浊

表3(续)

项目		质量指标	
		一级	二级
气味、滋味	压榨葵花籽油	无异味,口感好	具有葵花籽油固有的气味和滋味,无异味
	葵花仁油	具有熟葵花仁特有的气味和滋味,无异味	
水分及挥发物含量/% ≤		0.10	0.15
不溶性杂质含量/% ≤		0.05	0.05
酸价(KOH)/(mg/g) ≤		1.5	按照 GB 2716 执行
过氧化值/(mmol/kg) ≤		7.5	按照 GB 2716 执行
溶剂残留量/(mg/kg)		不得检出	
注:溶剂残留量检出值小于 10mg/kg 时,视为未检出。			

表4　　　　　　　　　　浸出葵花籽油质量指标

项目		质量指标		
		一级	二级	三级
色泽		淡黄色至浅黄色	淡黄色至橙黄色	橙黄色至棕色
透明度(20℃)		澄清、透明	澄清	允许微浊
气味、滋味		无异味,口感好	无异味,口感良好	具有葵花籽油固有的气味和滋味,无异味
水分及挥发物含量/% ≤		0.10	0.15	0.20
不溶性杂质含量/% ≤		0.05	0.05	0.05
酸价(KOH)/(mg/g) ≤		0.50	2.0	按照 GB 2716 执行
过氧化值/(mmol/kg) ≤		5.0	7.5	按照 GB 2716 执行
加热试验(280℃)		—	无析出物,油色不变	允许微量析出物和油色变深
含皂量/% ≤		—	0.03	
冷冻试验(0℃储藏 5.5h)		澄清、透明	—	
烟点/℃ ≥		190	—	
溶剂残留量/(mg/kg)		不得检出	按照 GB 2716 执行	
注1:画有"—"者不做检测。				
注2:过氧化值的单位换算:当以 g/100g 表示时,如:5.0mmol/kg=5.0/39.4g/100g≈0.13g/100g。				
注3:溶剂残留量检出值小于 10mg/kg 时,视为未检出。				

6.3　食品安全要求

6.3.1　应符合 GB 2716 和国家有关的规定。

6.3.2　食品添加剂的品种和使用量应符合 GB 2760 的规定,但不得添加任何香精香料,不得添加其他食用油类和非食用物质。

6.3.3　真菌毒素限量应符合 GB 2761 的规定。

6.3.4　污染物限量应符合 GB 2762 的规定。

6.3.5　农药残留限量应符合 GB 2763 及相关规定。

7　检验方法

7.1　透明度、气味、滋味检验：按 GB/T 5525 执行。

7.2　色泽检验：按 GB/T 5009.37—2003 执行。

7.3　相对密度检验：按 GB/T 5526 执行。

7.4　水分及挥发物含量检验：按 GB 5009.236 执行。

7.5　不溶性杂质含量检验：按 GB/T 15688 执行。

7.6　酸价检验：按 GB 5009.229 执行。

7.7　加热试验：按 GB/T 5531 执行。

7.8　含皂量检验：按 GB/T 5533 执行。

7.9　过氧化值检验：按 GB 5009.227 执行。

7.10　溶剂残留量检验：按 GB 5009.262 执行。

7.11　脂肪酸组成检验：按 GB5009.168 执行。

7.12　冷冻试验：按 GB/T 35877 执行。

7.13　烟点检验：按 GB/T 20795 执行。

8　检验规则

8.1　扦样

葵花籽油扦样方法按照 GB/T 5524 的要求执行。

8.2　出厂检验

8.2.1　应逐批检验，并出具检验报告。

8.2.2　按表2、表3和表4的规定检验。

8.3　型式检验

8.3.1　当原料、设备、工艺有较大变化或监督管理部门提出要求时，均应进行型式检验。

8.3.2　按表1、表2、表3和表4的规定检验。当检测结果与表1的规定不符合时，可用生产该批产品的葵花籽原料进行检验，佐证。

8.4　判定规则

8.4.1　产品未标注质量等级时，按不合格判定。

8.4.2　产品经检验，有一项不符合表2、表3、表4规定值时，判定为不符合该等级的产品。

9　标签

9.1　应符合 GB 7718 和 GB 28050 的要求。

9.2 产品名称：根据术语和定义内容标注产品名称。

9.3 应在包装或随行文件上标识加工工艺。

9.4 应标识产品的原产国。

10 包装、储存、运输和销售

10.1 包装

应符合 GB/T 17374 要求。

10.2 储存

应储存在卫生、阴凉、干燥、避光的地方，不得与有害、有毒物品一同存放，尤其要避开有异常气味的物品。

如果产品有效期限依赖于某些特殊条件，应在标签上注明。

10.3 运输

运输中应注意安全，防止日晒、雨淋、渗漏、污染和标签脱落。散装运输应使用专用罐车，保持车辆及油罐内外的清洁、卫生。不得使用装运过有毒、有害物质的车辆。

10.4 销售

预包装的成品葵花籽油在零售终端不得脱离原包装散装销售。

附录三　GB/T 22463—2008
《葵花籽粕》

1　范围

本标准规定了葵花籽粕的术语和定义、质量要求与卫生要求、检验方法、检验规则、标签和标识以及包装、运输和储存的要求。

本标准适用于商品葵花籽粕。

2　规范性引用文件

下列文件中的条款通过本标准的引用而成为本标准的条款。凡是注日期的引用文件，其随后所有的修改单（不包括勘误的内容）或修订版均不适用于本标准，然而，鼓励根据本标准达成协议的各方研究是否可使用这些文件的最新版本。凡是不注日期的引用文件，其最新版本适用于本标准。

GB/T 5490　粮食、油料及植物油脂检验　一般规则

GB/T 5492　粮食、油料检验　色泽、气味、口味鉴定法

GB/T 5511　谷物和豆类　氮含量测定和粗蛋白质含量计算　凯氏法

GB/T 5515　粮油检验　粮食中粗纤维素含量测定　介质过滤法

GB/T 8946　塑料编织袋

GB/T 9824　油料饼粕总灰分测定法

GB/T 10358　油料饼粕中水分及挥发物测定法

GB/T 10359　油料饼粕含油量测定法

GB/T 10360　油料饼粕扦样法

GB 10648　饲料标签

GB/T 11764　葵花籽

GB 13078　饲料卫生标准

LS/T 3801　粮食包装　麻袋

3　术语和定义

下列术语和定义适用于本标准。

3.1　葵花籽粕　sunflowerseed meal

葵花籽经预压榨浸出或直接浸出法榨取油脂后的物质。

3.2　粗蛋白质　crude protein

葵花籽粕中含氮物质的总称。

3.3　粗脂肪　crude fat

葵花籽粕中能被乙醚抽提出来的物质。

3.4　粗纤维素　crude fiber

葵花籽粕中不溶于水、乙醚、乙醇、稀酸和稀碱的物质。

3.5　总灰分　total ash

葵花籽粕经高温灼烧后残留的物质。

4　质量要求与卫生要求

4.1　原料

应符合 GB/T 11764 的规定。

4.2　感官要求

葵花籽粕感官要求见表 1。

表 1　感官要求

项　　目	要　　求
形状	松散的片状、粉状
色泽	具有葵花籽粕固有的灰色或灰黑色
气味	具有葵花籽粕固有的气味

4.3　质量指标

葵花籽粕质量指标见表 2。其中粗蛋白质为定等指标。

表 2　质量指标

等级	质量指标				
	粗蛋白质（干基）/%	总灰分（干基）/%	粗纤维素（干基）/%	粗脂肪（干基）/%	水分/%
一级	≥34.0	≤10.0	≤30.0	≤3.0	≤12.0
二级	≥31.0				
三级	≥28.0				
等外级	<28.0				

4.4　真实性要求

不应掺入葵花籽粕以外的任何物质。

4.5　卫生要求

按 GB 13078 和国家有关标准、规定执行。

5 检验方法

5.1 扦样、分样：按 GB/T 10360 执行。

5.2 色泽、气味检验：按 GB/T 5492 执行。

5.3 粗蛋白质测定：按 GB/T 5511 执行，蛋白质换算系数为 6.25。

5.4 总灰分测定：按 GB/T 9824 执行。

5.5 粗纤维素检验：按 GB/T 5515 执行。

5.6 粗脂肪检验：按 GB/T 10359 执行。

5.7 水分测定：按 GB/T 10358 执行。

6 检验规则

6.1 检验的一般规则

按 GB/T 5490 执行。

6.2 产品组批

同一班次、同一生产线生产的包装完好的产品为一组批。

6.3 扦样

按 GB/T 10360 执行。

6.4 出厂检验

感官要求、粗蛋白质、粗脂肪、水分应按生产批次抽样检验，粗纤维素、总灰分可按原料批量定期抽样检验，并出具检验报告。检验合格，方可出厂。

6.5 判定规则

6.5.1 产品的各项质量要求中有一项不合格时，即判定为不合格产品。

6.5.2 当粗蛋白质含量低于三级而其他项目符合要求时，判定为等外级。

7 标签和标识

7.1 应符合 GB 10648 的规定及要求。

7.2 应在包装物上或货位登记卡上、随行文件中标明产品名称、质量等级、原料葵花籽收获年度等内容。

8 包装、运输和贮存

8.1 包装

葵花籽粕可以散装。使用麻袋包装时，应符合 LS/T 3801 的规定，用塑料编织袋包装时，应符合 GB/T 8946 的规定，或按用户要求包装。

8.2　运输

产品运输中应避免暴晒、雨淋，应有防雨、防晒措施，不应与有毒有害物质或其他易造成产品污染的物品混合运输。

8.3　贮存

产品应贮存在阴凉、通风、干燥的地方，防潮、防霉变、防虫蛀。不应与有毒有害物质混存。

附录四 《粮油检验 植物油中蜡含量的测定 气相色谱测定法》(LS/T 6120 修订稿)

1 范围

本标准规定了采用气相色谱方法测定植物油中蜡含量检测的原理、试剂和材料、仪器、扦样、试样的制备、操作步骤、结果表示和精密度等。

本标准适用于原油、脱胶油、脱酸油、冬化油以及精炼植物油中的蜡含量测定，如葵花籽油、大豆油、菜籽油、玉米油和米糠油，不适用于橄榄油和橄榄果渣油中的蜡含量测定。

本方法的检出限为 8.1mg/kg（以 C_{44} 酯计），定量限为 15.4mg/kg（以 C_{44} 酯计）。

2 规范性引用文件

下列文件对于本文件的应用是必不可少的。凡是注日期的引用文件，仅注日期的版本适用于本文件。凡是不注日期的引用文件，其最新版本（包括所有的修改单）适用于本文件。

GB/T 5524 动植物油脂 扦样

GB/T 6379.1 测量方法与结果的准确度（正确度与精密度） 第1部分：总则与定义

GB/T 6379.2 测量方法与结果的准确度（正确度与精密度） 第2部分：确定标准测量方法重复性与再现性的基本方法

GB/T 6682 分析实验室用水规格和实验方法

GB/T 15687 动植物油脂 试样的制备

3 术语和定义

下列的术语和定义适用于本文件。

3.1 蜡

蜡是长碳链脂肪酸和脂肪醇形成的酯（C_{20} 或者更长的饱和碳链）。

3.2 蜡含量

按本标准给定的条件测定植物油中蜡，以每千克油中毫克蜡来表示蜡含量。

4 原理

采用硅胶和硝酸银硅胶混合填充的层析柱对实验中的蜡进行分离，毛细管柱气相色谱法-氢火焰离子化检测器测定，内标法定量。

5 试剂和材料

警告：注意遵守危险物的指定处理方法，遵守技术上、组织上和人员上的安全措施。

除非另有说明，在分析中应使用分析纯试剂，水为 GB/T 6682 推荐使用的二级水。

5.1 正己烷。

5.2 二氯甲烷。

5.3 正庚烷。

5.4 三氯甲烷。

5.5 硅胶 60，粒径 0.063～0.200mm（70～230 目），如 Merck No. 107734。

注：Merck 公司生产的硅胶 60（Merck No. 107734）满足本标准要求。提供此信息是为了方便本标准的使用者，并不作为本标准对该产品的认可。如果能得到相同的结果，类似产品亦可使用。

5.6 硝酸银（$AgNO_3$）。

5.7 正三十六烷标准品（C_{36} 烷烃）：纯度大于 99%。

注：正三十六烷可从 Sigma-Aldrich 公司购买，提供此信息是为了方便本标准的使用者，并不作为本标准对该产品的认可。

5.7.1 0.1mg/mL 正三十六烷内标溶液：称取 0.1000g±0.1mg 正三十六烷标准品（5.7），加入少量正庚烷（5.3）溶解后，转移至 100mL 容量瓶中，定容至刻度，摇匀。

5.7.2 1mg/mL 正三十六烷溶液：称取 1.0000g±0.1mg 正三十六烷标准品（5.7），加入少量正庚烷（5.3）溶解后，转移至 100mL 容量瓶中，定容至刻度，摇匀。用于测定响应因子。

5.8 用于确定气相色谱峰纯蜡标准品，如 C_{40} 酯，C_{44} 酯。

注：纯蜡标准品如山嵛酸硬脂醇酯（C_{40} 酯）、硬脂酸硬脂醇酯（C_{36} 酯）以及山嵛酸山嵛醇酯（C_{44} 酯）可从 Sigma-Aldrich 公司购买，其产品纯度约为 99%。提供此信息是为了方便本标准的使用者，并不作为本标准对该产品的认可。

5.8.1 1mg/mL 硬脂酸硬脂醇脂（C_{36} 酯）溶液：称取 1.0000g±0.0001g 硬脂酸硬脂醇脂标准品（5.8），加入少量三氯甲烷（5.4）溶解后，转移至 100mL 容量瓶中，定容至刻度，摇匀。用于测定响应因子。

5.9 结晶葵花籽蜡，采用葵花籽油冬化处理后的饼粕残渣制备或葵花籽原油结晶制备，具体制备过程参考附录 C。

5.10 脱脂棉，医药级，无吸附性。

5.11 混合溶剂 A：正己烷（5.1）与二氯甲烷（5.2），每 100mL 混合溶剂中正己烷为 95mL，二氯甲烷为 5mL。

5.12 混合溶剂 B：正己烷（5.1）与二氯甲烷（5.2），每 100mL 混合溶剂中正己烷 80mL，二氯甲烷 20mL。

6 仪器

6.1 层析柱，由玻璃制成，内径为 30mm，长度为 450mm，配有由聚四氟乙烯制成的旋塞。

6.2 玻璃棒，长度为 600mm。

6.3 移液器。

6.4 旋转蒸发器。

6.5 圆底烧瓶，250mL，用来收集蜡组分。

6.6 梨形瓶，25mL，用来收集浓缩蜡组分。

6.7 气相色谱仪，配备氢火焰离子化检测器、分流/不分流进样口、积分器或数据采集系统。

6.8 融熔石英毛细管柱，长 25m，内径 0.32mm 或 0.20mm，聚二甲硅氧烷涂层（如 HP-1 或 OV-1 或者类似者），涂层厚度 0.1μm。

7 扦样

扦样按 GB/T 5524 执行。

实验室接受的样品应具有代表性，在运输和储藏过程中没有被损坏或发生变化。

8 试样制备

试样制备按 GB/T 15687 执行。将样品加热至 130℃，搅拌使结晶的蜡完全熔化，同时去除水分（可使用磁力搅拌器或微波炉）。

9 操作步骤

9.1 硝酸银硅胶 60 制备

将 100g 硅胶 60（5.5）放入陶瓷碗中，倒入适量的硝酸银溶液，硝酸银溶液为 5g 硝酸银（5.6）溶解在 240mL 的水中制成，不停搅拌至硅胶表面变平，然后将该悬浮液放入电烘箱，加热至 170℃，过夜活化；于避光处缓慢降温至

50℃，转移至避光密封瓶中待用。去除硝酸银硅胶表面的黑色颗粒；此硅胶含有
5%质量分数的硝酸银。

9.2 柱填充

用玻璃棒（6.2）将一团脱脂棉放置于层析柱（6.1）的底部，轻轻按压，
向层析柱（6.1）中倒入 30mL 正己烷，用玻璃棒（6.2）按压脱脂棉排出空气，
溶剂的液面高于脱脂棉 2~3mm 为宜；将 3g 的硝酸银硅胶（9.1）倒入层析柱
（6.1）中，去除空气，同时使表面变平；将 12g 的硅胶 60（5.5）倒入硝酸银硅
胶（9.1）的上层，去除空气，硅胶应避光；用 90~100mL 的正己烷（5.1）冲
洗硅胶，弃去洗脱液。如有必要轻轻拍打除去多余的空气，最后溶剂的液面应高
于硅胶 5mm 左右。

9.3 蜡的分离

9.3.1 样品制备

根据不同样品中蜡含量来称取样品（葵花籽原油和脱酸油 3g、葵花籽冬化
油和精炼油 4~4.5g、其他油脂 4~4.5g）；分别加入 3mL 的内标溶液（5.7.1）
和 7mL 的混合溶剂 A，混合均匀后用移液器（6.3）移取 2mL 该溶液加入层析柱
（6.1）中；调节流速为 1.5~2.0mL/min，用大约 3mL 的混合溶剂 A（5.11）冲
洗层析柱（6.1）内壁 3 次，层析柱内溶剂不能流干，在加入下一溶剂组分前要
保持溶剂液面高于硅胶表面 5mm 左右。

9.3.2 柱层析

采用 190mL 混合溶剂 B（5.12）来洗脱样品，调节流速大约为 3mL/min。
收集洗脱液至圆底烧瓶中（6.5），然后采用旋转蒸发器（6.4）将溶剂蒸
干，用少量三氯甲烷溶解烧瓶中的残留物，同时将溶液转移到梨形瓶中并再次将
溶剂蒸干，最后用 1mL 三氯甲烷重新溶解蜡，待测。

9.4 蜡含量的气相色谱测定

9.4.1 气相色谱参考条件

色谱柱：HP-1（25m×0.20mm，0.11μm）。
柱温：170℃（0~1min）；170~350℃（6℃/min）；350℃（20min）。
载气：氢气。
流速：1.4min/mL。
进样口：350℃，分流比 1:30。
FID 检测器：350℃。
上述条件可依据气相色谱仪和色谱柱的特性进行调整，以实现对蜡的良好
分离。

9.4.2 响应因子的测定

将标准溶液（5.7.2 和 5.8.1）混合均匀，进样 1μL 到气相色谱中测定响应

附录四 《粮油检验 植物油中蜡含量的测定 气相色谱测定法》（LS/T 6120修订稿）

249

因子 F_r，如式（1）：

$$F_r = \frac{A_{IS}\rho}{A\rho_{IS}}\tag{1}$$

式中　A_{IS}——正三十六烷（5.7.2）的峰面积；

　　　A——硬脂酸十八醇脂的峰面积；

　　　ρ——硬脂酸十八醇脂（5.8.1）的质量浓度；

　　　ρ_{IS}——正三十六烷（5.7.2）的质量浓度。

F_r 应该保持在 1.1~1.2，样品溶液放置在阴暗处的密封瓶中，按照要求进行重复测定，样品放置时间不超过一周。

9.4.3　蜡含量的计算

进样 1.0μL 样品溶液（按 9.3 进行分离）到气相色谱进行分析，出峰顺序依次是溶剂、烃类化合物、内标物（正三十六烷）和蜡。

如果蜡分离良好，蜡质尤其是葵花油蜡应该出现典型的模式：C_{48} 蜡之后的蜡峰面积持续降低。然而重叠峰或大峰比如固醇酯和甘油三酯的存在会出现在蜡出峰区域的末端，从而使得数据分析无法进行，此时需要重新进行柱层析进行分离制备蜡质（如图 A.4）。

9.4.3.1　葵花籽油

葵花油蜡的主要成分：C_{44}、C_{46} 和 C_{48} 蜡，葵花油蜡中主要含有的是偶数碳原子 C_{44}、C_{46}、C_{48}、C_{50}、C_{52}、C_{54} 的蜡如。在这些主要的峰中，具有奇数碳原子的较小的峰也能被检测出来，所有的峰（小的和大的）都会在计算中使用。

该计算基于先前一系列的测定结果和研究文献，蜡含量 w_t，采用每千克油脂中毫克蜡含量进行表示，如式（2）：

$$w_t = \frac{F_r\left[A_{>C_{44}}+(1+k)A_{C_{44}}\right]m_{IS}}{A_{IS}m}\tag{2}$$

式中　F_r——响应因子（9.4.2）；

　　　$A_{>C_{44}}$——碳原子总数大于 44 的所有蜡类物质的总峰面积；

　　　$A_{C_{44}}$——C_{44} 蜡的峰面积；

　　　A_{IS}——正三十六烷的峰面积；

　　　k——经验系数，其中精炼油和冬化油为 1.0，非精炼油 0.5；

　　　m_{IS}——加入油中内标物的质量，μg；

　　　m——油样的质量，g。

9.4.3.2　其他油脂

植物油如大豆油、菜籽油和玉米油中蜡的主要成分：C_{40}、C_{41}、C_{42}、C_{44}、C_{46} 蜡。在精炼脱臭油中，蜡含量一般要低于 20mg/kg。米糠毛油例外，其蜡含量高达 1500~2000mg/kg，与葵花籽油中蜡含量类似。

9.4.3.2.1 米糠油

蜡含量 w_t，采用每千克油脂中毫克蜡含量进行表示，如式（3）：

$$w_t = \frac{F_r(A_{\geq C_{42}} m_{IS})}{A_{IS} m}$$ （3）

式中 F_r——响应因子（9.4.2）；

$A_{\geq C_{42}}$——碳原子总数大于等于 42 的所有蜡类物质的总峰面积；

A_{IS}——正三十六烷的峰面积；

m_{IS}——加入油中内标物的质量，μg；

m——油样的质量，g。

9.4.3.2.2 其他油脂（大豆油、菜籽油和玉米油）

蜡含量 w_t，采用每千克油脂中毫克蜡含量进行表示，如式（4）：

$$w_t = \frac{F_r[A_{> C_{44}} + (1+k) A_{C_{44}}] m_{IS}}{A_{IS} m}$$ （4）

式中 F_r——响应因子（9.4.2）；

$A_{> C_{44}}$——碳原子总数大于 44 的所有蜡类物质的总峰面积；

$A_{C_{44}}$——C_{44} 蜡的峰面积；

A_{IS}——C_{36} 烷烃的峰面积；

k——经验系数，$k = 0.5$；

m_{IS}——加入油中内标物的质量，μg；

m——油样的质量，g。

注：对于大豆油，蜡含量计算结果非常高。

251

10 精密度

10.1 实验室间比对试验

本标准实验室间测试精密度详情参见附录 B。该实验室间比对测定结果可能不适用于附录 B 以外的其他含量范围和品种。

10.2 重复性

在同一实验室，由同一操作者使用相同的设备，按相同的测试方法，在短时间内对同一被测对象获得的两次独立测定结果的绝对差值超出表 B.1 给出的重复性限值 r 的情况不超过 5%。

10.3 再现性

在不同实验室中，由不同的操作者使用不同的设备，按相同的测试方法，对同一被测对象获得的两次独立测定结果的绝对差值超出表 B.1 给出的再现性限值 R 的情况不超过 5%。

11　测试报告

测试报告应最少包括以下信息：

a. 标识样品的全部信息；

b. 本标准所使用的扦样方法（如果已知）；

c. 本标准所涉及的测试方法；

d. 本标准中没有具体说明的，或者被认为是可选择性的，以及所有可能影响结果的操作细节；

e. 测试结果；

f. 如进行了重复性试验，则报告最终结果。

附录 A
（资料性附录）
典型色谱图

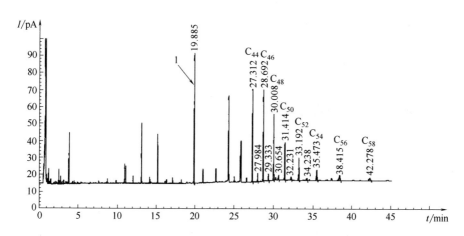

I—色谱响应

t—时间

1—内标物正三十六烷，溶液浓度：0.1mg/mL（正己烷溶液）

图 A.1 葵花籽原油蜡组成的典型色谱图

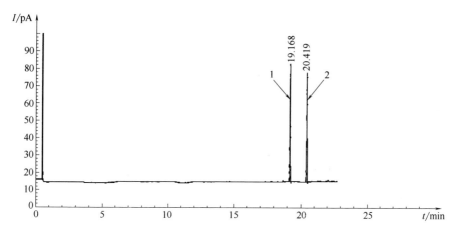

I—色谱响应

t—时间

1—内标物正三十六烷，溶液浓度：1mg/mL（正己烷溶液）

2—硬脂酸硬脂醇脂，溶液浓度：1.032mg/mL（三氯甲烷溶液）

图 A.2 确定响应因子的典型色谱图

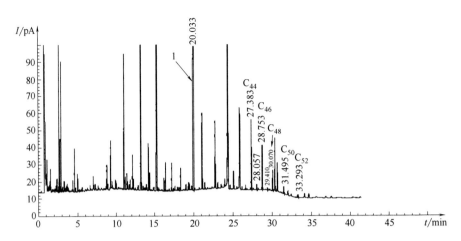

I—色谱响应

t—时间

1—内标物正三十六烷，溶液浓度：1mg/mL（正己烷溶液）

图 A.3 已冬化、完全精炼的葵花籽油蜡组成典型色谱图

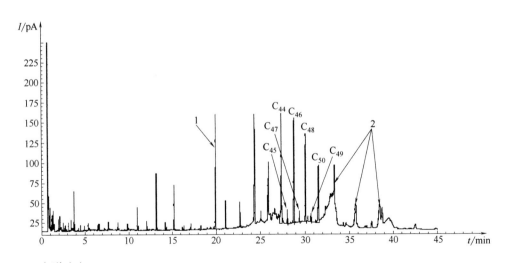

I—色谱响应

t—时间

1—内标物正三十六烷，溶液浓度：1mg/mL（正己烷溶液）

2—甘油三酯

图 A.4 葵花籽原油蜡与甘油三酯共流出典型色谱图

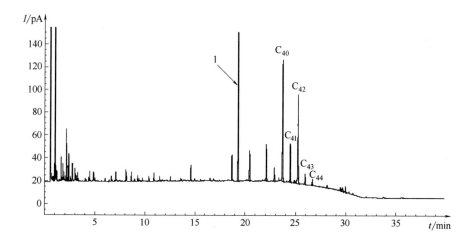

I—色谱响应

t—时间

1—内标物正三十六烷，溶液浓度：1mg/mL（正己烷溶液）

图 A.5 大豆油蜡组成的典型色谱图

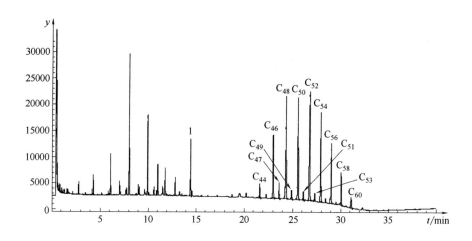

y—色谱响应

t—时间

1—内标物正三十六烷，溶液浓度：1mg/mL（正己烷溶液）

图 A.6 米糠油蜡组成的典型色谱图

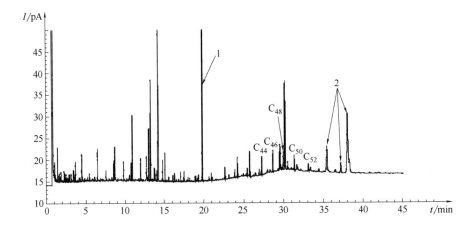

I—色谱响应

t—时间

1—内标物正三十六烷，溶液浓度：1mg/mL（正己烷溶液）

图 A.7　玉米油蜡组成的典型色谱图

附录 B
（资料性附录）
联合试验结果

来自 4 个国家的 7 家实验室参与了国际化的协同试验，测试了 8 个样品（4 个为重复样品）。获得的测试结果经过统计分析与 GB/T 6379.1 和 GB/T 6379.2 保持一致，具体的精确数据如表 B.1 中所示。

表 B.1　　　　　　　　　联合试验结果

项目	不同葵花籽油样品							
	未冬化原油		10%精炼油和未冬化原油		脱色油和未冬化原油		精炼油、冬化	
实验室数目	7	7	7	7	7	7	7	7
参加统计实验室数目	7	7	7	7	7	7	7	7
测试结果数目	2	2	2	2	2	2	2	2
平均值/(mg/kg)	406.9	379.6	107.8	100.4	241.0	241.6	39.6	37.0
重复性标准偏差,S_r	21.4	9.9	17.2	6.8	9.09	9.1	1.9	3.2
重复性变异系数/%	59.8	27.6	48.3	19.1	24.4	25.6	5.4	8.9
重复性限,r	5	3	16	7	4	4	5	9
再现性标准偏差,S_R	66.6	61.0	22.6	26.7	49.9	30.6	12.1	10.9
再现性变异系数/%	186.5	170.8	63.2	74.7	139.6	85.8	33.8	30.4
再现性限,R	16	16	21	27	21	13	31	29

附录 C
（资料性附录）
葵花油蜡的制备

C.1 试剂和材料

分析过程中，除非另有说明，所用试剂均为分析纯。

C.1.1 正己烷。

C.1.2 二氯甲烷。

C.1.3 丙酮。

C.1.4 定量滤纸，$80g/m^2$。

C.1.5 葵花籽油冬化饼粕，含有葵花籽油、葵花油蜡和助滤剂，葵花籽油质量分数为 50%~70%。

C.1.6 干燥的脱胶葵花籽油，蜡含量≥500mg/kg。

C.1.7 助滤剂，Clarcel、Perfil 或其他相似的产品。

注：产品有市售。提供此信息是为了方便本标准的使用者，并不作为本标准对该产品的认可。

C.1.8 脱色土，已酸化。

C.2 仪器

C.2.1 磁力搅拌器。

C.2.2 玻璃漏斗，直径 120mm。

C.2.3 圆底烧瓶，500mL。

C.2.4 圆底烧瓶，2000mL。

C.2.5 烧杯，1000mL。

C.2.6 锥形瓶，500mL。

C.2.7 旋转蒸发器。

C.2.8 布氏漏斗，内径 80mm。

C.3 操作步骤

C.3.1 以葵花籽油冬化饼粕制备葵花油蜡

C.3.1.1 样品制备

称取约 100g 饼粕（葵花籽油冬化处理后的过滤残渣）（C.1.5），加入 350mL 正己烷（C.1.1），放置于磁力搅拌器上搅拌 1h；待相分离后，轻轻倒出含油的上层正己烷溶剂，将剩下的残留物放在通风橱中使残留正己烷挥发。

C.3.1.2 蜡的提取

加入 100mL 二氯甲烷（C.1.2）到上述饼粕（C.3.1.1）中，搅拌 10min，待沉淀物和溶剂分离后，通过滤纸（C.1.4）将上层溶剂过滤至圆底烧瓶中并用 300mL 二氯甲烷冲洗残留物，收集溶剂后采用旋转蒸发器将溶剂蒸干，剩余残留物为蜡粗提物。

C.3.1.3 蜡的纯化

加入 60 mL 丙酮（C.1.3）到上述蜡粗提物中，然后将其倒入烧杯（C.3.1.2），置于磁力搅拌器（C.2.1）上搅拌 5 min 后静止使两相分离，通过滤纸（C.1.4）对上层溶剂进行过滤，之后继续加入 60mL 丙酮（C.1.3）冲洗残留物，重复冲洗至少 4~5 次，冲洗后将全部残留物转移到滤纸上，然后用 50mL 的丙酮冲洗，冲洗后放置在通风橱中将残留溶剂脱除。

为了脱除痕量的助滤剂颗粒，将分离的蜡溶解在二氯甲烷中，然后通过滤纸进行过滤，并用二氯甲烷冲洗滤纸，收集后的溶剂采用旋转蒸发器蒸干，将残留物蜡放在烘箱中 105 ℃烘干待用。

蜡的纯度通过气相色谱进行鉴定。

注：以葵花籽油饼粕为原料制备的葵花油蜡标准品的典型组成（见表 C.1）。

C.3.2 以脱胶葵花籽油为原料制备葵花油蜡

C.3.2.1 样品制备

称取约 1000g 干燥的脱胶葵花籽油（C.1.6）于圆底烧瓶（C.2.4）中，加热至 70℃，然后加入 2%的脱色白土（C.1.8），开启磁力搅拌装置（C.2.1），连上真空装置调节真空度为 10kPa，升高温度至 100℃开启反应，反应时间 30min；反应结束后保持真空度不变冷却反应体系，断开真空装置，通过布氏漏斗（C.2.8）、滤纸（C.1.4）过滤反应溶液，滤纸上铺有 20mm 的助滤剂（C.1.7）。

C.3.2.2 蜡的提取

将脱色油倒入具塞玻璃容器中，密封放置于冰箱（0℃±2℃）中 2 天以上。结晶的蜡会在容器中形成沉淀，除去上层油相，将残留物加热至 130℃，搅匀后称取 20g 样品到玻璃烧瓶中，加入 50mL 丙酮（C.1.3）后磁力搅拌 5min，待相分离后取出上层用滤纸（C.1.4）进行过滤。

添加 50mL 丙酮冲洗下层残留物，重复进行上述操作 5~6 次。

在最后一次冲洗后，将所有的蜡残留物转移到滤纸上，用 30mL 丙酮进行冲洗，在通风橱中除去多余的残留溶剂，采用气相色谱鉴定蜡的纯度和组成。

注：以脱胶葵花籽油为原料制备葵花油蜡的典型组成如表 C.2 所示。

表 C. 1　　以葵花籽油冬化饼粕制备 2 个葵花油蜡的典型组成示例

蜡组分	无预先脱蜡处理质量分数/%	预先脱蜡处理质量分数/%
C_{42}	5.3	5.9
C_{43}	0.7	0.9
C_{44}	19.7	23.2
C_{45}	1.9	2.0
C_{46}	22.0	23.3
C_{47}	1.8	1.5
C_{48}	15.1	14.9
C_{49}	1.2	1.0
C_{50}	9.7	8.9
C_{51}	1.0	0.8
C_{52}	8.8	7.2
C_{53}	0.9	0.7
C_{54}	5.3	4.3
C_{55}	0.6	0.4
C_{56}	3.1	2.4
C_{57}	—	0.3
C_{58}	1.8	1.4
C_{59}	—	—
C_{60}	1.1	0.8

表 C. 2　　以脱胶葵花籽油为原料制备葵花油蜡的典型组成示例

蜡组分	质量分数/%
C_{42}	2.3
C_{43}	0.5
C_{44}	15.1
C_{45}	1.6
C_{46}	21.1
C_{47}	1.5
C_{48}	16.6
C_{49}	1.2
C_{50}	11.2
C_{51}	1.1
C_{52}	10.1
C_{53}	1.1
C_{54}	6.6
C_{55}	0.7
C_{56}	4.0
C_{57}	0.5
C_{58}	2.5
C_{59}	0.3
C_{60}	1.6

参考文献

［1］ 王瑞元. 我国葵花籽油产业现状及发展前景［J］. 中国油脂，2020，4503：1-3.

［2］ 王瑞元. 葵花籽油是中国的优质食用油源［J］. 粮食与食品工业，2015，2206.

［3］ 王兴国，金青哲主译. 贝雷油脂化学与工艺学 第六版第二卷 食用油脂产品：食用油［M］. 北京：中国轻工业出版社，2016.

［4］ 刘玉兰主编. 现代植物油料油脂加工技术［M］. 郑州：河南科学技术出版社，2015.

［5］ 刘玉兰，等. 油脂制取与加工工艺学［M］. 北京：科学出版社，2003.

［6］ 何东平. 油脂制取及加工技术［M］. 武汉：湖北科学技术出版社，1998.

［7］ 郑建仙，等. 功能性食品学［M］. 北京：中国轻工业出版社，2003.

［8］ 何东平，雷达，徐志金，徐洪涛，栾朝霞. 葵花籽油脚制取皂粉的研究［J］. 西部粮油科技，1996，4：49-51.

［9］ 刘玉兰，陈莉，胡爱鹏，刘春梅，刘昌树，王赛. 脱臭工艺条件对葵花籽油综合品质影响的研究［J］. 中国油脂，2018，43（10）：1-7.

［10］ 刘玉兰，张东东，温运启，马宇翔. 葵花籽油中多环芳烃及色泽的吸附脱除研究. 中国粮油学报［J］，2017，3206：100-106.

［11］ 谢建春，孙宝国，郑福平，杨桂敏. 以葵花油为原料酶法制备香味料［J］. 精细化工，2008（1）：68-71.

［12］ 陈洁，洪振童，王远辉，刘国琴. 炒籽对压榨葵花籽油品质的影响研究［J］. 粮食与油脂，2015，28（3）：35-38.

［13］ 张维农，刘大川，胡小泓. 醇洗法葵花籽浓缩蛋白制备工艺及其功能特性的研究［J］. 中国油脂，2002，3：47-49.

［14］ 丛洋，王赛，刘昌树. 葵花籽油精准精炼与节能减排综合技术应用［J］. 中国油脂，44（11）：158-161.

［15］ 宋志华，周萍萍，黄健花，王兴国，金青哲，王珊珊. 氨基酸对浓香葵花籽油美拉德反应风味的贡献［J］. 中国油脂，2015，4010：25-30.

［16］ 迟晓星，赵东星. 水酶法提取葵花籽油的研究［J］. 中国粮油学报，2010，25（2）：71-73+83.

［17］ 刘如灿，单良，金青哲，王兴国. 葵花籽油基低热量油脂的酯交换法制备工艺［J］. 粮油加工，2010（10）：3-7.

［18］ 张海臣，刘扬，姜义东. 关于葵花油营养价值及制备的探讨［J］. 食品科技，2009，34（6）：128-131.

［19］ 陈均炽，黄洪. 过氧化氢制备环氧葵花籽油的研究［J］. 中国油脂，2009，34（9）：48-51.

［20］ 王旭，毛波，王聪，杨青，万端极. 葵花籽油酶法提取的研究［J］. 食品科技，2012，37（6）：197-200.

［21］ 李疆，杨艳彬，李开雄. 葵花籽油脱蜡生产实践［J］. 中国油脂，2008（5）：70-71.

［22］ 宁红梅，郭俊文，陈玉萍，崔秀兰. 葵花籽油制备烷醇酰胺表面活性剂的研究［J］. 内蒙古农业大学学报（自然科学版），2008（2）：169-172.

［23］ 杨万政，关奇，蓝蓉. 尿素包合法富集葵花油中亚油酸的研究［J］. 中国中医药信息杂志，2007（5）：50-52.

［24］ 杨万政，关奇. 葵花油制备共轭亚油酸的研究［J］. 中央民族大学学报（自然科学版），2006（1）：14-21.

［25］ 冷玉娴，许时婴，王璋，杨瑞金. 水酶法提取葵花籽油的工艺［J］. 食品与发酵工业，2006（10）：127-131.

［26］ 钮琰星，黄凤洪，郭诤，夏伏建. 葵花籽油制备共轭亚油酸的研究［J］. 食品科技，2004（4）：96-98.

［27］ 韩军. 从葵花籽油脱臭馏出物中提取植物甾醇的研究［J］. 中国油脂，2004（12）：62-65.

［28］ 郭炎强. 水代法生产葵花籽香油的研究［J］. 郑州工程学院学报，2003（1）：77-79.

［29］ 霍红，卫芝贤. 环氧葵花油增塑剂在 PVC 中的应用［J］. 山西化工，1998（2）：58-59.

［30］ 郝竹林，王以群，吴碧琴，刘淑娥. 葵花籽油的脱蜡技术［J］. 西部粮油科技，2000（2）：20-22.

［31］ 查梦吟，卢志兴，吴昊，周正，陈存社. 葵花籽油碱异构法合成共轭亚油酸的条件优化［J］. 食品科学技术学报，2015，3302：62-66.

［32］ 张运艳，等. 高油酸葵花籽油与普通葵花籽油的比较研究［J］. 粮食与油脂，2015，28（7）：50-53.

［33］ 朱正伟，曹伟伟，马建国，黄庆德，段新星，李来江. 浓香葵花籽油精炼脱色剂及脱色工艺的研究［J］. 中国油脂，2015，4011：16-21.

［34］ 康雪梅，李桂华，刘斌，祝品，毛程鑫. 葵花籽油在油条煎炸过程中的品质变化研究［J］. 粮油食品科技，2014，22（5）：25-28+47.

［35］ 廉恩常，周雷雷. 色选机的安装、操作、维护及故障处理［J］. 粮油加工与食品机械，2005，6：21-23.

［36］ 高慧，周学辉. 葵花籽壳制取活性炭的工艺研究［J］. 林产化学与工业，2005，3：67-70.

［37］ 李殿宝. 从葵花脱脂粕中提取分离蛋白质工艺的研究［J］. 辽宁师专学报（自然科学版），2005，1：104-108.

［38］ 侯东辉，卫天业，冯耐红，陈丽红，左宪强，宋健. 葵花籽植物蛋白饮料的研制［J］. 农业科技通讯，2016，12：104-105.

［39］ 褚盼盼，胡筱，林智杰. 葵花粕水溶性膳食纤维的提取工艺及其理化性质研究
［J］. 食品科技，2016，4112：203-207.

［40］ 李胜，马传国，王英丹，郭永生. 分子蒸馏单甘酯与谷维素—谷甾醇复合葵花籽
油凝胶的制备［J］. 中国油脂，2017，4204：32-36.

［41］ 张井，张维一，徐静，等. 电子鼻技术在芝麻油品牌识别及掺假鉴伪中的应用
［J］. 食品与发酵工业，2017，4306：239-243+249.

［42］ 王会. 水酶法提取葵花籽油的研究［J］. 食品安全导刊，2017，30：146-147.

［43］ 袁婷兰，张友峰，曹佳茜，王珊珊，金青哲. 花生仁光电色选工艺条件的研究
［J］. 中国油脂，2019，4402：5-7+13.

［44］ 郭紫婧，赵修华，祖元刚，王思莹，刘佩岩. 葵花籽油的酶辅助压榨制备工艺优
化［J］. 植物研究，2019，3906：964-969.

［45］ 孟宗，张梦蕾，刘元法. 葵花籽油基油凝胶在面包及冰淇淋产品中的应用研究
［J］. 中国油脂，2019，4412：154-160.

［46］李疆，杨艳彬，李开雄. 葵花籽油脱蜡生产实践［J］. 中国油脂，2003，33（5）：
70-71.

［47］ 柴杰，薛雅琳，金青哲，王兴国，朱琳. 精炼工艺对葵花籽油品质的影响［J］.
中国油脂，2016，4102：12-15.

［48］ 朱建升，杨国龙，彭丹，毕艳兰. 葵花蜡的精制与特性研究［J］. 河南工业大学
学报（自然科学版），2016，3702：32-37.

［49］ 孙六莲. 我国色选机发展概况与建议［J］. 农业与技术，2016，3609：62-64.

［50］ 谢姣，王华，谈安群，任庭院，张银，李元虎. 葵花壳红色素提取方法［J］. 食
品科学，2012，3304：128-133.

［51］ 陈洁，刘国琴，裘爱泳，王冠岳. 葵花浓缩蛋白的酶法改性研究［J］. 农业机械
学报，2008，5：86-90+69.

［52］ 牟晓红. 向日葵籽壳生产木糖醇的工艺及方法［J］. 化工技术与开发，2008，8：
44-46.

［53］ 胡立志，徐雨盛，陈秀英，陈敬洪，张秀菊. 葵花油安全储藏技术研究报告［J］.
粮食储藏，1987，6：36-42.

［54］ 杨越，罗鹏，陈国刚. 葵花籽多肽的制备及其降压活性研究［J］. 粮油加工（电
子版），2014，2：36-39+42.

［55］ 陈彦. 葵花籽分离蛋白的制取工艺［J］. 中外技术情报，1995，1：45.

［56］ 刘恩礼，王岚，杨帆，朱先龙，胡毓榕. 葵花籽分离蛋白及葵花籽色拉油生产工
艺的研究［J］. 中国油脂，2001，4：26-28.

［57］ 李淑琴，张力军，李桂兰. 葵花籽壳栽培香菇技术［J］. 内蒙古农业科技，1991，
3：35+37.

［58］ 张毅新. 葵花籽油的制取及加工技术［J］. 科研与设计，1992，1：26-29.

［59］ 拉升·再尼西，李伟，敬思群，郑力，王德萍，纵伟. 葵花籽粕蛋白提取及分离
纯化［J］. 食品科技，2018，4306：259-264.

[60] 李翠翠，侯利霞，汪学德，刘宏伟. 炒籽温度及初始水分含量对葵花籽酱挥发性风味成分的影响 [J]. 食品科学，2019：1-15.

[61] 张亚丽，黄庆德，马建国，朱正伟，李来江. 浓香葵花籽油生产技术研究 [J]. 中国油脂，2016，41（12）：9-14.

[62] 魏贞伟，王俊国. 冷、热榨葵花籽油品质及生物活性物质的研究 [J]. 粮食与油脂，2017，30（5）：28-30.

[63] 赵萍，夏文旭，袁亚兰，等. 尿素包合法对葵花籽油中亚油酸的富集研究 [J]. 粮油加工（电子版），2015（12）：31-34.

[64] 朱建升，杨国龙，彭丹，毕艳兰. 葵花蜡的精制与特性研究 [J]. 河南工业大学学报（自然科学版），2016，37（2）：32-37.

[65] 路咸阳，袁榕，李晓龙，刘佳勇. 葵花籽油全连续化自控脱蜡工艺研究与应用 [J]. 中国油脂，2016，41（7）：105-108.

[66] 许多现，齐晓芬，张旭，刘欣，张青，王俊国，于殿宇. 低温压榨葵花籽油脱蜡工艺条件的优化 [J]. 中国油脂，2016，41（8）：11-14.

[67] 陈玉萍，崔秀兰，陶羽. 葵花籽油制备磷酸酯皮革加脂剂的研究 [J]. 中国皮革，2015，44（5）：29-32+36.

[68] 朱耀强，贾素贤，夏永星. 葵花籽储藏的难点及对策研究 [J]. 粮食与储藏，2014，29（2）：29-30.

[69] 张运艳，陈凤香，顾斌，梁爱勇. 高油酸葵花籽油的理化性质及化学成分分析 [J]. 粮油加工（电子版），2015（6）：34-36.

[70] 张运艳，顾斌，陈凤香，梁爱勇. 高油酸葵花籽油与普通葵花籽油的比较研究 [J]. 粮食与油脂，2015，28（7）：50-52.

[71] 吴琼，邹险峰，陈丽娜，张莉弘. 分子蒸馏法富集葵花油中的亚油酸 [J]. 粮食与油脂，2015，28（10）：28-30.

[72] 龚卫华，等. 葵花籽壳木质素的结构分析及抗氧化活性 [J]. 食品科学，2017，38（7）：23-27.